建筑医院——工程结构检测、诊断与维修加固

王会娟 编著

黄河水利出版社
· 郑 州 ·

内 容 提 要

本书以"病害现象→损伤机制→检测技术→鉴定诊断→维修加固"为主线展开,系统介绍了工程结构存在的各种病害现象及发生机制,常用的调查方法及检测技术,安全性鉴定及耐久性评定方法,修复防护手段及补强加固技术等。通过本书的阅读和学习,让读者了解建筑结构会发生什么样的问题,该如何正确分析这些问题,采用怎样的方法进行调查检测,并提出适当的维修加固处理措施,保证建筑结构的安全性、适用性和耐久性,延长其使用寿命,发挥其最大的经济效益。

本书可以作为高等院校土木类专业教学用书,也可供土木、水利相关技术人员阅读参考。

图书在版编目(CIP)数据

建筑医院:工程结构检测、诊断与维修加固/王会娟编
著. —郑州:黄河水利出版社,2022.4
ISBN 978-7-5509-3216-6

Ⅰ.①建… Ⅱ.①王… Ⅲ.①建筑结构-质量检查
②建筑结构-修缮加固 Ⅳ.①TU317

中国版本图书馆 CIP 数据核字(2022)第 006420 号

策划编辑:王志宽 电话:0371-66024331 E-mail:wangzhikuan83@126.com

出 版 社:黄河水利出版社 网址:www.yrcp.com
        地址:河南省郑州市顺河路黄委会综合楼 14 层 邮政编码:450003
发行单位:黄河水利出版社
        发行部电话:0371-66026940、66020550、66028024、66022620(传真)
        E-mail:hhslcbs@126.com
承印单位:河南承创印务有限公司
开本:787 mm×1 092 mm 1/16
印张:15.75
字数:364 千字 印数:1—1 100
版次:2022 年 4 月第 1 版 印次:2022 年 4 月第 1 次印刷

定价:39.00 元

前　言

目前,我国正处于基础设施建设的高峰时期,但是当工程建设进行到一定阶段后,新建工程将逐渐减少,那么工作重心将由新建工程向既有建筑物的维修加固转变。一方面,建筑结构在长期使用过程中,受到诸如气候条件、环境侵蚀作用或其他外界因素影响,将会发生老化,出现诸如变形、裂缝、碳化、盐害、碱骨料反应等各种各样的病害,为满足使用要求,需要对这些建筑物进行检测、诊断、维修加固;另一方面,为取得最大投资效益,对既有建筑物进行改造、扩建时,也需要对建筑结构进行检测诊断,制订针对性的方案。本书的主要内容就是以混凝土结构为例,按照工程结构"损伤现象→损伤机制→检测技术→鉴定诊断→维修加固"为主线展开,阐述其常见病害现象及发生机制,及其对应的检测技术及手段、鉴定方法、剩余寿命评估,并介绍相应的维修加固方案。通过本书的阅读和学习,可以了解我们赖以生存的工程结构会发生什么样的问题,该如何正确分析这些问题,采用怎样的方法进行检测,健康等级如何,剩余使用年限多久等问题,并提出适当的维修加固处理措施,保证建筑结构的安全性、适用性和耐久性能,延长其使用寿命,发挥其最大经济效益。本书共分为九个章节,其主要内容如下:

第1章绪论,主要介绍建筑结构接受诊治的意义、必要性及工作程序。

第2章混凝土结构的病害现象及原因,主要认识出现在混凝土结构上常见的初期缺陷、经年劣化及结构损伤等病害现象。

第3章混凝土腐蚀损伤机制及危害,主要介绍由各种内部因素如混凝土的组成结构、结构缺陷,以及各种外部因素如荷载作用、冻融循环、软水侵蚀、磨耗冲蚀、盐类侵蚀、酸碱类侵蚀、碱骨料反应等造成的混凝土腐蚀损伤的机制及危害。

第4章钢筋腐蚀损伤机制及危害,主要介绍钢筋腐蚀的类型与机制,常见的混凝土中性化及氯离子侵蚀引起的钢筋腐蚀损伤的机制及危害。

第5章混凝土结构调查手法及检测技术,主要介绍混凝土强度、外观损伤及内部缺陷、渗透性、钢筋信息、中性化、氯离子含量、碱骨料反应等的调查手法及相应的检测技术。

第6章建筑结构的可靠性鉴定,主要介绍混凝土结构的安全性、使用性、可靠性鉴定方法及评级。

第7章耐久性评定,主要介绍一般大气环境、氯盐侵蚀环境、冻融环境、硫酸盐侵蚀环境、碱骨料反应环境下的耐久性评定及剩余寿命预测。

第8章混凝土结构修复及防护技术,主要介绍表面涂层、裂缝修补、断面修复、电化学防护、电化学修复等修复及防护技术。

第9章混凝土结构补强加固技术,主要介绍增大截面加固法、外包型钢加固法、粘贴钢板加固法、体外预应力加固法、粘贴纤维复合材料加固法等。

　　本书由中原科技学院王会娟老师编写,作者曾于 2007 年至 2009 年在日本中央大学攻读博士前期课程,专攻混凝土结构无损检测研究,2009 年至 2015 年就职于日本株式会社 JUST,从事建筑结构调查诊断工作,并于 2012 年取得日本混凝土诊断士资格,2015 年9 月至今在中原科技学院从事教学及科研工作,讲授"结构加固与检测"课程。期间将在日本学习及工作的相关知识和经验融入课程教学,利用项目式教学重点培养具有扎实理论基础、能够分析解决工程问题的优秀应用型科技人才。该课程于 2021 年 5 月被认定为省级本科一流课程。作者将本课程的内容梳理整编了此书,郑州大学博士生导师张雷顺教授、张鹏教授、硕士生导师王娟副教授审读了本书,提出了许多建设性的修改意见;中原科技学院周恒芳副教授等老师提出了许多具体的修改意见。本书编写时参考了国内外诸多学者的大量资料,在此一并表示衷心的感谢!

　　因编者水平有限,时间仓促,书中缺点、错误和不妥之处在所难免,敬请读者批评指正,以便今后进一步修订,使之日臻完善。

编　者

2021 年 10 月

目 录

第 1 章　绪　论

1.1　诊治的意义

从 20 世纪 90 年代以来,我国建筑行业稳步增长,特别是在 2008 年北京奥运会的带动下,建筑行业进入高速发展阶段。我国建筑业在不断扩大生产规模的同时,在逐步完善法律法规、规范市场秩序、发展绿色建筑、提高工程质量,同时随着新结构、新技术、新材料的使用,环保标准的提高,建筑工程技术的水平也在逐步提高。一方面,这些被大量建造的建筑,由于当时的技术或施工问题可能存在某些初期缺陷,影响其使用性能及耐久性能,需要对其进行维修加固;另一方面,当基础设施建设达到一定程度之后,新建工程将逐渐减少,那么工作重心将由新建工程转向既有建筑,由于这些建筑在长期使用过程中,受到诸如气候条件、环境侵蚀或其他外界因素影响会发生老化现象,为恢复其美观、适用及安全性能需要对其进行检测、诊断及维修加固。另外,为取得最大环保效益及经济效益,在对既有建筑进行改造、改建时,也需要对其进行检测、诊断。

我们来看一个例子,是大家都非常熟悉的比萨斜塔(见图 1-1)。比萨斜塔于 1174 年开始建造,设计高度 60 m 左右,共八层。由于地基土质较差,基础埋置深度较浅,在 1178 年,当塔楼建到第三层时,基础发生不均匀沉降,塔身开始倾斜,因此暂停建设。在过了近一个世纪后的 1275 年塔身已倾斜 90 多 cm。于是,建筑师更改设计方案,采用减轻塔楼自重的方法开始续建。建造过程断断续续,前后历任了 3 位建筑师,直到 1372 年才竣工,历时约 200 年。但是比萨斜塔的倾斜并没有停止。1838 年,当时的建筑师为了探究地基的形态、找出倾斜的原因,对原本密闭的地基进行了挖掘,导致地基开裂、地下水涌入,斜塔失去了原有的平衡,倾斜加剧了 20 cm,而此前 267 年的倾斜总和不过 5 cm。1838 年工程结束后,比萨斜塔的加速倾斜又持续了几年,然后又趋于平稳,减少到每年倾斜约 0.1 cm,塔身偏离自然姿势已有 5 m 多。1934 年,为阻止比萨斜塔的继续倾斜,工程师们计划在塔基上开凿 361 个小洞并灌入 90 t 水泥,以此稳定塔身,然而结果却不尽如人意,平

图 1-1　比萨斜塔

衡再次被打破,塔楼更斜了。1980 年,意大利南方发生地震,比萨斜塔倾斜突然加速,每年达 0.125 cm。意大利政府为了防止斜塔继续倾斜,在斜塔北侧的塔基上放置了 600 t 重的铅块,并使用钢丝绳从斜塔的腰部向北侧拽住,还抽走了斜塔北侧的许多淤泥,并在

塔基底下打入 10 根 50 m 长的钢柱,意大利政府所采取的种种措施颇具成效,终于使这座举世无双、经历了数百年风雨的罗马式建筑摘掉了钢丝绳的束缚,摆脱了倒塌的危机。1999 年,为了对比萨斜塔继续纠偏,又采取了挖土的方法,把斜塔北侧的土挖走,以拉直斜塔。2001 年,塔身变直了 38 cm;2013 年,垂直倾斜又恢复了 2.5 cm。经过专家们的努力,目前的倾斜角度为 3.99°,约 10%,偏离地基外沿 2.5 m,顶层突出 4.5 m,预计 300 年内,比萨斜塔不会有坍塌的危险。至于比萨斜塔到底为什么倾斜,说法不一,但进入 20 世纪以后,地基说日渐占据上风,认为主要由砂和黏土构成的地基无法承受整个塔身 14 000 多 t 的重量才出现了倾斜,这座"先天不足"的"病人",从建造至今依然能够傲立于人们的视线中,离不开众多专家的努力。

从比萨斜塔的例子我们可以看出,建筑在其整个生命周期内会因为设计、材料、施工、环境等因素的影响,出现各种各样的问题,这些问题轻则影响美观性,重则影响使用性及安全性。因此,当建筑出现问题后,为了保证其能够继续使用,需要根据其出现的问题对其进行合理的维修加固处理。因此,在这个过程中,需要对其进行病害诊断,并给出合理的处理方案。首先需要根据建筑的基本病况对其进行相关调查检测,然后根据调查检测结果判断建筑病害的原因及程度,其次根据判断结果给出合理的维修加固方案,最后根据这些方案维修加固处理之后的建筑便能恢复各方面性能,供人们继续使用。

从这个过程中可以看出,建筑在出现了问题之后对其进行的一系列措施中,有三项基本的工作,即检测、诊断及维修加固,这三项工作之间既相互独立,又相互联系。检测是诊断的依据,诊断为检测提供指令,检测和诊断是维修加固的前提,维修加固的结果检验诊断的正确性。

1.2　诊治的必要性

本书分别从法律规范角度、建筑绿色化发展角度和建筑业的发展趋势角度三个方面,来论述建筑结构需要接受诊治的必要性。

1.2.1　法律规范角度

我国《民用建筑设计统一标准》(GB 50352—2019),以及《建筑结构可靠性设计统一标准》(GB 50068—2018)中都明确规定,对于普通建筑和构筑物,其设计使用年限为 50 年,对于纪念性建筑和特别重要的建筑,其设计使用年限为 100 年;对于易于替换结构构件的建筑,其设计使用年限为 25 年(见表 1-1)。规范中所规定的设计使用年限并不意味着建筑结构的寿命只有那么长,而是过了设计使用年限以后建筑的可靠性会下降到一定程度,继续使用可能会存在一定的安全问题。我们来看一下图 1-2 中建筑使用年限与可靠度关系,横坐标为使用年限,纵坐标为建筑结构的可靠度,坐标原点为刚投入使用的新建建筑,其可靠度具有一个满足使用和安全要求的初期性能。建筑投入使用以后,在周围环境介质以及荷载等因素的作用下,随着使用年限的增加,其可靠度逐渐下降,但我们不会等到可靠度下降到 0 时才终止使用,而是规定一个界限状态,越过了这个临界状态,建筑的使用性能、安全性能有可能无法满足使用要求,达到界限状态的时间即为规范中所规定的设计使用年限。当建筑可靠度下降到界限状态以下时,就意味着存在一定的安全隐患,因此为了保证建筑的可靠性,使其长期使用,需要对建筑进行定期的点检维修,锯齿间隔即为维修周期。根据建筑结构的不同,维修周期也不尽相同。通过定期的点检维修,建筑的使用寿命将会明显增长。但即使定期对建筑进行维修,也终有一天其可靠度会降到界限状态,危及其安全性能。因此,需要在其可靠度降到界限状态之前对建筑进行大规模的加固工程,使其可靠性提升到初始状态或超越原有水平,保证建筑能继续使用。

表 1-1 建筑结构的设计使用年限

类别	设计使用年限/年	示例
1	5	临时性建筑
2	25	易于替换结构构件的建筑
3	50	普通建筑和构筑物
4	100	纪念性建筑和特别重要的建筑

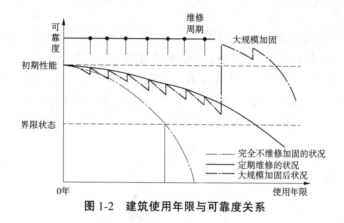

图 1-2 建筑使用年限与可靠度关系

1.2.2 建筑绿色化发展角度

加快生态文明体制改革,建设美丽中国,既要创造更多物质财富和精神财富,以满足人民日益增长的美好生活需要,也要提供更多优质生态产品以满足人民日益增长的优美生态环境需要。强调推进绿色发展、着力解决突出环境问题、加大生态系统保护力度、改革生态环境监管体制。因此,大力推进建筑绿色化发展是建筑行业发展的新趋势,建筑的绿色化应体现在整个生命周期内,包括原料的开采过程,材料的生产过程,工程的建设、使用、后期解体撤去、处理再生过程,直到最终处理过程。如果建筑的材料生产阶段、工程建设阶段、使用阶段中产生的废弃物通过处理再生能够重新利用,或解体过程中的某些构件或材料能够重新利用的话,能够减少环境污染以及对生态环境的过度破坏,极大地推动建筑行业的绿色发展(见图 1-3)。在这个过程当中,如果对既有建筑不采取拆除处理,而是维修加固的话,能够更大程度地推动建筑行业的绿色发展。据不完全统计,维修改造工程比新建工程可节约投资 30%~40%,工期缩短约 50%,收回投资的速度比新建工程快 3~4

倍。因此,从这个角度来看,对建筑结构进行检测、诊断、维修加固具有极大的必要性。

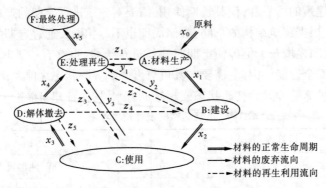

图1-3　建筑绿色化发展途径

1.2.3　建筑业的发展趋势角度

从世界各个国家的基础设施建设趋势来看,现代建筑业的发展大致分为以下三个时期:

第一个发展时期是大规模新建时期。第二次世界大战结束后,为了恢复经济和满足人们的生活需求,欧洲和日本等地进行了前所未有的大规模建设。从图1-4日本第二次世界大战后公营住宅建设数量统计可以看出,日本在第二次世界大战结束后,特别是在1964年东京夏季奥运会的带动下,基础设施飞速发展,到1972年札幌承办冬季奥运会时,基础设施建设达到顶峰,这个期间就是典型的大规模新建时期,之后新建工程逐渐减少。

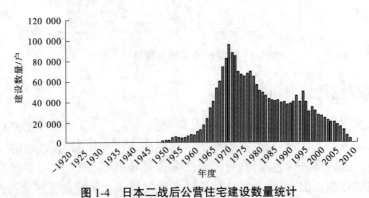

图1-4　日本二战后公营住宅建设数量统计

第二个发展时期是新建与维修改造并重时期。一方面为满足社会发展需求,需要进一步进行基础设施建设;另一方面,达到一定年限的建筑在自然环境和使用环境的双重作用下,其功能已逐渐减弱,需要对其进行相应的检测、诊断和维修加固,来保证其可靠性能。

第三个发展时期是以现代化改造和维修加固为主的时期。当基础设施建设达到一定程度后,新建工程逐渐趋于缓和或停止,而面对大部分建筑结构的"老龄化",整个工程行业将步入以现代化改造和维修加固为主的时期。仍旧以第二次大战后的日本为例,日本在1972年完成大规模的新建工程后,到1998年基本处于第二个发展时期,但是1998年后,新建工程逐渐减缓,截至目前,基本进入对现有建筑结构进行改造和维修加固的第三个时期。

我们再来看一下我国建筑行业发展形势(见图1-5)。根据国家统计局官方公布的建筑业房屋施工面积统计数据,我国在2000年北京定为第29届奥运会的举办城市之后,在承办奥运会这个重大契机的带动下,基础设施建设飞速发展,统计数据截止2020年仍旧处于上升时期。从统计数据可以看出,目前我国正处于以新建工程为主的第一个发展时期。根据我国的发展规划,到2030年,实现全面建设共同富裕社会目标;到2050年,全面实现富强、民主、文明、和谐,特别是绿色(或美丽中国)的社会主义现代化目标。因此,2030年前后,我国基础设施建设将逐渐步入第二个时期,并于2050年前后全面进入第三个时期。因此,对建筑结构进行检测、诊断并维修加固具有时代的必然性。

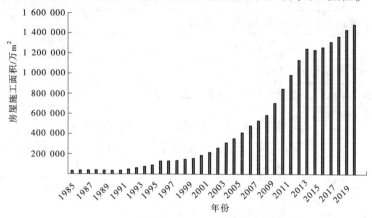

图1-5 我国建筑业房屋施工面积统计

1.3 引起病害的原因

建筑从设计到施工是个涉及众多因素的复杂体系,引发混凝土结构出现病害的情况比较复杂,因此需要接受诊治的情况也不尽相同,常规来看,主要有以下几种(见表1-2):

(1)由于设计概念的错误、不符,或者由于计算中漏掉了主要荷载,计算公式的运用不符合条件,计算参数选用有误等设计因素造成的初期缺陷情况。

(2)混凝土中所使用的材料问题,如水泥的异常凝结、水泥的水化热造成的温度应力、水泥碱含量超标;骨料的含泥量过大、风化原因等造成的低品质骨料、活性骨料、盐化物含量超标;混凝土拌和物和易性不良、化学收缩、干燥收缩、热胀冷缩;钢材质量不达标等问题造成的病害情况。

(3)施工环节中出现的问题,如混合材料拌和不均、超时拌和;浇筑速度过快、冷接缝;养护不当等原因造成的混凝土质量问题。

(4)在建筑使用期间,由于周围环境温度、湿度的变化或侵蚀性介质的作用,造成的建筑结构损伤破坏情况,或在构造外力作用下,建筑结构发生具有破坏性的开裂情况等。

(5)当需要对既有建筑进行改建、扩建、加层、加宽时,或对重要历史纪念性建筑保护时,需要对其进行诊治的情况。

表 1-2　引起混凝土结构发生病害的原因

影响因素			原因
建设初期	设计	概念	概念错误或不符
		计算	漏掉主要荷载、计算公式的运用不符合条件、计算参数选用有误
	材料	水泥	水泥的异常凝结、水化热、碱含量超标
		骨料	骨料含泥量、风化原因等造成的低品质的骨料、活性骨料、盐化物含量高
		混凝土	混凝土拌和物和易性不良、化学收缩、干燥收缩、热胀冷缩
		钢材	钢材质量不达标
	施工	拌和	混合材料拌和不均、超时拌和
		浇筑	浇筑速度过快、冷接缝
		养护	养护不当
		焊接	焊缝质量不达标
使用期间	使用环境	温度、湿度	温度和湿度的变化、冻融循环
		物理化学作用	溶出性侵蚀、盐类结晶破坏、酸碱盐类的侵蚀、碳化
	构造外力	荷载	正应力和剪切应力造成的裂缝、应力集中造成的裂缝、疲劳荷载造成的裂缝、偶然荷载作用
		支撑条件	模板支撑沉降、构造物的不同沉降、附近出现深大基坑开挖
人为干涉	既有建筑物改造		既有建筑物改建、扩建、加层、加宽等
	建筑物保护		重要历史纪念性建筑物保护

1.4　病害诊治的程序

　　对既有建筑的维修加固及改造扩建要比新建工程复杂得多,它不仅受到建筑原有条件的限制,而且长期使用以后这些建筑都存在着各种各样的问题,这些问题错综复杂;另外,既有建筑的建造年代不同,所用材料与现状也存在较大差异。因此,对既有建筑进行检测、诊断与维修加固时,应按照固定的工作程序,部署详细的计划,进行周密慎重的操作,正确诊断建筑结构的情况,合理选用安全可靠、经济合理的处理方案。

　　其具体工作程序如图 1-6 所示。

1.4.1　建筑结构的调查检测

　　开始一个项目,首先做的事情是建筑结构的调查检测,其中包括结构形式、截面尺寸、受力状况、使用状况、材料强度、配筋情况、劣化状况、周边环境、变状的有无等。这些信息应全面准确并具有代表性,这是对建筑结构进行诊断的前提工作。

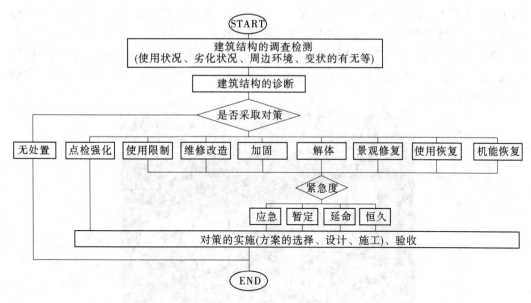

图 1-6 建筑诊治的工作程序

1.4.2 建筑结构的可靠性鉴定及耐久性评定

根据调查检测的一系列数据,并以我国已颁布的可靠性鉴定标准为依据,对既有建筑的可靠性进行鉴定。另外,根据调查检测结果对建筑结构耐久性进行评定,判断是否需要采取对策,如果经过诊断需要采取措施,那么进入下一个工作程序,即维修加固方案选择。

1.4.3 维修加固方案选择

建筑结构维修加固方案的选择十分重要,不但影响资金的投入是否经济合理,更重要的是影响加固的效果和质量。需要根据调查检测的结果来判断措施的类型,如点检强化、使用限制、维修改造、加固、解体、景观修复、使用恢复、机能恢复等,并根据其轻重程度确定紧急度等级是应急、暂定、延命,还是恒久。

1.4.4 方案的实施

根据判定结果选择合适的方案后,还需要对维修加固方案进行设计,包括结构设计和施工组织设计,然后进入施工阶段,并验收其施工质量,经验收合格后才能继续投入使用。

1.5 国内外发展概况

在建筑结构中,混凝土结构一直是最主要的结构形式之一。但是,由于早期人们对混凝土的性能认识不足,大量的钢筋混凝土结构由各种各样的耐久性原因而提前失效,达不到预定的服役年限,造成巨大的经济损失和人员伤亡。

2006 年 9 月 30 日,在加拿大魁北克省的拉瓦尔市发生的立交桥坍塌事故 (见

图 1-7），造成了 5 人死亡、6 人受伤的重大事故。后经专家调查发现，这座建于 1970 年的立交桥，设计使用寿命为 70 年，设计方面未发现任何问题，但由于当地下雪频繁，桥面上使用的化冰盐过多，融化后含盐量极高的雪水渗透到立交桥结构里面，造成了严重的钢筋腐蚀，使其与混凝土脱离，因此由钢筋腐蚀导致的钢筋与混凝土分离是造成拉瓦尔立交桥坍塌的主要原因。

图 1-7　加拿大魁北克省立交桥坍塌事故

北京二环路西北角的西直门立交桥，旧桥于 1978 年 12 月开工，1980 年 12 月完工，建成使用一段时间后，混凝土有不同程度开裂，1999 年 3 月因各种原因拆除部分旧桥改建。在改造过程中，有关部门对旧桥东南引桥桥面和桥基钻芯做 K_2O、Na_2O、Cl^- 含量测试，其中 Cl^- 浓度在 $1 \sim 2$ cm 处达到最大值，远远超出临界浓度限值 0.3%，碱含量 Na_2O 为 0.3%、3.6 kg/m³，也超出了规范所规定的限定值，并且混凝土的粗细骨料均含有一定数量的活性成分。因此，这些综合情况导致钢筋腐蚀严重，混凝土块大面积剥离、剥落，造成其可靠性提前失效。

沉重的代价让人们认识到混凝土结构维修加固的重要性，而维修加固的前提是对混凝土结构的正确诊断，而诊断的前提是深入了解混凝土结构的耐久性问题，因此通过开展对钢筋混凝土结构耐久性的研究，一方面能对既有建筑进行科学的耐久性评定和剩余寿命预测，以选择正确的处理方法；另一方面也可对新建工程进行耐久性设计与研究，揭示影响结构寿命的内部与外部因素，从而提高工程的设计水平和施工质量，确保混凝土结构生命全过程的正常工作。

对钢筋混凝土结构的耐久性研究主要是从 20 世纪五六十年代开始的，在沿海城市特别是沿海建筑中出现了较为严重的钢筋腐蚀、混凝土剥落的现象，引起了人们的重视，因此从 20 世纪 60 年代开始，混凝土结构的耐久性问题成为了许多国际学术机构或国际学术会议讨论的重要课题之一，科学家们展开了广泛和深入的研究。但人们的研究主要集中在对混凝土中钢筋腐蚀的研究，即主要集中在混凝土的碳化和氯离子的侵蚀研究上面。具有代表性的事件，如国际材料与结构研究实验联合会（RILEM），于 1960 年专门成立了"混凝土中钢筋腐蚀"技术委员会，旨在推动混凝土结构耐久性研究的进展。

在众多混凝土界科学家和工程师的共同努力下,到 20 世纪 70 年代,人们的研究扩大到混凝土耐久性研究,代表性的事件有:1973 年美国混凝土协会(ACI)召开了"混凝土中金属腐蚀问题"讨论会;1976 年,美国试验与材料学会(ASTM)召开了"氯化物腐蚀问题"讨论会;1978 年以后,国际材料与结构研究实验联合会每隔三年举行一次建筑材料与构件耐久性的国际会议。

到了 20 世纪 80 年代,在取得一系列研究成果的基础上,各国或地区开始颁布相应的规范规程。如 1980 年,日本组织进行了"建筑物耐久性提高技术"的开发研究,1986 年颁布了《建筑物耐久性系列规程》,1989 年制定了《混凝土结构耐久性设计准则(试行)》。

进入 20 世纪 90 年代以后,随着混凝土耐久性研究的深入,研究成果开始应用于实际工程,1992 年,日本推出了《建筑物现状调查、诊断、维修指南》,1999 年又创建了"混凝土诊断士制度"。2001 年,国际组织召开了"安全性、风险性和可靠性—工程趋势"国际学术会议。2001 年,亚洲混凝土模式规范委员会公布了《亚洲混凝土模式规范(ACMC2001)》,提出了基于性能的设计方法。

我国对钢筋混凝土耐久性的研究也开始于 20 世纪 60 年代,但目前为止在该方面的研究稍落后于其他国家,如 1982 年、1983 年,我国召开了全国性的耐久性会议;1991 年,我国成立了"混凝土结构耐久性学组";1991 年,我国颁布了《混凝土结构加固技术规范》;2001 年,中国工程院土木、水利与建筑工程学部发起了"混凝土结构耐久性科技论坛"。

2017 年 11 月,全球首家"工程医院"(郑州总院)成立大会暨基础设施病害灾害防治专家报告会在郑州举行,来自中国工程院、中国科学院的 15 名院士及 400 余名水利、交通、市政等领域的专家学者出席了会议,共同见证了全球首家专为基础工程设施"诊治疾病"的"医院"在河南省诞生。我国首家工程医院的成立是一个历史性的转折点,标志着我国对建筑结构耐久性研究及对既有建筑物的维修加固系列活动进入新时代。

第 2 章　混凝土结构的病害现象及原因

混凝土结构的病害指的是混凝土结构由于设计、材料、施工、使用环境、荷载等因素，而造成的区别于正常健康状况，对建筑结构美观、使用、安全性能有隐患的状况。混凝土结构的病害现象大致有三类：

第一类是混凝土结构在建成投入使用之前，设计、材料选取、施工等造成的问题，通常称之为初期缺陷。

第二类是混凝土结构在建成投入使用之后的供用期间，由于材料性质或者使用环境的影响，在混凝土结构上形成的劣化状况，通常称之为经年劣化。

第三类指的是混凝土结构在外力荷载作用下或由于材料本身的性质，引发结构出现的挠曲、变形、振动等现象。

混凝土结构的病害一般是某种因素或多种因素共同影响的结果，因此认识混凝土结构可能出现的各种病害现象并掌握其产生原因是非常必要的。

2.1　初期缺陷

混凝土结构的初期缺陷是指混凝土结构由于设计、材料选取、施工、养护等原因，在混凝土结构躯体上出现蜂窝麻面、冷接缝、施工质量缝、内部缺陷、表面气泡、砂肌等的现象。

2.1.1　蜂窝麻面

2.1.1.1　定义

蜂窝麻面是指在混凝土局部出现的由于粗集料聚集而造成的类似蜂窝状的结构或者由于缺浆造成的麻点状结构，如图 2-1 所示。

(a)　　　　　　　　　　　　　　　　(b)

图 2-1　蜂窝麻面

2.1.1.2　形成原因

当混凝土的配合比不当或者施工不规范时,在混凝土浇筑时引起混合材料的分离、不密实,或者模板下端水泥浆的流出等问题,便会造成硬化后的混凝土内部出现蜂窝麻面,主要产生原因如下:

(1)混凝土配合比不当或材料计量不准,造成拌和物砂浆少,石子多,和易性差。

(2)混凝土搅拌时间不够,未拌和均匀。

(3)振捣不密实,特别是对于薄壁构件,或者埋置设备或管道的下部、窗口等开口部下部、柱子墙壁下部等较难振捣的部位。

(4)混凝土浇筑高度过高,造成混凝土离析,在混凝土结构表面形成空隙较多的不良部分。

2.1.1.3　防止对策

为避免蜂窝麻面的出现,常采取的对策主要有:

(1)准确的材料计量,计量设备的精度及允许偏差应符合现行国家标准的有关规定,并应定期校准。

(2)应进行科学合理的配合比设计,并进行试配和生产适应性调整,确定施工配合比。

(3)混凝土应搅拌均匀,宜采用强制式搅拌机搅拌,搅拌的最短时间应符合国家标准《混凝土结构工程施工规范》(GB 50666—2011)的规定。

(4)混凝土振捣应能使模板内各个部位混凝土密实、均匀,不应漏振、欠振、过振。

(5)混凝土浇筑不得发生离析,倾落高度应符合国家标准《混凝土结构工程施工规范》(GB 50666—2011)的规定,当粗骨料粒径大于 25 mm 时,浇筑倾落高度应不大于 3 m;当粗骨料粒径小于等于 25 mm 时,浇筑倾落高度应不大于 6 m,当不能满足要求时,应加设串筒、溜管、溜槽等装置。

2.1.1.4　维修方法

出现蜂窝麻面后,要根据程度不同采取不同的措施。

(1)如果无粗骨料外露,可不必专门采取措施,在后期砂浆抹面过程中,即可兼顾将其修复。

(2)如果有粗骨料外露,则需先敲打表面粗骨料看有无剥落现象,如果无剥落现象,可不必凿除,用聚合物砂浆抹面 1~3 cm 即可。

(3)如果敲打后外露粗骨料有部分剥落现象,则需先将不良部分凿除,然后用聚合物砂浆填充抹面 1~3 cm 厚。

(4)如果保护层甚至更深部分粗骨料外露,可见空洞存在,敲打后粗骨料断断续续剥落。则需先将不良部分凿除,然后用无收缩砂浆填充 7~9 cm 厚,最后用聚合物砂浆抹面 1~3 cm 厚。

2.1.2　冷接缝

2.1.2.1　定义

冷接缝指的是在施工过程中由于某种原因使前浇筑的混凝土在过了一定的间隔时间

后,后浇筑的混凝土继续浇筑,前、后浇筑的混凝土不能水化为一体,在连接处出现的薄弱结合面。因此,冷接缝不同于预留分界缝,是上、下两层混凝土的浇筑时间超过一定的时间间隔而形成的施工质量缝(见图 2-2)。

（a）

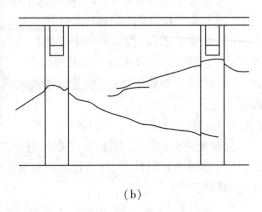
（b）

图 2-2　冷接缝

2.1.2.2　形成原因

形成冷接缝的原因主要是前浇筑的混凝土的凝结硬化程度,这个硬化程度受混凝土的配合比、周围温度湿度条件、养护条件,以及混凝土的生产搬运时间、搅拌振捣施工方法等多种因素影响较大。

（1）配合比的影响。由于混合材料的种类及数量、水胶比等,造成拌和物泌水、凝结时间过短,易形成冷接缝。

（2）生产及搬运的影响。混凝土的生产方法不当,搬运手段不符合要求,或者搬运的距离及时间过长都会引发冷接缝的产生。

（3）环境条件的影响。混凝土拌和物周围的温度过高、湿度过低、风力过大、日照过于强烈都会造成冷接缝的产生。

（4）施工的影响。混凝土的浇筑方法、浇筑顺序、浇筑速度,以及振捣方法、振捣时间、施工人员的熟练程度都会影响冷接缝的产生。

2.1.2.3　防治对策

可以从以下几个方面防止冷接缝的产生:

（1）在施工之前订立周密的施工计划,并做好施工前准备工作。

（2）在施工过程中尽量连续浇筑混凝土。

（3）如果由于客观原因造成混凝土运送时间较长,或者环境温度过高等,可考虑使用缓凝剂。

2.1.2.4　维修方法

冷接缝的严重程度不同,对建筑结构的强度及耐久性的影响程度也不同,对应的维修方法也不尽相同。对于有色差但无明显断开裂缝的轻微程度的冷接缝,可以采用聚合物砂浆表层涂刷进行封闭;而对于有明显断开裂缝的冷接缝,应按照裂缝的维修方法进行修补,具体维修方法将在第 9 章介绍。

2.1.3　施工质量缝

2.1.3.1　定义及产生原因

施工质量缝是指混凝土结构在搅拌、振捣、浇筑、养护等施工过程中,由于各种原因造成的裂缝,施工质量缝的形成比较直观,并且裂缝在施工过程中就往往能够显露出来,通常由以下多种原因造成:

(1)混凝土拌和物在搅拌、运输、浇筑时不均匀, 造成分层、离析、泌水,引起裂缝。

(2)混凝土振捣不良,漏振、欠振造成薄弱层,如图 2-3(a)所示;过振引起漏浆的缺陷,均可能引发裂缝。

(3)浇筑后混凝土缺乏养护,在空气中暴露失水,收缩增大,引起裂缝。

(4)快速施工,养护时间不足,早期收缩得不到控制,导致混凝土开裂。

(5)模板刚度不足、拆模过早或模板支撑不足引起裂缝,如图 2-3(b)、(c)所示。

(6)低强混凝土中预应力施工(张拉、放张,特别是骤然放张预应力),局部受压导致裂缝。

(7)施工接槎面处理不当,形成夹渣或接槎处的连接薄弱,导致裂缝。

(8)浇筑—振捣混凝土以后,混凝土表面未及时进行二次振捣—压抹,早期收缩导致表层裂缝。

(9)北方冬期跨季节施工,未能封闭保温,长期处在干燥、寒冷、受风的环境中而引发裂缝。

(10)大体积混凝土或夏季施工,未控制入模温度及采取降温措施,水化热造成内外温差而开裂。

(11)地下工程未及时回填土,地上工程长期暴露而不封闭或装修,持续干燥环境引起裂缝。

(12)混凝土施工配制强度过高,水泥用量过多而引起收缩加大,造成裂缝。

(13)管线、埋件布置在混凝土保护层中,实际保护层过薄而引发顺着管线的开裂。

(14)装配式结构预制构件连接处的拼缝灌筑缺陷,引起拼接裂缝。

(15)施工时超载或意外荷载(例如撞击、大量堆载等)的非设计工况,引起裂缝。

(16)钢筋移位,截面有效高度减小,引起了抗力的降低,造成截面开裂。

(17)相邻构件的配筋疏密程度相差过大,从而造成对混凝土的约束力不同而造成裂缝,如图 2-3(d)所示。

(18)相邻构件厚度或高度尺寸过于悬殊引起裂缝,如图 2-3(e)、(f)所示。

(19)预制板支垫不平或翘曲,受力后形成的角部折断斜裂。

(20)混凝土结构与围护结构之间连接施工不良,引起可见的界面裂缝等。

2.1.3.2　防止对策及维修方法

施工质量缝的严重程度不同,对建筑结构的强度及耐久性的影响程度也不同,对应的维修方法也不尽相同,但由于施工质量缝均为施工阶段造成的混凝土的开裂,待混凝土凝结硬化一定时间之后,裂缝一般均趋于稳定状态,因此可按照稳定裂缝修补方法进行修

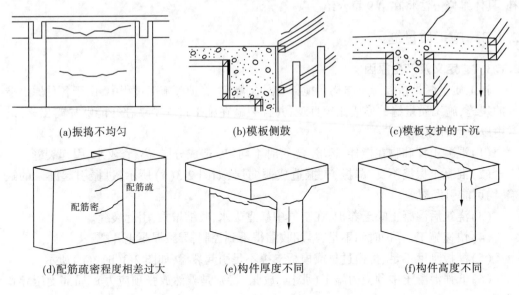

(a)振捣不均匀　　　　　　　(b)模板侧鼓　　　　　　　(c)模板支护的下沉

(d)配筋疏密程度相差过大　　(e)构件厚度不同　　　　　(f)构件高度不同

图 2-3　各种施工质量缝

补,详见第 9 章裂缝修补工法。

2.1.4　内部缺陷

2.1.4.1　定义及产生原因

混凝土在施工过程中,由于拌和物和易性不良造成材料分离、泌水,或者搅拌不充分、振捣不密实等,在混凝土内部生成的空洞或者粗骨料聚集等的现象称为内部缺陷(见图 2-4)。

(a)　　　　　　　　　　　　　　　　　　(b)

图 2-4　内部缺陷

2.1.4.2　防止对策及维修方法

内部缺陷大都存在于混凝土内部,不能直接观察到,它的存在对建筑结构的安全性及耐久性产生极大的威胁,因此在施工过程中应加强施工管理,避免内部缺陷的产生。对于既有建筑,首先需要利用红外线法、放射线法等无损检测方法探测内部缺陷存在的位置、缺陷范围,然后利用注入法进行维修,并在后期加强定期点检。

2.1.5　表面气泡

表面气泡指的是在混凝土施工过程中由于没有充分振捣,或者由于材料泌水,而导致混凝土表面出现气泡或水泡,凝结硬化之后在混凝土表面出现空洞的现象(见图 2-5)。表面气泡经常出现的部位,一个是在大体积混凝土表面,如坝体、挡土墙表面;另一个是在倾斜部位,如桥梁的拱部等。

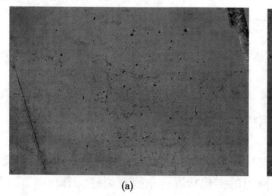
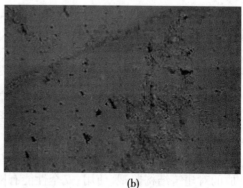

(a)　　　　　　　　　　　　　　　(b)

图 2-5　表面气泡

其产生的原因主要有两个:一个是施工未充分振捣,特别是对于倾斜模板面,表面气泡不易排出;另一个是由于材料泌水导致混凝土表面出现水泡。

防止混凝土表面出现气泡现象的对策:一方面要控制浇筑速度,加强振捣管理;另一方面是在倾斜部位模板预设透气孔,或者使用透水性或吸水性模板。

其维修方法常用聚合物砂浆进行填充抹面处理。

2.1.6　砂肌

砂肌指的是由于泌水等,造成混凝土凝结硬化之后表面出现的细骨料露出、松动等的起砂现象(见图 2-6)。

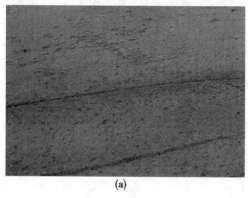
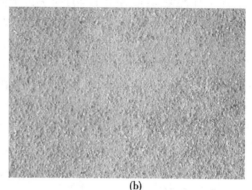

(a)　　　　　　　　　　　　　　　(b)

图 2-6　砂肌

其产生的主要原因主要有以下几个:

（1）砂子的粒度过细，拌和时需水量增大，导致混凝土表面水灰比过大。

（2）施工过程中过分振捣，导致混凝土表面水灰比过大。

（3）混凝土表面压光过早，凝胶尚未全部形成，造成表面游离水分较多，水灰比过大。

（4）混凝土还没有完全硬化就洒水养护，导致表面水灰比增大。

（5）混凝土压光过迟，破坏已经终凝硬化的表面，造成表面起砂。

（6）砂子含泥量过高，影响水泥与砂子的黏结力。

对于砂肌的防治对策，除要控制好混凝土配合比、加强施工管理外，可采用改变模板类型，使用清水混凝土模板或透水性模板来加以控制。

砂肌主要影响美观，因此可用钢刷将流砂部分清除，露出健全部分，然后用聚合物砂浆抹面进行修复外观处理。

2.2　经年劣化

混凝土结构的经年劣化指的是混凝土结构在长期使用过程中，由于使用环境、荷载等造成的对建筑结构美观、使用、安全性能有隐患的劣化状况。主要有裂缝、剥离、剥落、钢筋锈液、泛白、污垢及变色、磨损等。

2.2.1　裂缝、剥离、剥落

混凝土是由固态、液态、气态物质组成的混合物，这些多相态、非均质、复合型材料的性质，决定了混凝土从表层到内部都是不连续的，并且混凝土属于脆性材料，因此混凝土结构自浇筑成型到凝固、硬化，必然形成诸多微小的表面微纹和内部裂缝。所以混凝土的裂缝是混凝土病害里最普遍的现象，对混凝土结构的美观性、适用性及耐久性造成极大的威胁，即便对于施工良好的新建结构来说，裂缝的出现也是不可避免的。

但是，混凝土结构上出现的裂缝并不全是有害裂缝，根据对结构产生的影响不同分为有害裂缝和无害裂缝。比如，在结构上出现的贯通裂缝，容易造成漏水等现象进而影响使用，属于有害裂缝；或者由于挠度过大产生的弯曲裂缝，影响美观、使用和安全性，也是有害裂缝。由此可以看出，在混凝土表面呈现出来的裂缝形式虽然一样，但由于混凝土的材料、配合比、设计、施工、使用环境、构造外力等各种因素的影响不同，所造成的混凝土开裂情况也不尽相同，甚至引发混凝土的剥离、剥落，对结构产生的影响也各不相同，我们应该学会根据裂缝产生的位置、特征来初步判断裂缝产生的原因，进而把握裂缝的类型。

2.2.1.1　材料性质的影响

混凝土原材料的性质对混凝土结构形成后性能的影响是不言而喻的，原材料对混凝土裂缝形成的影响比较复杂，大体可归纳为以下几个方面：

（1）水泥强度等级越高，水泥细度越小、比表面积越大，则胶凝收缩就越大，就越容易开裂，如图2-7(a)所示。

（2）水泥活性越强，其水化热越大，冷凝过程中的收缩加大，就越容易开裂，如图2-7(b)所示。

（3）快硬水泥在水化热散失前就已凝固，叠加上散热降温的收缩，就更容易开裂。

(4)水胶比(水灰比)越大,水的用量大,收缩也越大,就越容易开裂。

(5)混凝土强度等级高,则收缩大,弹性模量大而抗拉强度提高不多,更容易引起开裂。

(6)粗骨料(石子)粒径越小,缺少骨架的体积稳定性,混凝土收缩大,就越容易开裂。

(7)细骨料(砂子)含量(砂率)越高,体积稳定性越差,收缩较大,就越容易开裂。

(8)粗、细骨料中含泥量越大,收缩加大且抗拉强度降低,就越容易开裂,如图2-7(c)所示。

(9)骨料较软、风化或品质较低,均容易引起开裂,如图2-7(d)所示。

(10)使用活性骨料,易引发碱骨料反应,如图2-7(e)所示。

(11)外加剂(减水剂、膨胀剂等)选择失误、掺量不当或养护不良,会加大收缩引起开裂。

(12)混凝土的保水性差,体积稳定性差,容易引起离析、泌水,收缩加大,更容易开裂。

总之,混凝土材料本身的性能对于控制裂缝有着决定性的作用,因此从原材料选择到配合比设计,必须经反复试验校核,调整至合理的程度。

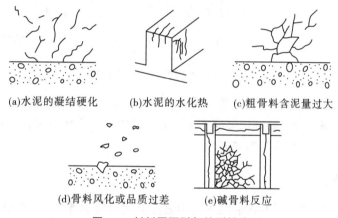

(a)水泥的凝结硬化　　　(b)水泥的水化热　　　(c)粗骨料含泥量过大

(d)骨料风化或品质过差　　　(e)碱骨料反应

图2-7　材料原因引起的裂缝类型

2.2.1.2　环境因素的影响

设计、施工质量良好的混凝土结构,在供用期间受到环境温度、湿度、有害介质等的影响,同样会出现裂缝,所受到的影响因素不同,产生的裂缝类型也不尽相同,大致如下:

(1)由于环境温度、湿度的变化,在混凝土结构的底部两侧出现的倒八字形态的裂缝,在顶部两侧出现的正八字形态的裂缝,在开口处较尖锐角部出现的放射状的裂缝,在墙体或窗台中间出现的竖直裂缝等,这些裂缝都是由于环境温度、湿度的变化而造成的干缩裂缝,是普遍存在于建筑物上的现象,如图2-8(a)所示。

(2)由于环境冷暖温差过大,在混凝土结构的阳台、挑檐、女儿墙等易受风吹日晒雨淋的裸漏部位,出现的无规则网状裂缝,这是典型的冻融循环破坏造成的裂缝,如图2-8(b)所示。

(3)混凝土结构在遭受到火灾之后,在受灾部位会形成网格状收缩裂缝,且构件底部多于顶部,如图 2-8(c)所示。

(4)由于遭受酸、碱、盐等侵蚀介质的影响,在混凝土表面或内部会出现无规则的网状裂缝,并伴有混凝土块剥离剥落现象,如图 2-8(d)所示。

(5)由于钢筋腐蚀膨胀,沿着钢筋方向会造成混凝土开裂,如图 2-8(e)所示。

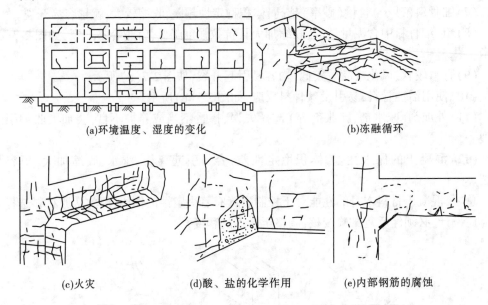

(a)环境温度、湿度的变化　　　　(b)冻融循环

(c)火灾　　　(d)酸、盐的化学作用　　　(e)内部钢筋的腐蚀

图 2-8　环境原因引起的裂缝类型

混凝土结构在供用期间由于材料性质或者环境影响所引发的裂缝形态多样、原因复杂,应通过详细的调查检测后判定裂缝产生的具体原因及稳定状态,根据裂缝的成因及稳定状态采取不同的防止对策及维修方法。

2.2.2　钢筋锈液

钢筋锈液主要指的是附着在混凝土结构表面的钢材腐蚀汁液,主要影响结构的美观性,对耐久性也会造成一定的威胁(见图 2-9~图 2-12)。

混凝土结构表面出现的钢筋锈液来源于两个方面:一是混凝土构件附近的其他钢材的腐蚀汁液附着在混凝土表面,由此种原因产生的钢筋锈液主要影响建筑结构的美观性,对结构的安全性并无大碍,可通过清除锈液、表面涂层的措施来修复景观。但这种情况较少,主要还是由第二个原因造成,即混凝土内部的钢筋发生了腐蚀,腐蚀产物膨胀造成细微裂缝产生,地下水或者雨水通过裂缝渗透到腐蚀钢筋表面,一方面加剧钢筋的腐蚀,另一方面将腐蚀产物携带搬运至混凝凝土表面,随着水分的蒸发,在混凝土表面形成附着物。

健全的混凝土孔隙溶液的 pH 值为 12.5~13.5,如果混凝土发生了碳化或中性化,假如 pH 值降低到 9 左右,那么钢筋的腐蚀产物主要以 $FeOH^+$、$Fe(OH)_2$、$Fe(OH)_3^-$、Fe_3O_4、$\delta\text{-}FeOOH$、$\alpha\text{-}FeOOH$、$\gamma\text{-}FeOOH$ 形式出现。如果将混凝土保护层剥除后观察到钢筋的腐蚀颜色呈现黑色,通常其腐蚀产物是 Fe_3O_4。但是,被搬运到混凝土表面的钢筋锈液,由

图 2-9　由附近钢材造成的锈液

图 2-10　由内部钢筋腐蚀造成的锈液一

图 2-11　由内部钢筋腐蚀造成的锈液 二

图 2-12　混凝土内部钢筋的腐蚀

于受到空气的氧化作用,通常进一步氧化为 δ-FeOOH、α-FeOOH、γ-FeOOH,呈现出我们经常看到的红褐色(见表 2-1)。

表 2-1　钢筋腐蚀产物及颜色

腐蚀产物	颜色	腐蚀产物	颜色
$Fe(OH)_2$	白	γ-FeOOH	橙
FeO	黑	δ-FeOOH	褐
Fe_3O_4	黑	α-Fe_2O_3	红—黑
α-FeOOH	黄	γ-Fe_2O_3	褐
β-FeOOH	淡褐—白	其他氧化物	褐较多

　　钢筋的腐蚀与混凝土的碳化或中性化、盐分的渗透、有无裂缝、水分的供给等各种因素有关联,劣化机制不同,钢筋腐蚀的产物也不尽相同,所呈现的钢筋锈液的性状也就不同。例如,当钢筋的氧化比较彻底时,通常氧化产物中 δ-FeOOH、α-FeOOH、γ-FeOOH 居多,在有氯离子存在的情况下,通常 β-FeOOH 居多。因此,钢筋锈液的出现与混凝土内部钢筋的腐蚀有很大的关系,由于钢筋腐蚀产物与腐蚀原因及腐蚀环境有很大关系,因此可通过结构表面观察到的钢筋锈液性状来推断钢筋腐蚀的状况及混凝土的劣化机制。钢筋的腐蚀条件与腐蚀产物如表 2-2 所示。

表 2-2   钢筋的腐蚀条件与腐蚀产物

钢筋的腐蚀条件	可能性较大的腐蚀产物
混凝土的碳化或中性化程度较大	Fe_3O_4
混凝土中含有盐化物	Fe_3O_4、$\alpha\text{-FeOOH}$ （碳化或中性化程度较大时 $\beta\text{-FeOOH}$）
混凝土有裂缝或剥离等情况 造成的钢筋露出部位	$\delta\text{-FeOOH}$、$\alpha\text{-FeOOH}$、$\gamma\text{-FeOOH}$（盐化物共存时 $\beta\text{-FeOOH}$）

2.2.3　泛白

泛白,俗称泛碱、起霜或白华现象,是混凝土内硅酸根离子发生水解反应,氢氧根与金属离子结合形成溶解度较小的氢氧化物(化学性质为碱性),遇到气温升高,水蒸气蒸发,将氢氧化物从墙体中析出,随着水分的逐渐蒸发,氢氧化物就被析出于混凝土表面,在混凝土表面形成白色结晶物(见图 2-13)。析出物多以片状呈现于混凝土结构表面,也有如图 2-14 所示的形状呈现于混凝土表面。

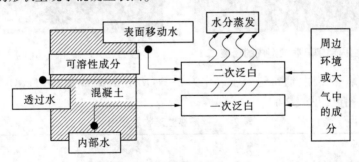

图 2-13　泛白的产生模式

泛白的出现多与水分的移动有关,通常有两种形式:一种是由混凝土内部水分产生的泛白,称为一次泛白,随着内部水分被消耗,泛白即停止不再发展;另一种是由外部水分侵入混凝土内部,然后再由内部移动到混凝土表面引起的泛白,称为二次泛白,此种情况造成的泛白不但影响混凝土结构的外观,长期作用除影响正常使用外,还会造成混凝土强度降低、钢筋腐蚀等。

由于泛白的产生多与水分的移动有关,为保证结构的安全性,在出现泛白的地方,需要留意是否存在冷接缝等初期缺陷或者有裂缝存在。如果是盐害、混凝土碳化或者中性化引起泛白,主要是由于混凝土的劣化造成内部钢筋的腐蚀,引起保护层开裂,此种情况下产生的泛白通常伴随钢筋锈液的产生;如果是碱骨料反应引起的泛白,通常伴随硅酸凝胶的产生;如果是冻害引发的泛白,需要调查混凝土内部是否存在融雪剂及浓度的大小,同时要调查泛白附近是否存在混凝土的剥离、剥落情况等;如果是漏水引发的泛白,需要调查水源及水的侵蚀路径等。

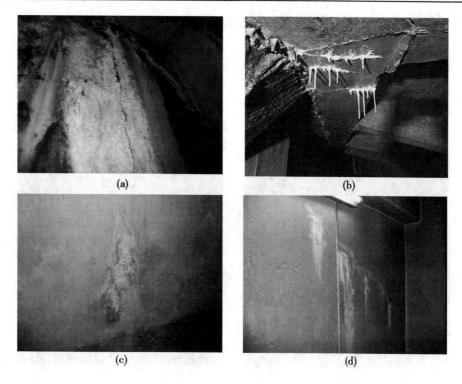

图 2-14　泛白

2.2.4　污垢及变色

　　混凝土的污垢及变色指的是混凝土本身或外界因素造成的混凝土表面的污垢及变色,主要包括表面污垢、附着污垢和混凝土的变色。表面污垢主要指的是混凝土表面的气泡、裂缝、混凝土块剥离剥落或混凝土表面的磨耗等;附着污垢主要指的是附着于混凝土表面的钢筋锈液、泛白或其他附着污垢;混凝土的变色,主要指的是混凝土结构遭受火灾后的变色。混凝土污垢的分类如图 2-15 所示。

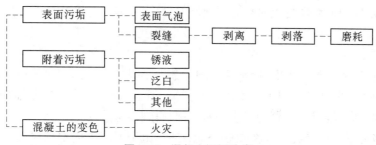

图 2-15　混凝土污垢分类

　　另外,在混凝土表面还经常出现黑色附着物,如图 2-16(c)所示,它的发生机制主要是雨水或者大气中含有的灰尘、污染气体等尘埃,附着于混凝土表面所造成。这些尘埃一旦具备了温度、湿度等条件,吸收雨水中的养分,在光合作用下就会滋生藻类,如图 2-16(d)所示。另外,枯死的藻类还会引发真菌类繁殖,这些微生物的残骸炭化后形成黑色附着物,一般在建筑物外壁、水槽等处出现较多。

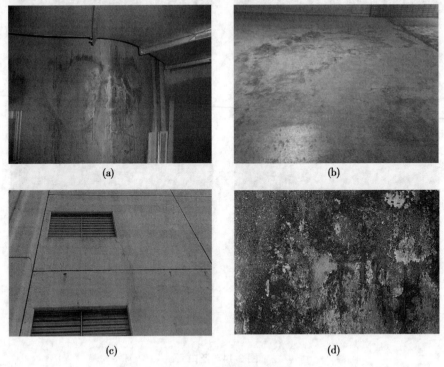

图 2-16　表面附着污垢

　　混凝土受到火灾以后,混凝土内的骨料、水泥石等呈现不同的膨胀收缩趋势,造成内部组织的松动,并且在端部受到其他构件的约束,造成混凝土结构受灾部位由于温度应力等出现裂缝、混凝土剥离剥落等现象。

　　当混凝土受灾部位温度在 600 ℃以下时,混凝土中的自由水分和骨料呈现膨胀趋势,而水泥石呈现收缩趋势,随着混凝土内部应力的不断增大,混凝土内部构造组织逐步被破坏,造成强度降低、弹性模量下降。当受灾温度在 300 ℃以内时,这种影响相对较小,并且在受灾后一定期间能够恢复至原来的状况。但是,当受灾温度超过 500 ℃时,混凝土的强度和弹性模量几乎下降 50%,并且随着受灾后时间的推移,很难再恢复到受灾前的状况(见表 2-3、图 2-17)。

　　遭受火灾后的混凝土表面,经常会出现无数大小裂缝,这是由于混凝土水化物内含有大量的结晶水,这些结晶水在 100 ℃以上时脱离、消失,造成混凝土的收缩而导致的。大约 700 ℃时将造成混凝土水化物完全脱水,并且呈现不可逆的状态。

　　另外,当混凝土的受灾温度在 500～580 ℃时,由于混凝土内部的氢氧化钙成分受热分解,混凝土内部钢筋的防腐能力降低,造成混凝土的耐久性显著下降。

　　当混凝土受灾温度达到 1 200 ℃以上时,由于长时间受热及较高的温度,混凝土从表面开始逐渐熔融、丧失强度。

表 2-3　混凝土变色状况与受热温度的关系

混凝土变色状况	受热温度
表面附着黑色烟灰	300 ℃以下
粉红色	300~600 ℃
灰白色	600~950 ℃
淡黄色	950~1 200 ℃
熔融	1 200 ℃以上

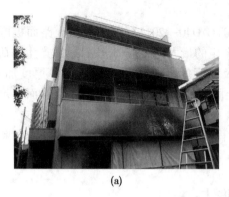 

(a)　　　　　　　　　　　　(b)

图 2-17　混凝土的变色

由于混凝土表面的污垢及变色不仅影响结构的美观性,也可能会对强度、耐久性能造成一定的影响,因此需要根据实际状况进行调查讨论后,再对其进行景观修复处理或者采取其他维修加固措施。特别是对于遭受火灾后出现变色的混凝土,需要根据混凝土的实际强度采取景观修复、断面修复、构件更换等不同的措施。

2.2.5　磨损

磨损指的是混凝土结构在长期使用过程中,由于人、物、交通车辆的移动,或水流的冲刷等,对结构物表面造成的粗细骨料脱落或断面减少的现象。磨损通常发生在路面、地板、水工构造物水流冲刷面等地方。

如图 2-18 所示,表面磨损的发展通常经历三个阶段。第一个阶段是表层含有细骨料较多的水泥石部分的磨损。当表层水泥石磨损后,造成粗骨料外露,因此第二个阶段主要是粗骨料的磨损。随着磨损程度的发展,粗骨料逐步被剥离脱落,即进入第三个阶段。

路面、地板的磨损,受通行车辆的类型、重量、速度、车轮形态、粗骨料掺加比率、粗骨料坚固性等的不同而呈现不同的磨损程度。如果铺装面过于平滑,容易造成车辆行走摩擦力降低,给车辆的通行带来不便。另外,车辆与地面的磨损容易造成路面铺装局部破损,造成跳车溅水等现象,进而加速路面的破损程度。根据既往研究,随着粗骨料掺加比率的提升,将大幅度降低路面磨损进程。因此,通常需要提高粗骨料的掺加比率及坚固性来提高路面的摩擦力及坚固程度。《混凝土质量控制标准》(GB 50164—2011)中规定,对于有耐磨性要求的混凝土,其粗骨料的坚固性检验的质量损失不应大于 8%,并且根据既

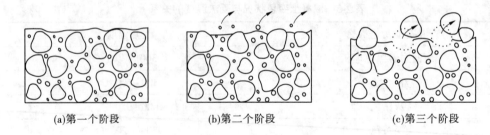

(a)第一个阶段　　　　　　(b)第二个阶段　　　　　　(c)第三个阶段

图 2-18　表面磨损示意图

往研究,粗骨料的磨损减少量不应高于 35%。

我国《公路水泥混凝土路面设计规范》(JTG D40—2011)规定,混凝土路面板厚度设计,首先分别计算混凝土面层板的最重轴载产生的最大荷载应力、设计轴载产生的荷载疲劳应力、最大温度梯度产生的最大温度应力及温度疲劳应力,然后根据计算厚度加 6 mm 磨损厚度后,按 10 mm 向上取整,作为混凝土面层的设计厚度,保证混凝土路面有足够的磨损厚度。

磨损部位的维修方法要根据具体磨损的程度采取不同的措施,常用的方法是断面修复法。

2.3　变形与振动

混凝土结构受到自身组成与结构、外部环境及荷载作用等的影响,会发生变形与振动,如化学收缩、碳化收缩、温度变形、湿胀干缩等,这一类破坏现象在"经年劣化"中已经介绍过。除此之外,在各种内部及外部因素的影响下,还会发生挠曲变形、沉降变形、滑移变形、徐变及振动等损伤现象,严重影响结构的使用和安全性能。

2.3.1　挠曲变形

挠曲变形指的是梁或者板状结构在外力荷载作用下,其轴线由原来的直线变成曲线的现象,经常用挠度衡量其变形大小。对于梁式结构,其主要破坏特征如图 2-19、图 2-20 所示,简支梁在跨中底部出现较多弯曲裂缝。悬臂梁在梁根部上部出现弯曲裂缝。对于周边有支撑水平双向板式结构,其主要破坏特征如图 2-21 所示,在板的顶部沿着板的边缘出现环状弯曲裂缝,在板的底部出现对角线状的弯曲裂缝。对于阳台类的悬臂板状结构,在与主体连接根部的顶面出现如图 2-22 所示的裂缝。

在混凝土梁或水平板式结构上出现如上所述的裂缝时,要引起足够的重视,除混凝土结构自身变形的主因外,还要排查地基或者环境因素的变化对其造成的影响。因此,需要借助位移计等测量设备检测梁或者板的变形程度,并判断其变形是否仍在发展,根据挠度的程度及发展情况采取限荷、加固、更换等相应措施。

2.3.2　沉降变形与滑移变形

所有工程结构的基础及下部支撑牢固与否,直接关系着整个结构的安全性能好坏。

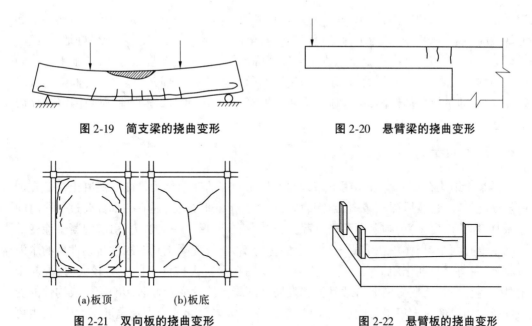

图 2-19　简支梁的挠曲变形　　　　　图 2-20　悬臂梁的挠曲变形

(a)板顶　　　　(b)板底

图 2-21　双向板的挠曲变形　　　　　图 2-22　悬臂板的挠曲变形

如果相邻基础或支撑的沉降量差值过大,就会使相应的上部结构产生额外应力,当应力超过一定的限度时,将会产生裂缝、倾斜甚至破坏,出现常见的沉降变形或者滑移变形。

造成沉降或滑移变形的主要原因是沉降或滑移方向的泥土体积减少。造成泥土体积减少的原因,可能是雨水冲刷等作用造成的流失,也可能是泥中水分流出令其体积减少,或者是土层结构和土面施力情况不同造成土体压缩程度不同,由于基础的沉降或变形在上部结构产生不同形态的变形裂缝。如图 2-23 所示,由于地基的不均匀沉降,在上部结构形成斜向裂缝。如图 2-24 所示的裂缝是由于局部支撑不足或沉降,在下部支撑点两侧与横向梁联系部位形成开裂。如图 2-25 所示,由于刚性结构两侧柱(墙)分别向外滑移,在上部梁(板)的底部形成许多弯曲裂缝。

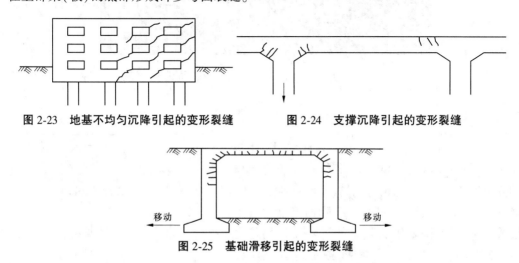

图 2-23　地基不均匀沉降引起的变形裂缝　　图 2-24　支撑沉降引起的变形裂缝

图 2-25　基础滑移引起的变形裂缝

随着工业与民用建筑业的发展,各种复杂而大型的工程建筑物日益增多,工程建筑物的兴建改变了地面原有的状态,并且对建筑物的地基施加了一定的压力,这就必然会引起地基及周围地层的变形。为了保证建筑物的安全性,首先要在施工过程中做好地基处理,保证地基的承载力;其次在施工过程中做好沉降观测,加强过程监控,预防在施工过程中出现不均匀沉降或滑移;最后,在建筑物使用期间加强监测管理,一旦发现类似上述沉降裂缝,应立即进行变形检测,保证建筑物在变形早期得到及时加固处理,避免因沉降原因造成建筑物主体结构破坏,造成巨大的经济损失。

2.3.3 徐变变形

混凝土结构在长期荷载作用下随时间增长而增加的变形称为徐变。混凝土徐变在加荷早期增长较快,然后逐渐减缓,当卸载后,弹性变形瞬时恢复,还有一部分要过一段时间才恢复,称为徐变恢复,剩余不可恢复部分,称为残余变形。一般认为,引起混凝土徐变的原因主要有两个,当作用在混凝土构件上的应力不大时,混凝土具有黏性流动性质的水泥凝胶体,在荷载长期作用下产生黏性流动;当作用在混凝土构件上的应力较大时,混凝土中微裂缝在荷载长期作用下持续延伸和发展。混凝土的徐变会显著影响结构或构件的受力性能。如局部应力集中可因徐变得到缓和,支座沉陷引起的应力及温度湿度应力,也可由于徐变得到松弛。但徐变使结构变形增大对结构不利的方面也不可忽视,如徐变可使受弯构件的挠度增大 2~3 倍,使长柱的附加偏心距增大,还会导致预应力构件的预应力损失。例如,1996 年西太平洋 Caroline 群岛上的一座桥梁(主跨为 241 m)由于徐变使跨中向下挠曲,加铺的桥面板进一步加剧徐变,使该桥在建成不到 20 年后坍塌(见图 2-26)。

图 2-26 Caroline 群岛上的一座桥梁因徐变而造成坍塌

2.3.4 振动

混凝土结构在受到人、车辆等荷载作用产生振动时,容易引发混凝土结构产生裂缝或加速结构的疲劳破坏,产生劣化的构造物,其刚度也随之下降,固有频率也会随着刚度的下降而降低。对于梁或板状结构,随着固有频率的下降其振幅随之增大,容易造成梁或板的挠曲,或加重其挠曲程度。如图 2-27 所示是车辆振动作用在桥面板下部

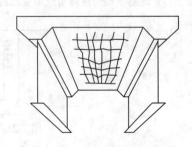

图 2-27 桥面板下部的疲劳裂缝

产生的疲劳裂缝。

　　另外,当空调、机械设备、过往行人车辆、风荷载等外部荷载产生的振动频率和建筑结构的固定频率相同或者相近时,就会产生共振,产生剧烈摇摆或破坏的现象。历史上有过数次部队通过时,齐步走产生的共振导致的桥梁坍塌事故,如法国里昂士兵齐步走过桥引起的桥梁坍塌;还有 1906 年,俄国士兵造成圣彼得堡附近的丰坦卡大桥的坍塌事故(见图 2-28)。除此之外,造成桥梁振动破坏的更多原因是车辆荷载和风荷载,例如位于美国华盛顿州的塔科马桥(Tacoma Bridge),1940 年 7 月 1 日建成通车,同年 11 月 7 日因风振导致桥梁破坏(见图 2-29)。

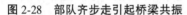

图 2-28　部队齐步走引起桥梁共振　　　　　图 2-29　美国塔科马桥因风振致毁

　　因此,正确把握建筑结构的固有频率对于预防其产生重大安全事故具有重要意义。可通过现阶段结构物的固有频率与新建时健全结构的固有频率的比值,来判断结构的劣化程度,一般比值在 0.9 以上时可认为构造物基本健全,而比值在 0.9～0.75 时,认为构造物劣化程度属于中等,比值在 0.75 以下时认为劣化程度较严重,需要根据劣化程度进一步探讨维修加固方案。

第 3 章　混凝土腐蚀损伤机制及危害

　　钢筋混凝土结构在其使用环境内,受自身条件及周围环境介质的影响,会发生各种腐蚀损伤破坏,大的方面主要包括混凝土腐蚀损伤引起的破坏和内部钢筋腐蚀损伤引起的破坏。内部钢筋的腐蚀损伤将在下一章介绍,本章主要介绍由混凝土腐蚀损伤引起的破坏情况。

　　混凝土是一个不稳定体系,在使用过程中其结构和性能随时间和环境条件而变化,这种变化会导致其宏观性能的变化。在一般使用条件下,混凝土硬化以后其强度在几年甚至几十年中仍有提高,并且有较好的耐久性。但在荷载、环境中腐蚀介质的作用下,性能会逐渐劣化,严重时会大大缩短工程结构的使用寿命。因此,造成混凝土结构劣化主要有内因、外因两方面的作用,内因是主导,外因是条件。内因是由其材料组成结构特点决定的,包括两方面,首先是混凝土中的水泥石存在着易被腐蚀的化学成分,如氢氧化钙和水化铝酸钙等;其次是硬化混凝土中含有大量毛细孔隙和微裂纹,使腐蚀性介质容易通过毛细孔和微裂纹进入其内部,在其内部沉积,进而与水泥的水化产物发生腐蚀反应。造成水泥混凝土结构劣化的外因是荷载和环境因素。荷载能够诱导微裂纹扩展、聚合和连通,裂纹的扩展,使得环境中的腐蚀介质更加容易进入到混凝土的内部,可加剧混凝土结构的性能劣化。环境因素主要有物理作用和化学作用两个方面的因素。环境温度、湿度变化,如频繁的干湿循环、温度循环导致混凝土体积的湿胀干缩、热胀冷缩,由于混凝土中各种组成材料的弹性模量不同,所以容易产生微裂纹,环境中还有大量的腐蚀介质存在,长期与混凝土接触可使得结构逐渐劣化。

　　因此,为了更好地理解混凝土在各种因素作用下性能逐渐劣化的过程,必须考虑混凝土组成材料、微观结构、构件和结构系统的微观与宏观机制、多重作用及多尺度特征,在此基础上建立材料微观腐蚀机制与结构系统宏观力学性能的逻辑联系,揭示结构体系宏观劣化表象与微观腐蚀机制的相互关系。

3.1　混凝土的组成结构

　　混凝土指主要由水泥、砂、石材料用水拌和硬化后形成的多相复合人工石材。硬化的水泥浆体外观与天然石材相似,因此称为水泥石。水泥石由各种水化产物和未水化的水泥颗粒所构成的固相(水泥凝胶、少量晶体、未水化的水泥颗粒内核)、孔隙(大孔、毛细孔、凝胶孔)、存在于孔隙中的水和空气所组成,即硬化水泥浆体是固—液—气三相共存的多孔体。

3.1.1　固相

　　水泥石的固相主要由各种水化产物和少量未水化熟料颗粒组成,是构成混凝土强度的基础。硅酸盐水泥的水化产物,按其结晶程度可分为两大类:一类是结晶度差、晶粒大小相当于胶体尺寸的水化硅酸钙凝胶(C-S-H);另一类是结晶度比较完整、晶粒比较大的氢氧化钙(CH)、水化硫铝酸钙(AFt、AFm)等。

3.1.1.1 水化硅酸钙凝胶(C-S-H)

水泥石产生强度的主要原因是水化硅酸钙的存在,因而水化硅酸钙凝胶是水泥浆体中最重要的组成部分,同时也是在化学组分及微观结构等各方面最为复杂的水化产物。它是一种由不同硅酸根聚合度的水化物组成的层状固态凝胶,其化学组分随水化条件、液相离子浓度和水化龄期不同而有很大变化。C-S-H 只有在高碱度环境条件下才能稳定存在,如果碱度降低到一定程度,C-S-H 就会发生分解,降低水泥石的胶结能力和强度。

3.1.1.2 氢氧化钙(CH)

水泥石中的氢氧化钙(CH)以层状、片状结构形态为主,其层间的连接较弱,是水泥石受力时裂缝的发源地之一。CH 的强度很低,碱度高,稳定性极差,在侵蚀条件下是首先遭受到侵蚀的组分,而且它们多在水泥石和骨料的界面(过渡区)处富集并结晶成粗大晶粒,因而界面的黏结性能被削弱,成为水泥石中的薄弱环节。由此看出,CH 对水泥石强度的直接贡献较小,但是 CH 能与大多数活性矿物掺和料中的活性 SiO_2 和 AlO_3 发生反应生成更多的 C-S-H 凝胶、水化硫铝酸钙(AFt、AFm),提高混凝土后期强度,对混凝土性能产生贡献。

3.1.1.3 水化硫铝酸钙(AFt、AFm)

水化硫铝酸钙有两种存在形式,一种是三硫型水化硫铝酸钙($3CaO \cdot Al_2O_3 \cdot 3CaSO_4 \cdot 32H_2O$,AFt),另外一种是单硫型水化硫铝酸钙($3CaO \cdot Al_2O_3 \cdot CaSO_4 \cdot 12H_2O$,AFm)。三硫型水化硫铝酸钙一般为纤维状晶体,它在水泥水化的早期形成,因此形成水泥石浆体结构中的骨架,对于提高混凝土的早期强度有利。水泥水化过程中,当石膏消耗完之后,AFt 会转变为 AFm。AFt 存在的条件是高碱度环境和常温环境。因此,如果水泥石碱度降低到一定程度,AFt 也会分解。AFt 含有 32 个结构水,所占的空间占总体积的 81.2%、质量的 45.9%,这些结构水在较高温度下容易脱去一部分。许多混凝土预制构件在蒸养、冷却之后表面容易出现微裂纹,是由于混凝土在蒸养时 AFt 脱水,在常温下又吸收水分形成 AFt,导致体积膨胀,产生微裂纹。

水泥石中 AFm 为层状结构,所含结构水占总质量的 34.7%。若有外界硫酸根离子进入水泥石中,则 AFm 与其结合而转化为 AFt,结构水增加,体积膨胀,密度减小,因而引起硬化水泥浆体结构的破坏。

3.1.1.4 水泥熟料未水化的残留物

水泥在与水拌和初期水化速度较快,随着水化产物的增多,水泥石密实度增加,当外部的水分不能进入水泥石内部时,熟料颗粒就不再水化。另外,水泥中较大尺寸的熟料颗粒水化非常缓慢,当颗粒外圈水化形成的水化产物包裹内核从而隔绝了外部的水分时,其内核也停止水化。但是,如果再遇到水,水泥颗粒就会继续水化。未水化的水泥熟料颗粒在水泥中可起到微骨料的作用。

3.1.2 气相

硬化的水泥石是多孔材料,其微观结构中存在大量的孔隙和微裂纹。当混凝土内部处于干燥状态时,孔隙和微裂纹中没有水溶液存在,即以气相形式存在。这些孔隙和微裂(气相)的存在降低了水泥石的密实度,同时也是混凝土受外部荷载时产生破坏的根源,因此对混凝土的性能有很大的负面影响。

3.1.2.1 孔隙

硬化的水泥混凝土中存在大量的微孔。混凝土中的孔隙增加了水溶液在其中的渗透性,在腐蚀介质环境中,对混凝土的耐久性构成较严重的威胁。硬化水泥石中的孔按大小分为四级:凝胶孔(孔径<10 nm)、过渡孔、毛细孔、大孔。

凝胶孔(孔径<10 nm),可认为是水泥水化产物的一部分,对混凝土的强度无太大影响。

过渡孔(孔径为 10~100 nm),是介于凝胶孔和毛细孔之间的孔,对混凝土的强度有少量危害。

毛细孔(孔径为 100~1 000 nm),是水泥水化后剩余的水蒸发后残留下来的,它能产生毛细作用,把外界的腐蚀性水溶液引入混凝土内部,是一种有害孔。

大孔(孔径>1 000 nm),对混凝土强度及其耐久性能影响最大,称为多害孔。

通常把≤50 nm 的孔称为微观孔,认为其对干缩和徐变有影响;把≥50 nm 的孔称为宏观孔,认为其对强度和渗透性有影响。应尽可能减少混凝土中有害的毛细孔和大孔,增强其强度和抗渗透性能。但如果孔隙结构适当,也能改善混凝土某些性能,例如使用引气剂引入封闭气泡,用于制造抗冻性能好的高耐久性混凝土结构。

3.1.2.2 裂纹(裂缝)

孔隙是伴随着水泥石结构的形成过程而产生的,是水泥石微观结构的一个组成部分。同样,裂纹也是水泥石微观结构的一个组成部分。水泥石是脆性材料,抗拉强度低、抗变形能力差、易开裂。其硬化体结构在形成过程中同时伴随着各种各样的应力产生,如水化热产生的温度应力、化学反应产生的收缩应力、干燥收缩应力、基础变形应力、膨胀力产生的应力和自生体积变形应力等。混凝土在结构形成的早期强度较低,当这些应力超过了混凝土的极限抗拉强度,或其应力变形超过了混凝土的极限变形值,就会产生裂缝。

从裂缝的宽度大小将其分为微观裂缝和宏观裂缝。

混凝土中的微裂缝主要包括三种:黏着裂缝,即沿着骨料周围存在的骨料与水泥石黏结面上的裂缝(界面过渡区);水泥石裂缝,即硬化水泥石中存在的裂缝;骨料裂缝,即存在于骨料本身的裂缝。这三种微观裂缝,以黏着裂缝和水泥石裂缝较多,而骨料裂缝较少,其宽度小于 0.05 mm。在混凝土工程结构中,微观裂缝对防水、防腐、承重等方面都不会引起危害。

宏观裂缝即宽度≥0.05 mm 的裂缝,可在水泥石形成过程中产生。更多宏观裂缝是在混凝土服役过程中受到各种作用产生,微观裂缝也会不断扩展,成为肉眼可见的宏观裂缝。

3.1.3 液相

水泥加水首先成为水泥浆,然后逐渐凝结硬化成水泥石,在这个连续过程中水的存在形式可以分为以下类型。

3.1.3.1　游离水（物理水）

游离水也称自由水，存在于各种固体颗粒之间。在未水化的初始状态下为加入到混凝土中的全部水量，硬化后风干状态下占混凝土质量的 8%～14%。游离水的作用是赋予混凝土拌和物流动性、提供混凝土中水泥水化、维持与外界环境湿度相平衡的含水量。游离水在负温下可冻结。

3.1.3.2　毛细孔水

毛细孔水存在于毛细孔中，相对于游离水，其结冰温度（冰点）降低，可在负温下提供水泥水化所需的水，且容易保水，提供水泥后期水化的水。

3.1.3.3　凝胶水

凝胶水又称为吸附水，存在于各种水化物中，如 C-S-H、C-A-H 凝胶水及 $Al(OH)_3$、$Fe(OH)_3$ 凝胶水等。因凝胶孔尺寸很小，一般为 0.5～2.5 nm，仅比水分子大一个数量级，可认为在自然条件下这部分水是不能结冰的。

3.1.3.4　结晶水

结晶水主要存在于结晶产物中，硅酸盐水泥水化物晶体的结晶水通常占混凝土质量的 4%左右，结晶水也是不冻结水。结晶水增多是水泥水化硬化的标志，针状、板状晶体重叠穿插，是形成水泥石强度的基础。每形成 1 mol 结晶水，就伴随着一定的体积膨胀，使得水泥石趋于致密。

3.2　混凝土中的结构缺陷

硬化水泥浆体的性能，主要取决于水化产物本身的结构、化学组成和其相对含量，它们决定着其相互结合的坚固程度，与浆体结构的强弱密切相关。从力学性质看，物理结构比化学组成的影响更为重要。即使水泥品种相同，适当改变水化产物的形成条件，也可使孔结构与孔分布产生一定差异，从而获得不同的浆体结构，相应使其性能如强度、抗冻性、抗渗性等发生一定变化。

为了更清晰地说明硬化混凝土组成材料、结构与性能的关系，硬化混凝土通常看成是由水泥砂浆（石）、粗骨料、水泥石与粗骨料之间的界面过渡区组成。混凝土中的微观结构缺陷主要包括各种孔隙和裂纹，而界面过渡区和混凝土表层是孔隙和裂纹比较集中的区域。

3.2.1　界面过渡区

3.2.1.1　界面过渡区的形成

混凝土在拌和时如果用水量较大，硬化后往往在水泥砂浆围绕粗骨料的周边形成厚度为 10～50 μm 的界面层，即界面区相（或称为过渡区相）。混凝土在凝固硬化之前，由于粗骨料不透水，具有墙壁效应，聚集在粗骨料周围的水泥浆中水分含量较高、密度较小（形成一层水膜），待混凝土硬化后，这里就形成了过渡区。

3.2.1.2　界面过渡区的结构特点

过渡区中的晶体比水泥浆体本体中的晶体粗大且定向排列，晶体产物之间比水泥浆体本体中具有更大、更多的孔隙。因此,过渡区内水化硅酸钙凝胶体的数量较少,密实度较差,孔隙率较大,尤其是大孔较多,严重降低过渡区的强度。由于骨料和水泥凝胶体的变形模量、收缩性能等存在着差别,或者由于泌水现象在骨料下方形成的水隙中的水蒸发等,过渡区存在着大量原生微裂缝。界面过渡区强度低,并且裂缝易于扩展。界面过渡区是混凝土整体强度的薄弱环节,虽然其厚度很薄,只是骨料颗粒外周的一薄层,但由于骨料颗粒数量较多,如果将粗细骨料合起来统计,过渡区的体积可达到硬化水泥浆体的20%~40%。

在同等条件下,混凝土强度一般较骨料和水泥石强度低,其主要原因是骨料与水泥石之间的界面形成的过渡区削弱了混凝土的强度。另外,过渡区对混凝土的耐久性也有着巨大的影响。因为硬化的水泥和骨料两相的弹性模量、线膨胀系数等参数存在差异,在反复荷载、冷热循环与干湿循环作用下,过渡区作为薄弱环节,在较低的拉应力作用下其裂缝就会扩展,外界水分和侵蚀性物质通过过渡区的裂缝很容易侵入混凝土内部,对混凝土和其中的钢筋产生侵蚀作用,缩短混凝土结构物的使用寿命。

3.2.2 表层混凝土

3.2.2.1 表层混凝土的特点

表层混凝土内部水灰比高,含有较多的细骨料。在浇筑与振捣的过程中,混凝土中的砂和水容易在靠近模板处或水平表面聚集,造成表面混凝土含有较多的水泥浆,且水灰比大于内部混凝土的水灰比。

表层混凝土水分丧失快。表层混凝土直接与大气环境接触,水分容易蒸发。若混凝土内相对湿度小于80%,水泥水化作用可能停止,并生成粗孔隙结构,这又将使构件表面的混凝土较快丧失水分,造成表面疏松。若浇筑后养护措施不当,会在整个表层混凝土中形成孔隙显微结构,外界腐蚀介质容易侵入混凝土内部。

表层混凝土易开裂。初凝前,若混凝土表层水分过度蒸发,用于水化的水量不足(如养护不及时),水泥与水不能充分进行化学反应,达不到预期的强度,将形成低质量的混凝土表层;同时由于混凝土的干燥收缩作用受到内部的约束,使表层产生拉应力而导致混凝土开裂。

表层混凝土易受损伤。表层混凝土与空气中的二氧化碳反应,会降低混凝土的碱度,从而降低混凝土对钢筋的保护性能。碳化后使得表层水泥石收缩,增加表层混凝土的拉应力,增加了开裂可能性。在钢筋混凝土构件使用过程中,由于荷载、温度、湿度变化而产生的裂纹,以表层最多,大部分混凝土构件的破坏均始于表层混凝土。水、氧气、二氧化碳、硫酸盐等自表面侵入混凝土内部,造成混凝土质量下降,承载力降低。冬期施工构件养护不当或遇到降温,可能出现混凝土表层冻害。所以,表层混凝土质量特别重要,优质的表层可保护混凝土结构免遭外界物理化学因素的侵蚀破坏。

3.2.2.2 泌水

混凝土在浇筑、养护和硬化过程中,由于密度较大的骨料下沉,而密度较小的水上浮到混凝土表面,这种现象称为泌水。如果泌水通路较多,在水泥水化硬化后,这些通路会成为硬化混凝土内部的孔隙,给腐蚀介质提供扩散途径,从而降低混凝土的耐久性。有内泌水、外泌水两种泌水现象,外泌水现象会导致混凝土硬化后表层混凝土不如内部混凝土密实。

外泌水,是在新拌混凝土浇筑后的静置中比水重的固体颗粒因重力作用下沉而使水上浮的现象,这说明拌和水量超过了固体粒子保水能力。这种泌水现象,因为可以从外面看到,所以又称为外泌水。如果泌出水分的蒸发速度比泌水速度更快,则会产生毛细管压力(收缩力)而导致混凝土塑性收缩,此时混凝土尚未完全硬化,并没有产生强度,因而可能出现收缩裂缝,这种情况常在炎热、干燥的气候下发生。在泌水较严重时,造成混凝土表层水泥浆增多、水灰比增大导致表层脆弱、疏松和耐久性差;如果在这样的表面上再浇筑混凝土,将影响上下两层混凝土之间的黏结,削弱混凝土的整体性。如果这样的表面为地面,则硬化后混凝土易出现起砂现象,也称为砂肌。

内泌水,是混凝土内部泌出的水分在粗骨料(针、片状骨料尤为明显)下方或钢筋下方积存的现象。由于水分蒸发后即为空穴,所以将严重影响水泥石和骨料、钢筋的黏结,该处成为混凝土内部最薄弱的环节(比界面过渡区的结构缺陷更大)。

3.3　荷载作用下混凝土的体积变化与破坏

3.3.1　短期荷载作用下混凝土受力变形与破坏

混凝土结构中存在大量的孔隙和微裂纹,这些微观缺陷在受到荷载作用时往往最先失稳,并逐步扩展,直至混凝土结构破坏。这里解释一下混凝土在单轴受压作用下的破坏过程,当混凝土受到足够大的单轴压应力作用时,其内部微裂缝随荷载增大而延伸、发展、连通的过程,分为四个阶段,如图 3-1 所示。

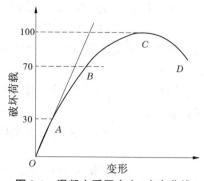

图 3-1　混凝土受压应力-应变曲线

(1)第一阶段:荷载达到比例极限以前(约为极限荷载的 30%),界面裂缝无明显变化,荷载与变形近似直线关系(图中 OA 段)。

(2)第二阶段:荷载超过比例极限后(极限荷载的 30%~70%),界面裂缝的数量、长度及宽度不断增大,而砂浆内尚未出现明显的裂缝。此时,变形增大的速度大于荷载增大的速度,荷载与变形之间不再是线性关系,混凝土开始产生塑性变形(图中 AB 段)。

(3)第三阶段:荷载超过临界荷载后(极限荷载的 70%~90%),界面裂缝继续发展,砂浆中开始出现裂缝。部分界面裂缝连接成连续裂缝,变形增大的速度进一步加快,曲线明显弯向变形坐标轴(图中 BC 段)。

(4)第四阶段:荷载超过极限荷载后,连续裂缝急速扩展,混凝土承载能力下降,荷载减小而变形迅速增大,直至完全破坏,曲线下弯而终止(图中 CD 段)。

由上述可见,混凝土的受压破坏过程,就是内部裂缝的扩展过程。当混凝土内部的裂缝等级发展到一定量级时,混凝土的整体就会遭受破坏。

3.3.2　长期荷载作用下混凝土体积变化与破坏

混凝土在长期持续荷载作用下会发生徐变(也称为蠕变),即沿着作用力方向混凝土的变形随时间的延长不断增长。混凝土在加荷初期时发生瞬时变形,然后随着时间延长发生缓慢增长的徐变。混凝土的徐变应变可达 $(3 \sim 15) \times 10^{-4}$,即 $0.3 \sim 1.5 \ mm/m$。

3.3.2.1　产生徐变的原因

一方面,混凝土受力后水泥石中的胶凝体会产生黏性流动(颗粒间的相对滑动),这种黏性要延续一个很长的时间,一般要 2~3 年趋于稳定。负荷初期,凝胶体较易在荷载作用下移动,因而负荷初期徐变增大较快,以后逐渐变慢且稳定下来。

另一方面,骨料和水泥石结合面裂缝的持续发展,即混凝土中的界面过渡区在荷载作用下随着时间的延长逐渐发展。

3.3.2.2　影响徐变的因素

应力条件。应力越大,徐变也越大。实际工程中,混凝土构件长期处于高应力状态是比较危险的,对结构安全不利。用 σ_c 表示混凝土所受的压应力(MPa),f_c 表示混凝土的抗压强度(MPa),则有:

$\sigma_c \leqslant 0.5f_c$ 时,产生线性徐变,具有可逆性。

$\sigma_c > 0.5f_c$ 时,产生非线性徐变,随时间、应力的增大呈现不稳定发展。

$\sigma_c > 0.8f_c$ 时,混凝土变形加速,裂缝不断地出现、扩展直至破坏(不可逆性徐变)。

加荷龄期。初始加荷时,混凝土的龄期越早,徐变越大。因此,应该加强养护,使混凝土尽早结硬或采用蒸气养护,减少徐变。

周围环境。养护温度越高,湿度越大,水泥水化作用越充分,徐变就越小;试件受荷后,环境温度低,湿度大,徐变就越小。

水泥用量、水灰比。混凝土中水泥用量越多,水化产物凝胶越多,徐变越大;水灰比愈大,毛细孔越多,徐变愈大。

骨料质量。混凝土粗骨料质量和级配好,弹性模量越大,徐变越小。

混凝土应变与加荷时间的关系如图 3-2 所示。

3.3.2.3　徐变对混凝土性能的影响

徐变可使钢筋混凝土构件截面的应力重新分布,从而消除或减小其内部的应力集中现象,如局部应力集中可因徐变得到缓和,支座沉陷引起的应力及温度湿度应力,也可由于徐变得到松弛。徐变能够部分消除大体积混凝土的温度应力,这对水工混凝土结构有利。但在预应力混凝土结构中,徐变使钢筋的预加应力受到损失。徐变还使得结构变形增大,对结构不利,如徐变可使受弯构件的挠度增大 2~3 倍,使长柱的附加偏心距增大。

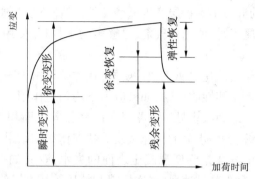

图 3-2　混凝土应变与加荷时间的关系

在荷载长期作用下,受弯构件的挠度增加,细长柱的偏心距增大。

3.4　凝结硬化期发生的体积变化与开裂

混凝土在浇筑之后凝结硬化期间可能发生化学收缩、自收缩及泌水、沉降收缩、塑性收缩等体积变化。

3.4.1　化学收缩

水泥水化后产生的水化产物的绝对体积小于水化前水泥与水的绝对体积,而使混凝土产生的收缩,称为化学收缩。化学收缩是伴随着水泥水化而产生的,其收缩量随混凝土硬化时间的延长而增长。一般在混凝土成型后 40 多天内化学收缩增长较快,此后逐渐稳定。化学收缩是不能恢复的,可使混凝土内部产生微细裂缝。

3.4.2　自收缩

自收缩是指混凝土在没有和外界发生水分交换的情况下,水泥水化消耗毛细孔水导致浆体自身体积的均匀减少。拌和用水越少,产生的自收缩越大。水灰比低于 0.42 时自收缩值较大,不可忽略。低水灰比高强混凝土的自收缩可达到 $(200 \sim 400) \times 10^{-6}$ mm/m,水灰比为 0.3 的混凝土自收缩可达到干燥收缩的一半。用较多的拌和水(水灰比 $\geqslant 0.5$)配制的混凝土(相当于 C30 级),其自收缩可以忽略。为减少混凝土的自收缩倾向,防止收缩裂纹产生,混凝土浇筑后应尽可能快地对混凝土进行湿养护。

3.4.3　浇筑期间的泌水、沉降收缩、塑性收缩

砂、石、水泥胶体组成了混凝土骨架,在承受外力时使混凝土具有弹性变形的特点。而水泥胶体中的凝胶、孔隙和界面初始微裂缝等,在外力作用下使混凝土产生塑性变形。浇筑混凝土时的泌水作用会引起沉降收缩,硬化过程中由于化学收缩和干缩受到骨料的限制,会在不同层次的界面引起破坏,形成随机分布的界面裂缝。

沉降收缩是指混凝土凝结前在垂直方向的收缩,由骨料下沉、泌水、气泡上升到表面和化学收缩而引起。沉降不均或沉降过大,会使同时浇筑的构件因尺寸不同而在交界处

产生裂缝,在钢筋上方的混凝土保护层产生顺筋开裂。沉降过大,通常是由混凝土拌和物不密实而引起。配制混凝土时,使用引气剂、足够多的细骨料、低用水量(低坍落度)可以减少沉降收缩。

混凝土成型后尚未凝结硬化时属于塑性阶段,在此阶段由于表面失水而产生的收缩,称为塑性收缩。混凝土产生塑性收缩时,如果应力不均匀地作用于混凝土表面,则混凝土表面将产生裂纹。塑性收缩裂纹多见于道路、地坪、楼板等大面积工程,以夏期施工最为普遍,是化学收缩、自收缩、表面水分的快速蒸发等共同作用的结果。

预防塑性收缩开裂的方法是降低混凝土表面的失水速率,如采取挡风、遮阳、喷雾、降低混凝土温度、延缓混凝土凝结速率、二次振捣和抹压等技术措施都可在一定程度上控制混凝土塑性收缩。最有效的方法是混凝土拌和物终凝前保持混凝土表面的湿润,如采用蒸汽养护,或自然养护时在表面覆盖塑料薄膜、湿麻布、喷洒养护剂等。

3.5　硬化之后发生的体积变化与开裂

混凝土在凝结硬化之后变形能力很小,如果产生开裂,则严重削弱混凝土的物理、力学性能。凝结硬化之后产生的体积变形主要有温度变形、干燥收缩和碳化收缩等。

3.5.1　温度变形

混凝土的温度变形有两种情况:第一种是在浇筑成型后不久产生的,第二种是混凝土在使用过程中由于温度升高、降低而产生的。

3.5.1.1　第一种温度变形

混凝土拌和物浇筑后,在混凝土硬化初期,内部水泥水化热积聚较多热量,而混凝土的导热能力较低,造成混凝土与环境的温差很大(可达 $50 \sim 80$ ℃)。混凝土体积越大,这种温差就越大。内部混凝土由于温度高使得体积产生较大的热膨胀,而外部混凝土与大气接触,温度相对较低,混凝土表面将产生收缩。内部膨胀与外部收缩相互制约,在表层混凝土中产生拉应力,严重时将使混凝土表面产生裂缝,影响大体积混凝土的耐久性能。

温度裂缝常见于混凝土浇筑后 $1 \sim 2$ 周以上。温度变形对大体积混凝土及大面积混凝土工程极为不利,对大体积混凝土,必须尽量设法减少混凝土的放热量,如采用低水化热水泥、减少水泥用量、掺入缓凝剂、采取人工降温等措施。对于纵长和大面积混凝土工程(如混凝土路面、广场、地面和屋面等),由于环境温度上升或下降引起的体积膨胀或收缩会导致混凝土表面膨起或开裂。如果一次成型大面积底板工程时,使用高水化热的水泥或单位水泥用量过多,相隔半月左右,再浇筑侧壁和顶板混凝土,侧壁受底板的约束,就容易产生温度裂缝。通常,纵长混凝土路面等经常每隔一段距离设置一道伸缩缝,或留设后浇带,大面积混凝土则设置分仓缝,或在结构中设置温度钢筋等措施,以防止混凝土表面膨起或开裂。

3.5.1.2　第二种温度变形

硬化后的混凝土同其他材料一样,在使用过程中会随环境的温度变化而产生热胀冷缩变形。混凝土的温度膨胀系数为 $(0.6 \sim 1.3) \times 10^{-5}/$ ℃,一般取 $1.0 \times 10^{-5}/$ ℃,即温度每改变 1 ℃,1 m 长的混凝土构件将产生 0.01 mm 长的膨胀或收缩变形。环境气温较低导致混凝土构件产生收缩,这种收缩被约束会在混凝土内部形成拉应力,当拉应力超过混凝土极限抗拉强度,就产生裂缝。混凝土的线膨胀系数大约是 10 $\mu\varepsilon$/℃,夏季浇筑的混凝土到了冬季,环境温度会降低 30 ℃左右,也就会产生 300 $\mu\varepsilon$ 左右的收缩量,与干燥收缩量 150~350 $\mu\varepsilon$ 叠加作用在混凝土构件上,会产生大的拉应力。

平均气温最低的冬天,龄期较早时一天内温度最低的早晨容易发生开裂。冬天环境温度低,温度收缩和干燥收缩同时作用在构件上,产生与干燥收缩裂缝同样模式的裂缝。再者,一日内环境温度变化剧烈,水泥水化热引起的温度上升达到峰值后,如果温度降低较快,在早晨也比较容易产生这种裂缝。

温度裂缝的走向通常无一定规律,大面积结构裂缝常纵横交错;梁板类长度尺寸较大的结构,裂缝多平行于短边;深入和贯穿性的温度裂缝一般与短边方向平行或接近平行,裂缝沿着长边分段出现,中间较密。裂缝宽度大小不一,受温度变化影响较为明显,冬季较宽,夏季较窄。高温膨胀引起的混凝土温度裂缝通常是中间粗两端细,而冷缩裂缝的粗细变化不太明显。

3.5.2　干燥收缩

混凝土处于干燥环境中引起的体积收缩称为干燥收缩(简称干缩)。原因是混凝土在干燥时毛细孔中的水分蒸发,毛细孔中形成负压,产生收缩力,导致混凝土收缩;当毛细孔中的水蒸发完后,如继续干燥,则凝胶体颗粒间吸附水也发生部分蒸发,缩小凝胶体颗粒间距离,甚至产生新的化学结合而收缩。干缩的混凝土再次吸水时,体积收缩的一部分可恢复,另有一部分不能恢复(见图 3-3)。水泥石发生收缩时,混凝土中的骨料和钢筋,或者接合部位会约束这样的自由收缩,引起拉应力,混凝土的干燥收缩裂缝就会产生。

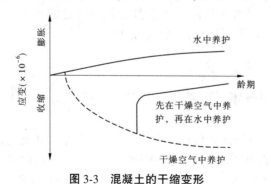

图 3-3　混凝土的干缩变形

干燥收缩与水泥品种、水泥用量、用水量、砂石、养护时间、构件尺寸、环境条件因素有关,一般是 150~350 $\mu\varepsilon$。

火山灰水泥的干缩较大,而矿渣水泥比普通水泥的收缩大。高强度等级水泥由于粉磨得较细,混凝土收缩也较大。拌和用水量越多,硬化后形成的毛细孔越多,其干缩值也越大。用水量平均每增加 1%,干缩率增大 2%~3%。水泥浆的收缩值高达 285×10^{-5} mm/mm。水泥用量越多,混凝土中凝胶体越多,收缩量也较大。水泥用量增多也会使用水量增加,从而导致干缩偏大。

砂石骨料在混凝土中形成骨架,对收缩有一定的抵抗作用。混凝土、砂浆、水泥石三者的收缩之比约为 1∶2∶5。骨料的弹性模量越高,混凝土的收缩越小,因而轻骨料混凝土的收缩比普通混凝土大得多。含泥量、吸水率大的骨料,干缩也大。延长潮湿条件下的养护时间,可推迟干缩的发生与发展,但对最终干缩值影响不大。采用蒸养措施可减少混凝土的干缩,而蒸压养护减少干缩的效果更显著。

干燥收缩裂缝根据浇筑时间和构件尺寸的不同,通常在 1~2 个月以上的时间发生。裂缝基本垂直于构件的长方向,规则的贯通直线裂缝。在开口部位呈现放射状,外壁部和角部会产生斜裂缝。开始出现裂缝时,裂缝宽度是 0.05~0.5 mm,随混凝土龄期增长,会扩大到 1~3 mm。

3.5.3　碳化收缩

空气中 CO_2 浓度为 0.02%~0.03%,在相对湿度合适的条件下,CO_2 能与水泥石中的 $Ca(OH)_2$(或其他组分)发生反应生成碳酸钙和水,称为混凝土的碳化。碳化过程伴随体积的收缩,称为碳化收缩。碳化收缩是完全不可逆的,原因主要是碳化过程中的水分损失所致。

碳化主要发生在混凝土表面,恰好这里干燥速率也最大,碳化收缩与干燥收缩叠加后,可能引起严重的收缩裂缝。因此,处于 CO_2 浓度较高环境的混凝土工程,如车库、停车场、公路路面以及大会堂等,对碳化收缩变形应引起重视。

3.6　冻融作用对混凝土的损伤

冻融作用对混凝土的损伤,指的是混凝土结构在使用环境中如果经受多次冻融循环作用,造成混凝土开裂、剥离或剥落,使结构性能逐渐降低的现象。在寒冷地区且与水接触的环境条件下,要求混凝土具有较高的抗冻性能。

3.6.1　损伤机制

混凝土受冻融作用破坏主要来自三个方面的因素:冰的结晶生长压、静水压和渗透压。

混凝土内部孔隙水在结冰前均处于低压状态,当冷却前锋到达混凝土表面附近孔隙时,若孔隙水达到冰点结冰后,体积膨胀,产生结晶生长压的同时造成静水压力。如果混凝土毛细孔中含水率超过某一临界值(91.7%),孔壁将会受到很大的压力而产生裂缝。这些压力的大小取决于毛细孔的充水程度、冻结速度及尚未结冰的水向周围能容纳水的孔隙流动的阻力(包括凝胶体的渗透性及水在压力下逃逸通道距离的长短)。当高压水向内部孔隙流动,通过毛细孔之间高度约束通道时,产生更高水压,加速破坏作用。另外,当毛细孔水结冰时,凝胶孔水处于过冷状态,过冷水的蒸汽压比同温度下冰的蒸汽压高,凝胶水将朝着毛细孔中冰的界面迁徙渗透,并产生渗透压力。

当冰的结晶生长压力、静水压力、渗透压力所产生的应力超过混凝土的抗拉强度时,混凝土产生微细裂缝,在反复冻融作用下,内部的微细裂缝逐渐增多和扩大,发展成混凝土表面的宏观裂缝,甚至引起混凝土块的剥离或剥落,导致混凝土强度降低甚至破坏(见图 3-4)。

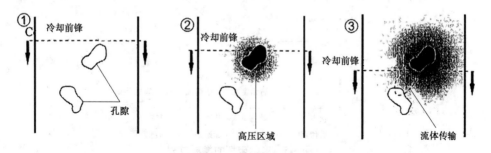

图 3-4　冻融作用破坏示意图

在北方寒冷地区,道路工程上为防止冰雪冻滑影响交通,常常在冰雪路面撒除冰盐,然而,除冰盐中含有大量氯离子,当这些盐类进入混凝土内部,可在混凝土表面形成浓度梯度,受冻时分层结冰,两层之间膨胀不同而产生应力,因此而导致混凝土的逐层剥落;另外,混凝土的孔隙水中溶解有盐,则会使混凝土的饱水程度提高,结冰膨胀压力增大,渗透压力提高,加剧冰冻的破坏作用;且在干燥时盐会在孔中结晶,产生结晶压力。在我国北方许多地区混凝土结构的破坏主要是由盐冻融循环作用造成的。

3.6.2　损伤现象

混凝土冻融破坏是从孔隙处的微裂纹开始发展至混凝土表面的,根据发生冻融破坏程度的不同,破坏现象也有所差别。

(1)局部爆裂:主要由于所使用骨料的质量低下,在混凝土表面出现的圆锥状剥离破坏。

(2)细微裂缝:在混凝土表面出现的不规则网状裂缝。

(3)表面局部薄片状剥离、剥落:在裂缝产生较早的区域,由于空气中的 CO_2、O_2、H_2O 的加速进入,引发钢筋腐蚀,造成混凝土表面局部薄片状剥离、剥落。

(4)大面积混凝土块剥离、剥落:当混凝土内裂缝与剥离贯通后,产生混凝土块的落下。

根据冻融破坏的程度,一般将混凝土结构所处的状态划分为四个(见图 3-5),在冻融破坏的潜伏期,虽然混凝土结构遭受了冻融作用,但几乎不会产生任何破坏现象。到了进展期,虽然发生了较浅深度的冻害,但钢筋基本完好,尚未发生腐蚀状况。当冻融破坏发展到加速期时,冻害深度基本达到钢筋位置,钢筋开始发生大规模腐蚀。到了冻融破坏的劣化期,冻害深度越过钢筋位置,钢筋的腐蚀较严重,由于混凝土块的剥离、剥落及钢筋断面的减小,结构的耐荷能力开始下降。

3.6.3　影响因素与改善措施

混凝土的抗冻性能与混凝土的密实程度、孔隙特征及数量、孔隙充水程度、冰冻速度、冻融循环次数等有关。

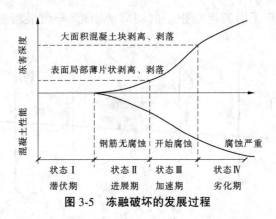

图 3-5　冻融破坏的发展过程

当混凝土内部存在较多的开口连通孔隙时,水分极易由开口连通孔隙进入混凝土内部,使其抗冻性能降低,但是如果内部存在大量封闭孔隙(见图 3-6),则能够提高其抗冻性能,主要原因是大量存在的封闭孔隙可以释放水压,避免高压水的产生,另外,大量的封闭气泡减小了水压释放的平均距离。因此,通常采用人工引入封闭气泡的方法提高混凝土的抗冻性能。

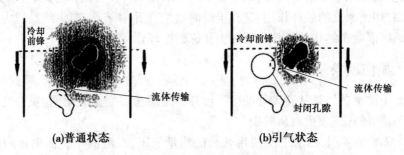

图 3-6　引入封闭气泡提高混凝土抗冻性示意图

混凝土孔隙中的充水程度决定着是否会发生冻融破坏,当混凝土的充水程度很高时,遭受冻结时将完全破坏,这是因为混凝土的孔隙中几乎充满了水,冻结时没有多余的空间来容纳增大的体积,由此产生的高压力使混凝土的组织结构遭受破坏。如果混凝土处于干燥的环境,孔隙内含水量较小,即充水程度较低,此时混凝土即使受冻,水产生的内部压力对混凝土基本无破坏作用。由于毛细孔极易吸水饱和,因此当混凝土内部含有毛细孔较多时容易发生冻害。另外,由于盐的吸湿和饱水作用特别强,因此使用除冰盐的混凝土结构,其发生冻害的程度比普通结构大几倍甚至几十倍。

混凝土的早期强度对混凝土抗冻性能影响也较大,随着混凝土龄期延长,抗冻性能也随之提高。一方面随着水泥的不断水化,可冻结水量减少,同时混凝土强度随之提升;另一方面随着龄期的增加,孔隙水中存在溶解的离子浓度增加,使得其冰点降低,抵抗冻融破坏的能力也随之增强。因此,延长冻结前的养护时间可有效提高混凝土的抗冻性能。一般当混凝土抗压强度在没有达到 5.0 MPa 或抗折强度未达到 1.0 MPa 时,容易遭受冰冻。

因此,对于寒冷地区与水接触的建筑结构,如水位变化区的水工结构、海工混凝土结构、水池、发电站冷却塔及与水接触的道路、建筑物勒脚等,要求混凝土必须有良好的抗冻性。

在提高混凝土抗冻性能措施中,最有效的方法是掺入引气剂、减水剂和防冻剂,或使混凝土更加密实。采取的基本措施有:

(1)降低混凝土用水量,减少开口连通孔隙,加强振捣,提高混凝土的密实度。

(2)掺加引气型外加剂,将开口孔隙转变成闭口孔隙,使水不易进入孔隙内部,同时这些闭口孔隙可作为释放压力的接纳地点,减缓冰胀压力。

(3)选用早期强度发展快、强度高的水泥,充分养护,使混凝土有足够的早期强度。

(4)保持骨料洁净和级配良好。

3.7　盐结晶作用对混凝土的损伤

盐结晶作用对混凝土的损伤指的是,混凝土结构在含盐环境中,含盐溶液渗透进入混凝土,随溶液蒸发,盐分结晶析出,经反复渗透、蒸发、结晶后,在混凝土内部产生的结晶压力不断增大,而导致的混凝土的破坏现象,属于物理破坏过程。

盐结晶作用对混凝土的损伤主要发生在三类环境下的混凝土结构上:即处于盐渍土地区的混凝土结构、处于海洋环境下的混凝土结构、除冰盐使用环境下的混凝土结构。

3.7.1　盐渍土地区混凝土结构的盐结晶破坏

据不完全统计,全世界盐渍土面积总计约 897.0 万 km^2,约占世界陆地总面积的 6.5%,而我国也是盐渍土分布较为广泛的国家,盐渍土面积约有 20 多万 km^2,约占国土总面积的 2.1%。它们主要分布在我国的西北、东北以及滨海地区。在这些盐渍土地区的混凝土结构经常遭受盐类结晶的破坏。

当混凝土结构与盐渍土接触时,盐渍土中地下水会携带着盐类通过扩散、渗透、毛细管作用等进入混凝土内部。水溶液在混凝土内部传输与蒸发特征为:水溶液升高的速率随高度的增加而下降,但水分蒸发的速率却基本相同。因此,根据这个特征,混凝土随着与盐渍土接触部位的不同发生不同的破坏现象,如图 3-7 所示。

首先,在近地面处,即高度为 h_1 的范围内,盐溶液的毛细上升速率高于蒸发速率,墙体表面呈潮湿状态,蒸发使溶液浓度增大,但盐分反向扩散使溶液过饱和度较低。因此,在该区域观察不到明显的破坏现象。

其次,在距离地面稍高处,即高度为 h_2 的范围内,盐溶液的毛细升高速率下降,与水分蒸发速率基本相同,由于毛细供水速度的下降使盐溶液浓度增大,达到过饱和,盐分被水溶液携带至墙体表面,随着水分的蒸发而结晶析出。因此,在该区域表现的破坏现象为墙体表面出现泛霜。

最后,在距离地面更高处,即高度为 h_3 的范围内,盐溶液的毛细升高速率显著减小,小于墙内水分的蒸发速率,携带盐分的溶液未来得及移动到混凝土表面,便达到过饱和状态,使盐类在混凝土内部出现结晶,不断富集的盐类结晶物长大膨胀,形成的结晶压力使混凝土胀裂。因此,在该区域出现的破坏现象为裂缝,严重者导致混凝土剥离或剥落。这个区域也是盐渍土地区混凝土发生破坏最为严重的区域。

图 3-8 是某盐渍土地区,混凝土结构产生的破坏情况,从图中可以看出,在地面以上的一定范围内,混凝土出现了严重的剥离现象。

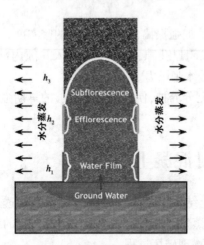

图 3-7　盐渍土环境混凝土结构损伤示意图　　　图 3-8　盐渍土地区混凝土结构损伤

3.7.2　海洋环境及除冰盐使用环境下混凝土结构的盐结晶破坏

我国海岸线较长,处于海洋环境下的混凝土结构物,特别是在水位变动区和浪溅区,受到海水浸泡、溅射的作用时,容易达到吸水饱和,促使盐类进入混凝土内部。另外,当海水下降,受到风干作用时,盐类极易结晶析出。而在水位变动区和浪溅区,遭受浸水与风干的干湿循环频繁,因此产生盐类结晶破坏的可能性及破坏的程度较大。

另外,我国北方地区积雪天气较多,为缓解交通而广泛使用除冰盐,除冰盐在混凝土内浓度极高,随着混凝土内部水分蒸发或出现温度变化,混凝土中盐溶液就可能产生过饱和现象,盐晶体将在混凝土中析出,且盐溶液浓度越高,其结晶所产生的压力越大,随着干湿循环的进行或温度的不断变化,逐年增加的盐类晶体将不断富集和长大,形成更大的膨胀和结晶压,致使混凝土结构产生严重的盐结晶破坏。

3.7.3　盐结晶破坏的影响因素

盐类结晶产生的必要条件是混凝土孔隙达到饱和及过饱和状态,除环境的介质外,温度变化和干湿循环是混凝土孔隙溶液达到饱和及过饱和的重要外部条件,且混凝土在干湿循环条件下发生的盐结晶破坏明显比化学侵蚀破坏更严重、速度更快。盐结晶产生的混凝土膨胀和剥蚀破坏,随着盐浓度和干湿循环次数的增加明显增大,且超过一定干湿循环次数后,混凝土经干燥后非但不收缩,反而继续膨胀;盐晶体刚开始主要起到填充孔隙、密实与增强作用,但是当混凝土中的孔隙被填满后,随着盐晶体的富集和长大,当盐晶体量超过一定值后,就会引起混凝土发生膨胀和破坏;引气剂的使用可以显著降低和延缓混凝土的盐结晶破坏程度。

因此,盐类结晶所产生的压力随孔隙过饱和度的增大、结晶产物密度的增大和环境温度的提高而增大。

3.8　磨耗、冲蚀、气蚀对混凝土的损伤

混凝土结构的磨耗、冲蚀、气蚀破坏是指由于人、物、交通车辆的移动或水流等,对结构物表面造成的粗细骨料脱落或断面减小的现象,属于物理破坏过程。

混凝土材料本身含有大量孔隙和微裂纹,在磨耗、冲蚀、气蚀作用下这些缺陷的扩展和聚合,导致了各种破坏损伤。混凝土结构磨耗、冲蚀、气蚀损伤常见于道路混凝土路面和水工结构混凝土中。

3.8.1　磨耗作用

水泥混凝土的磨耗损伤是一个复杂的物理力学过程,除本身材料的性能以外,还与磨损方式及环境条件密切相关。混凝土的磨损可以理解为表面接触处材料被逐渐移走流失的过程。水泥混凝土路面的主要磨损形式有黏着磨损、磨粒磨损、疲劳磨损和侵蚀磨损四种类型。

3.8.1.1　黏着磨损

材料表面相互刮擦导致黏着磨损,其中磨损物黏着并带走混凝土表面材料(见图 3-9),损失材料体积与二者实际接触面积和摩擦距离有关。

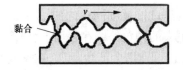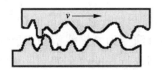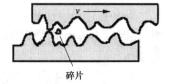

图 3-9　黏着磨损示意图

3.8.1.2　磨粒磨损

磨粒磨损是路面最常见的磨损形式,由于坚硬颗粒楔入相对较软的混凝土表面引起。如图 3-10 所示,有些磨粒本身是磨损物的一方,而有些磨粒则夹在磨损物一方与混凝土(路面)之间滚动。前者即所谓的二相磨损,后者称三相磨损。这一类型还包括气流或水流带来的颗粒磨损形式。一般而言,磨粒磨损程度由接触材料的相对硬度、磨粒几何形态、路面荷载及磨损距离等决定。

3.8.1.3　疲劳磨损

疲劳磨损是在混凝土路面受到车辆移动的推压力作用时产生的,混凝土承受的最大法向正应力虽然就在表面上,但最大剪应力却发生在表面以下的次表面层。如图 3-11 所示,在受力点前后分别形成压力区和拉力区,由于接触应力的移动和反复作用,混凝土表面不断承受着压应力和拉应力的交替循环,形成周期性扰动。而混凝土原生裂纹源则成为磨损时循环扰动力的疲劳裂缝引发源,可导致表面裂缝的扩展,最终引起路面表层的局部断裂。当疲劳裂缝扩展后,粗骨料因嵌埋较深不易脱落,而砂浆极易脱落。

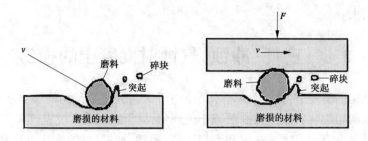

图 3-10　磨粒磨损示意图

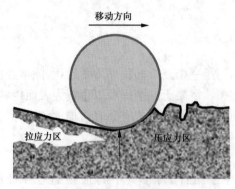

图 3-11　疲劳磨损示意图

3.8.1.4　侵蚀磨损

当材料接触表面相互之间含可产生化学反应的物质时,经过接触、滑动摩擦造成的磨损,在混凝土表面形成反应物且演变为磨损残留物或形成更大的颗粒停留在表面上,便形成侵蚀磨损。此外,在公路上高速行驶的汽车遇到路面凹凸不平时,会产生负压,在反复负压作用下,混凝土路面会出现类似水工混凝土结构物遭遇含砂水流那样的空蚀效果,形成空洞。

实际上水泥混凝土路面的磨损是上述几种磨损形式综合作用的结果,如疲劳磨损的结果是在混凝土路面形成许多自表面脱落的粉末和颗粒,这些颗粒的硬度大于水泥基体,进一步导致磨粒磨损。磨粒磨损是指在路面上移动的车辆带着坚硬的颗粒做相对运动,这些坚硬颗粒被压入混凝土表面,产生剪切和犁削作用,或砂粒在物体与混凝土表面之间滚动,使表面应力不断变化,反复变形,这又加剧了疲劳磨损的作用。

3.8.2　冲蚀作用

冲蚀是流动的水和混凝土表面接触时的另外一种损坏。例如,水工建筑物的表面可能因夹带泥砂的水流冲击而遭受磨损,冲蚀破坏是大型水工建筑物的主要病害之一。这种损坏是由水中所携带的固体颗粒引起的,而不是水本身引起的,水只是一种传输介质。尽管如此,水仍是产生破坏的重要因素。磨损的结果是使混凝土表面呈粗骨料突出状。在大角度冲蚀条件下,磨损失效过程主要是裂纹的产生、扩展、交错,最终导致脆性微断裂的过程;在小角度条件下,硬质磨粒的切削作用对磨损起主导作用,磨蚀程度相对较轻,裂纹对切削作用有促进作用。尽量改善混凝土材料的组织结构,减少缺陷数量,阻止裂纹产生及扩展的途径,是提高水工混凝土耐冲蚀磨损的有效途径。

3.8.3　气蚀作用

在水工结构中,流动的水会对混凝土造成气蚀损坏。当水流不稳定(高速水流在方向或速度上发生急剧变化)时,混凝土表面会产生气蚀。在气蚀的情况下,混凝土表面出现孔状剥落,造成表面粗糙而不均匀,进一步加剧混凝土的损伤。气蚀磨蚀常发生在挑坝、护坦、溢流面等部位,除对损坏部位及时修补外,还应消除气蚀和磨蚀的发生条件,可通过水工模型试验定出合适的外形、尺寸,从根本上消除危害。

3.9　火灾作用对混凝土的损伤

混凝土属于防火材料,但不耐火,在高温下混凝土材料的物理化学性质将产生变化,从而引发结构损伤、承载能力下降和耐久性恶化等。火灾事故的频繁发生,给人民的生命和财产安全造成很大的威胁。

3.9.1　温度升高过程中混凝土微观结构的变化

混凝土在受到火灾时,温度由低到高,混凝土微观结构发生不同的物理化学变化。首先是自由水脱水,然后是结合水脱水。当普通混凝土温度达到 127 ℃ 以上时,水化产物中的结合水开始蒸发出来,使得混凝土的微观结构变得疏松。其次是化合物的分解。混凝土中的氢氧化钙在混凝土的温度高于 500 ℃ 时开始分解,水泥石内部结构进一步破坏;温度高于 800 ℃ 时,碳酸钙($CaCO_3$)将分解为 CaO 和 CO_2,混凝土中骨料及界面结构受到严重的破坏。

此外,在受热和冷却过程中,水泥石均为收缩变形,而硅质、钙质等骨料为膨胀变形,这种不相容变形导致混凝土内水泥石与骨料之间出现微观裂缝,从而影响混凝土的强度。当温度高于 500 ℃ 时,这种现象最为显著。

不同的骨料配制的混凝土对火灾高温的承受能力不同,石灰质骨料的混凝土在发生火灾后其剩余强度高于硅骨料(如花岗岩)制备的混凝土。因花岗岩中含大量石英,石英在 573 ℃ 和 870 ℃ 的高温下均会发生晶态转变,产生体积膨胀,故火灾时花岗岩会产生严重开裂破坏。石灰质骨料的混凝土在高温下(包括火灾中)较好的抗火性能可归因于石灰质骨料在 800 ℃ 左右吸收大量的热量,分解为氧化钙。

3.9.2　高强混凝土在火灾中的行为

强度较低的普通混凝土在受到火灾破坏时不会发生爆裂破坏,而高强混凝土容易在高温下爆裂破坏。普通混凝土微结构中孔隙率高,抗渗性能差,火灾发生时,自由水和 C—S—H、C—A—H 及氢氧化钙热分解的水蒸气可以快速释放。

高强混凝土是通过掺用高效减水剂(采用低水灰比)和矿物掺和料配制而成,其微结构非常致密,水泥浆基体与骨料之间界面过渡区缺陷少、黏结强度高,水泥浆基体的毛细管孔隙率很低。由于高强混凝土微结构非常致密,因而具有很高的抗渗性能,火灾中,自由水和 C-S-H、C-A-H 及氢氧化钙热分解的水蒸气不能及时快速释放。水蒸气在水泥浆基体中迅速聚集,温度升至 550 ℃时,内部的蒸汽压非常高,可使混凝土爆裂。混凝土强度越高,这种爆裂破坏的温度就越低。如果混凝土的强度达到 100 MPa,在火灾发生时的温度为 250 ℃时,水泥浆基体中,蒸汽压高到足以使混凝土爆炸;在 400 ℃时,混凝土就完全破坏。

在混凝土中掺入纤维可以提高混凝土的韧性和抗拉强度,同时也可在发生火灾时改善和减轻高强混凝土中的爆裂破坏效应。不掺加纤维的混凝土在压缩蒸汽压作用下马上就崩溃,而掺入金属纤维增强的混凝土在温度达到 500 ℃左右才开始破坏。金属纤维也能改善火灾中高强混凝土的性能,但实际改善效果没有聚合物纤维的效果好。

聚合物纤维能够显著提高混凝土的耐火性,是因为聚合物纤维为有机材料,在高温下会分解。使用聚合物纤维增强的混凝土,当温度在 600 ℃以内时,80 MPa 混凝土和 100 MPa 混凝土都没有表现出很大的强度损失;与不掺纤维的相同强度混凝土相比,抗压强度有很大提高,这种影响可能与聚合物纤维在 160~170 ℃熔解有关。聚合物纤维熔解后形成水蒸气的迁移通道,因而蒸汽压得到释放,不会引起混凝土爆炸式破坏。

3.10　软水侵蚀对混凝土的损伤

软水是不含或仅含少量钙、镁等可溶性盐的水。雨水、雪水、蒸馏水、工厂冷凝水以及含重碳酸盐甚少的河水与湖水均属于软水。软水能使水泥水化产物中的氢氧化钙溶解,并促使水泥石中其他水化产物发生分解,强度下降。因此,混凝土的软水侵蚀指的是软水造成混凝土成分流失,进而造成混凝土疏松、强度降低的现象,故软水侵蚀也称为"溶出性侵蚀"。

一般情况下,硅酸盐水泥抗水性好,在一般江河湖水、地下水等环境中具有极强的稳定性。若水中含有重碳酸盐,则能与水泥石中的 $Ca(OH)_2$ 起作用,生成不溶于水的 $CaCO_3$。生成的 $CaCO_3$ 填充在水泥石的表层孔隙内,可以堵塞外界水的侵入和内部 $Ca(OH)_2$ 向外扩散的通道,所以硬水不会对水泥石产生腐蚀。

$$Ca(OH)_2 + Ca(HCO_3)_2 = 2H_2O + 2CaCO_3\downarrow \tag{3-1}$$

但是当混凝土结构处于软水环境中,不断受到软水的作用时,水泥石中的水化产物如氢氧化钙等将按照溶解度的大小依次逐渐被水溶解,产生溶出性侵蚀。水泥石中各主要水化产物稳定存在时所必需的极限 CaO 浓度是:

氢氧化钙约为 1.2 g CaO/L;

水化硅酸钙($CaO/SiO_2 = 1.5~2$)接近 1.2 g CaO/L;

水化硅酸钙($CaO/SiO_2 = 1$)接近 0.031~0.52 g CaO/L;

水化铝酸钙为 0.42~1.08 g CaO/L;

水化铁铝酸四钙为 1.06 g CaO/L;

三硫型水化硫铝酸钙为 0.045 g CaO/L。

当水泥石长期与软水接触时,因为氢氧化钙溶解度最大,所以首先被溶出。在静止的、无压力的、有限的水中,水泥石周围的水很快被溶出的 $Ca(OH)_2$ 所饱和,溶出作用很快停止,破坏作用仅发生在水泥石的表面部位,对水泥石性能基本无不良的影响。但在大量流动水或压力水中,水流不断地将溶出的 $Ca(OH)_2$ 带走,一方面使水泥石孔隙增多,变得疏松;另一方面打破了 $Ca(OH)_2$ 浓度平衡,使水泥石的碱度降低,而水泥水化产物如水化硅酸钙、水化铝酸钙等只有在一定的碱度环境中才能稳定存在,因此会使一些高碱性水化产物(如水化硅酸钙)向低碱性状态转变甚至溶解。特别是当水泥石渗透性较大而又受压力水作用时,水不仅能渗入内部,而且能产生渗透作用,将氢氧化钙溶解并渗滤出来,因此不仅减小了水泥石的密实度,影响其强度,而且由于液相中氢氧化钙的浓度降低,还会破坏原来水化物间的平衡碱度,而引起其他水化物如水化硅酸钙、水化铝酸钙的溶解或分解。最后变成一些无胶凝能力的硅酸凝胶、氢氧化铝等,使得水泥石的结构相继受到破坏,强度不断降低,孔隙不断扩展,导致整体性能劣化。含混合材料多的通用水泥石,如矿渣水泥石和复合水泥石等,由于其中的氢氧化钙含量较少,因此它们抵抗软水侵蚀的能力要比硅酸盐水泥石和普通水泥石好。

混凝土本身的密实性也决定着混凝土遭受软水侵蚀破坏的程度,密实性较差的混凝土,其渗透性较大,遭受软水侵蚀的破坏就较严重。随着 $Ca(OH)_2$ 的不断流失,混凝土的抗压强度不断下降。当以 CaO 计的 $Ca(OH)_2$ 溶出量为 25% 时,抗压强度将下降 35.8%,溶出量更大,抗拉强度下降更大,最大可达 66.4%。

另外,在软水与混凝土中水泥石接触后的干燥部位,如水渗透进混凝土或沿混凝土表面流动后并随之干燥,溶解在水中的 $Ca(OH)_2$ 与空气中的 CO_2 作用碳化后生成 $CaCO_3$ 沉积下来,在混凝土表面生成白色沉淀物,这种现象也颇为常见。

美国有一座建于 1900 年的堤坝,被水强烈渗透。1939 年修复该堤时,发现混凝土外部厚 12~75 mm 的外壳尚好,内部混凝土却已受到严重破坏,破坏层厚度达 1.5 m 深的地方,水泥石几乎已全部被水淘空,如图 3-12 所示。造成这种现象,一方面是由于在施工时模板附近的混凝土振捣得比较密实,另一方面是因为表层混凝土受到的碳化作用,生成的碳酸钙堵塞在混凝土孔隙内部,在表层形成较致密的外壳,因此减小了该部分 $Ca(OH)_2$ 的溶蚀,造成我们所看到的这种表面完好,但内部却遭到严重破坏的现象,这种隐蔽的破坏尤应注意。

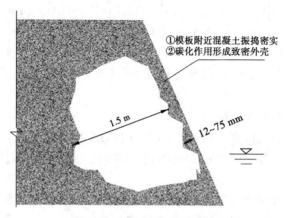

①模板附近混凝土振捣密实
②碳化作用形成致密外壳

1.5 m

12~75 mm

图 3-12　混凝土内部溶蚀现象

3.11　盐类腐蚀对混凝土的损伤

在混凝土结构中,由盐类腐蚀引起的混凝土损伤主要有硫酸盐腐蚀和镁盐腐蚀。

3.11.1　硫酸盐腐蚀

根据硫酸盐腐蚀介质的来源,有外源型硫酸盐腐蚀和内源型硫酸盐腐蚀两种类型,外源型硫酸盐腐蚀主要侵蚀介质来源于混凝土外部的大气、土壤或接触水溶液中,而内源型硫酸盐腐蚀主要侵蚀介质来源于混凝土自身组分。

硫酸盐腐蚀的类型一般根据反应机制及产生破坏现象的不同,主要有以下六种。

3.11.1.1　硫酸盐结晶型侵蚀

当混凝土孔隙溶液中硫酸盐达到一定浓度时,在没有与混凝土组分发生化学反应之前,会有硫酸盐结晶析出,具体表现为体积膨胀,产生的结晶压力使混凝土开裂,以此产生腐蚀现象。这种侵蚀属于物理作用侵蚀,在盐类结晶作用对混凝土的损伤中已经介绍过,这里不再赘述。

3.11.1.2　石膏型硫酸盐侵蚀

当侵蚀溶液中的硫酸根离子浓度大于 1 000 mg/L 时,且水泥石孔隙为饱和的石灰溶液所填充时,硫酸根会与氢氧化钙发生化学反应:

$$Ca(OH)_2 + Na_2SO_4 + 2H_2O = CaSO_4 \cdot 2H_2O + 2NaOH \tag{3-2}$$

生成二水石膏,使体积膨胀为原来的 1.2 倍,产生内应力,当内应力大于混凝土的极限抗拉强度时就会产生破坏,使混凝土内部开始出现裂缝。

3.11.1.3　钙矾石结晶型侵蚀

钙矾石破坏是硫酸盐侵蚀中最常见的一种类型。主要是由于多种硫酸盐都能与水泥石中 $Ca(OH)_2$ 作用生成硫酸钙,硫酸钙再与水泥石中的固态水化铝酸钙反应生成钙矾石。

$$Na_2SO_4 \cdot 10H_2O + Ca(OH)_2 = CaSO_4 \cdot 2H_2O + 2NaOH + 8H_2O \tag{3-3}$$
$$3(CaSO_4 \cdot 2H_2O) + 4CaO \cdot Al_2O_3 \cdot 12H_2O + 14H_2O = 3CaO \cdot Al_2O_3 \cdot$$
$$3CaSO_4 \cdot 32H_2O + Ca(OH)_2 \tag{3-4}$$

钙矾石在结构组成上会结合大量的结晶水,即形成了钙矾石针状结晶,体积膨胀为原来的 2.5 倍,引起很大的内应力,在混凝土表面形成大裂缝。混凝土的开裂又使硫酸根离子更容易渗透到混凝土内部,产生恶性循环。

3.11.1.4　二次钙矾石型膨胀侵蚀

混凝土拌和物在加水搅拌的最初几个小时内,石膏和其他硫酸盐与水泥中的铝酸钙组分反应生成钙矾石。在水泥水化 24 小时内,水泥中大多数的硫酸盐已形成钙矾石或硫铝酸钙,这被称为一次钙矾石。

如果混凝土长期处于潮湿环境中,钙矾石会逐渐产生不一致溶解并在受到限制的空间内重新生成,这种重新生成的钙矾石通常被称为二次钙矾石。由于二次钙矾石产生的环境为硬化混凝土,因此当二次钙矾石所产生的膨胀应力超出一定限制时,便会将硬化混凝土撑破产生膨胀裂缝。

3.11.1.5　延迟型钙矾石生成(热滞延性膨胀)

在大体积混凝土中,由于内部水化温升较高,高温使一次钙矾石分解,使硫酸盐和氧化铝牢固地吸附在水泥浆体的水化硅酸钙凝胶中,阻止了钙矾石的正常形成。

在潮湿环境中冷却后的硬化混凝土中的硫酸盐,会脱离水化硅酸钙凝胶的束缚,与单硫型水化硫铝酸钙反应延迟生成钙矾石。经过几个月到几年的吸收过程,钙矾石在水泥石中有限空间内形成,因为受到空间限制而且超饱和状态,这类钙矾石会产生结晶压力导致裂纹。

3.11.1.6　碳硫硅钙型硫酸盐侵蚀

当混凝土具备 SO_4^{2-}、CO_3^{2-}、SiO_3 基团且温度低于 15 ℃、充足水分存在的条件下,水泥基材料中的水化硅酸钙凝胶(C-S-H)和 SO_4^{2-}、CO_3^{2-} 或 CO_2 反应,转变成一种灰白色、无胶凝能力的烂泥状物质碳硫硅钙石($Ca_3[Si(OH)_6](CO_3)(SO_4)12H_2O$),导致水泥基材料强度大幅度降低,甚至完全丧失强度,同时也伴有膨胀性破坏。这种破坏称为碳硫硅钙型硫酸盐侵蚀破坏。

3.11.2　镁盐腐蚀

在海水及地下水中含有大量的氯化镁和硫酸镁,它们与水泥石中的氢氧化钙发生反应,生成胶凝能力很弱的产物氢氧化镁。

$$MgCl_2 + Ca(OH)_2 = CaCl_2 + Mg(OH)_2 \tag{3-5}$$

$$MgSO_4 + Ca(OH)_2 + 2H_2O = CaSO_4 \cdot 2H_2O + Mg(OH)_2 \tag{3-6}$$

$$4CaO \cdot Al_2O_3 \cdot 12H_2O + 3MgSO_4 + 2Ca(OH)_2 = 3CaO \cdot Al_2O_3 \cdot$$
$$3CaSO_4 \cdot 32H_2O + 3Mg(OH)_2 \tag{3-7}$$

氢氧化镁胶凝能力很小,而氯化钙易溶于水;生成的二水石膏还会引起硫酸盐侵蚀,因此硫酸镁对水泥石起着镁盐和硫酸盐双重侵蚀的作用。

3.11.3　盐类腐蚀的影响因素及预防措施

影响盐类腐蚀的因素主要有以下几项:

(1)水泥品种。水泥熟料中含有的氧化钙、氧化镁含量越高,发生硫酸盐侵蚀破坏的概率就越大。因此,可采用含有水泥熟料较少的矿渣水泥、火山灰水泥等。

(2)混凝土渗透性。混凝土渗透性越大,外部侵蚀介质越容易进入混凝土内部,引起的破坏就越大。因此,可通过采取加强振捣等施工措施提高混凝土的抗渗透性能。

(3)水灰比。水灰比越大,凝结硬化后的混凝土内部含有的毛细孔就越多,其抵抗外部盐类侵蚀的能力就越差。因此,可采用加入减水剂等方法减少水灰比。

(4)地下水位高低变化。构件接触的地下水位变动越频繁,其遭受盐类侵蚀的破坏性就越大,地下室、挡土墙、涵洞比基础和桩基更容易受到硫酸盐侵蚀。因此,在水位变化区域应注重加强混凝土结构的防水措施,防止有害介质通过水介质侵入混凝土内部。

(5)侵蚀介质的浓度。侵蚀介质的浓度越大,其侵蚀破坏性就越强。

通过以上因素可知,对于易于遭受盐类侵蚀的混凝土部位,除在前期建设过程中要提高混凝土的质量外,通常还采用沥青、橡胶、沥青漆等防水材料处理混凝土表面,形成耐蚀的保护层,来降低外部有害介质的侵蚀。

3.12　酸碱类腐蚀对混凝土的损伤

3.12.1　一般酸腐蚀

在水泥的水化产物中,70%左右的成分为氢氧化钙,因此混凝土的孔隙水溶液是呈碱性的,那么,各种酸对混凝土都有不同程度的侵蚀作用。它们会与水泥石中的氢氧化钙起中和反应,使水泥石的碱度降低,生成的化合物有的易溶于水被带走,有的使水泥体积膨胀,从而导致在水泥石中形成孔洞或膨胀压力。工业废水、地下水、沼泽水中常含有无机酸和有机酸,都会对混凝土产生不同程度的侵蚀。腐蚀作用较强的有盐酸、氢氟酸、硝酸、硫酸、醋酸、蚁酸等。

例如,盐酸与水泥石中的氢氧化钙起反应,生成的氯化钙易溶于水。

$$2HCl + Ca(OH)_2 = CaCl_2 + 2H_2O \tag{3-8}$$

如果侵蚀介质是硫酸,那么硫酸与水泥石中的氢氧化钙起反应,生成的二水石膏直接在水泥石孔隙中结晶产生膨胀压力,还与水泥石中的水化铝酸钙作用,生成膨胀型的产物三硫型水化硫铝酸钙,引发硫酸盐侵蚀破坏。

$$H_2SO_4 + Ca(OH)_2 = CaSO_4 \cdot 2H_2O \tag{3-9}$$

3.12.2　碳酸腐蚀

在工业污水、地下水中,常溶解有一定量的二氧化碳,它对水泥石的腐蚀作用如下:
首先碳酸与水泥石中的氢氧化钙反应生成碳酸钙,从而使水泥石的碱度降低。

$$Ca(OH)_2 + CO_2 + H_2O = CaCO_3 + 2H_2O \tag{3-10}$$

然后与碳酸作用生成碳酸氢钙(这是一个可逆反应),生成的碳酸氢钙易溶于水,氢氧化钙会不断地转变为易溶的碳酸氢钙而流失。

$$CaCO_3 + CO_2 + H_2O = Ca(HCO_3)_2 \tag{3-11}$$

随着碳酸侵蚀的发生,混凝土孔隙溶液中的氢氧化钙浓度逐渐降低,其浓度降低还会导致水泥石中其他水泥水化产物的分解,使腐蚀破坏作用进一步加剧。另外,随着混凝土碱度的降低,还会引发内部钢筋的腐蚀破坏。

3.12.3　酸雨腐蚀

大气中含有大量的 SO_2、CO_2、NO 和 NO_2 成分,主要来源于工业窑炉排放的废气,以及汽车、飞机及其他内燃机排放的废气,这些成分在大气中可生成亚硫酸,并进一步氧化生成硫酸、碳酸、硝酸等。

所有酸性水溶液都能中和混凝土中的碱,而混凝土中水泥的主要水化产物是氢氧化钙(CH)、水化硅酸钙凝胶(C-S-H)和水化硫铝酸钙(AFt、AFm)等高碱性物质。它们维持的高碱度环境,是内埋钢筋表面钝化膜稳定存在、避免其腐蚀的前提条件。混凝土遭受环境中的酸性气、液介质侵蚀的后果,是使其中性化,丧失钢筋碱性保护层作用,促进钢筋腐蚀。

3.12.4　强碱腐蚀

因为水泥石呈碱性,因此浓度不高的碱类溶液对水泥石无害。但长期处于较高浓度(大于 10%)的含碱环境中,混凝土也会发生缓慢腐蚀,包括化学腐蚀和结晶腐蚀。

3.12.4.1　化学腐蚀

氢氧化钠与混凝土中的水化产物反应,生成胶结力不强、易溶失的产物,造成混凝土成分的不断流失。

$$3CaO \cdot 2SiO_2 \cdot 3H_2O + 4NaOH = 3Ca(OH)_2 + 2Na_2SiO_3 + 2H_2O \qquad (3-12)$$
$$3CaO \cdot Al_2O_3 \cdot 6H_2O + 2NaOH = 3Ca(OH)_2 + Na_2O \cdot Al_2O_3 + 4H_2O \qquad (3-13)$$

3.12.4.2　结晶腐蚀

氢氧化钠溶液渗入水泥石后,与空气中的二氧化碳反应生成含结晶水的碳酸钠,碳酸钠在毛细孔中结晶并产生体积膨胀,从而使水泥石开裂破坏。

$$2NaOH + CO_2 + 10H_2O = Na_2CO_3 \cdot 10H_2O \qquad (3-14)$$

在实际工程中,混凝土的腐蚀是一个复杂的物理化学作用过程,腐蚀的作用住往不是单一的,而是多种类型作用同时存在、相互影响的结果。另外,较高的环境温度、较快的水流、干湿循环等因素会加快腐蚀的发展。

3.12.5　防止混凝土腐蚀的主要措施

3.12.5.1　选择合理的水泥品种

在通用硅酸盐水泥中,硅酸盐水泥的水化产物中氢氧化钙和水化铝酸钙含量都较高,因此耐腐蚀性较差。在有腐蚀性介质的环境中应优先考虑采用含混合材料较多的通用硅酸盐水泥或特种水泥。

3.12.5.2　提高水泥石的密实程度

水泥石密实度越高,抗渗能力越强,腐蚀介质越难以进入。可通过降低水灰比、使用减水剂、改进施工方法等来提高混凝土的密实程度。

3.12.5.3　表面防护处理

在腐蚀作用较强时,可采用表面涂层或表面加保护层的方法。如采用各种防腐涂料、陶瓷、塑料、沥青等作为防腐层,来提高混凝土抵抗侵蚀作用的能力。

3.13　碱骨料反应对混凝土的损伤

3.13.1　反应类型

混凝土中水泥、外加剂、掺和料、拌和水中的碱性氧化物质(K_2O 和 Na_2O)溶于混凝土孔隙溶液中,与混凝土骨料中的活性物质在常温常压下缓慢发生化学反应,引起混凝土内部自膨胀应力而开裂的现象,称为碱骨料反应,严重时会造成混凝土结构的整体开裂破坏。

根据骨料中活性成分的不同,碱骨料反应(Alkali-Aggregate Reaction,简称AAR)分为三种类型:

(1)碱-硅酸反应(Alkali-Silica Reaction,简称 ASR),指混凝土中的碱与骨料中的活性氧化硅反应引起的破坏。

(2)碱-硅酸盐反应(Alkali-Silicate Reaction,简称 ASR),指混凝土中的碱与骨料中的硅酸盐矿物反应引起的破坏。

(3)碱-碳酸盐反应(Alkali-Carbonate Reaction,简称 ACR),指混凝土中的碱与骨料中的某些碳酸盐矿物反应引起的破坏。

其中,碱-硅酸反应(ASR)是分布最广的碱骨料反应。

3.13.2　反应条件

碱骨料反应必须同时具备三个条件,即高碱含量、活性骨料和水分。

3.13.2.1　混凝土中含碱量高

混凝土中的碱主要来自于水泥、外加剂、掺和料,拌和水等组分也可能带入部分碱,当水泥中的碱按 $Na_2O+0.685K_2O$ 计算的碱含量大于 0.6%时,或混凝土中的总碱含量大于 $3\ kg/m^3$ 时,遇到活性骨料时易引发碱骨料反应。

3.13.2.2　碱活性骨料

碱活性骨料主要包括三类:含活性氧化硅的骨料(引起碱-硅酸反应)、黏土质白云石质石灰岩等含活性碳酸盐的骨料(引起 ACR 反应)、黏土质岩石及千板岩等含活性硅酸盐的骨料(引起碱-硅酸盐反应)。

碱活性骨料大约占骨料总量比例的 1%,其中含活性 SO_2 的碱活性骨料分布最广,有安山石、蛋白石、玉髓、鳞石英、方石英等。

3.13.2.3　环境条件

碱与活性骨料反应生成的碱-硅酸凝胶,只有在吸收水分后才膨胀,对混凝土结构造成危害,因此碱骨料反应的第三个条件便是充足水分的存在。所以,保持混凝土结构使用环境的干燥,可在一定程度上防止碱骨料反应的发生。但是,绝大多数混凝土结构不可能避免与水分发生作用。当空气相对湿度大于 80%,或直接与水接触时,会引发碱骨料反应破坏。另外,在高温条件下,碱骨料反应会加速进行。

3.13.3　反应机制

水泥中 95%以上的主要成分是 CaO、SiO_2、Al_2O_3、Fe_2O_3,另外,还有少量的其他氧化物 MgO、SO_3、K_2O、Na_2O 等,这些氧化物主要是生产过程中反应不够充分而残留在水泥中的,其成分含量跟水泥生产的原材料和工艺水平有关,Na_2O、K_2O 水化后生成 $NaOH$、KOH,而这两者都为强碱,能与活性比它们弱的元素发生置换反应。

3.13.3.1　碱-硅酸反应(ASR)

反应机制:　　　　$2Na(K)OH+SiO_2+nH_2O \rightarrow Na(K)_2 \cdot SiO_2 \cdot nH_2O$　　　　(3-15)

膨胀机制:碱-硅酸反应是分布最广,研究最多的碱骨料反应,该反应是指混凝土中的碱组分与骨料中的活性氧化硅之间发生的化学反应,反应后生成碱-硅酸凝胶,如图3-13所示,骨料周围生成的白色不透明凝胶状物质。碱-硅酸凝胶从周围介质中吸水膨胀,体积可增大3倍左右,大量凝胶体在混凝土骨料界面区的积聚、膨胀,受到水泥石的限制时导致混凝土沿界面产生不均匀膨胀、开裂甚至崩坏。如图3-14所示,是在发生了碱骨料反应的混凝土上取出的试样制成的薄片在荧光显微镜下观察到的结果,浅色部分为产生的裂缝。研究表明,碱-硅酸盐反应,本质上仍是碱-硅酸反应。

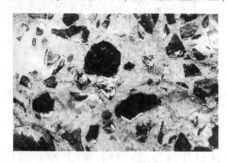 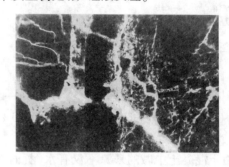

图3-13 骨料周围的碱-硅酸凝胶　　　图3-14 碱骨料反应后产生的裂缝

3.13.3.2 碱-碳酸盐反应(ACR)

反应机制:碱与白云石发生反应,去白云化。

$$CaMg(CO_3)_2 + 2ROH = Mg(OH)_2 + CaCO_3 + R_2CO_3 \tag{3-16}$$

$$R_2CO_3 + Ca(OH)_2 = 2ROH + CaCO_3 \tag{3-17}$$

式中:R 为钾和钠,是水泥中的碱分。

膨胀机制:碱-碳酸盐反应是岩石中的白云石与碱溶液间的化学反应,反应产物是方解石、水镁石和碳酸碱。生成的碳酸碱会与水泥水化产物氢氧化钙反应,生成碳酸钙并使碱再生,使反应持续进行。该反应膨胀的驱动力为反应生成的方解石和水镁石晶体在受限空间生长产生的结晶压力。

3.13.4 劣化现象

无论是碱-硅酸反应(ASR),还是碱-碳酸盐反应(ACR),其破坏原理都是由于反应产物引起混凝土内部自膨胀应力,而导致混凝土开裂破坏。由于碱及骨料是均匀分布在混凝土内部,因此在混凝土内部及表面就会产生无规则的网状裂缝(见图3-15),裂缝一旦产生,就为外部有害介质提供了畅通的通道,如果混凝土内部配有钢筋,会导致钢筋产生严重腐蚀,继而腐蚀膨胀导致沿着顺筋方向出现较大开裂(见图3-16),使混凝土整体崩坏,难以进行修补加固处理,因此碱骨料反应常有混凝土病害里的"癌症"之说。

3.13.5 预防措施

常温下,因碱骨料反应时间较为缓慢,短则几年,长则几十年,引起的破坏往往经过若干年后才会出现。然而,一旦出现,则破坏性很大,难以进行加固处理,因此对于碱骨料反应,应以预防为主,特别是对于大型水利、港口海工和桥梁工程等。根据碱骨料反应发生的条件,可采取以下措施来预防。

图 3-15　混凝土表面产生的网状裂缝　　　　图 3-16　混凝土表面产生的顺筋裂缝

（1）控制水泥含碱量。

国家标准《通用硅酸盐水泥》（GB 175—2007）中规定，若使用活性骨料时，水泥中按 $Na_2O+0.685K_2O$ 计算的碱含量不大于 0.60%。

（2）控制混凝土中总含碱量。

由于混凝土中碱的来源不仅有水泥，而且有混合材料、外加剂、水，甚至有时从骨料（例如海砂）中来，因此控制混凝土中各种原材料总碱量，比单纯控制水泥含碱量更重要。我国《混凝土结构设计规范》（GB 50010—2010）中规定，混凝土中最大碱含量应低于 3 kg/m^3。

（3）尽量采用非活性骨料。

配制混凝土前，一定要认真甄别骨料的碱活性，尽量采用非活性骨料。当甄别的结果确认为碱活性骨料非用不可时，就要严格控制水泥含碱量或混凝土中总碱含量，如采用碱含量小于 0.6% 的水泥，或混凝土总含碱量低于 3 kg/m^3。

（4）掺加活性混合材料。

掺加活性混合材料如硅灰、粉煤灰、矿渣或偏高岭土等。这是由于掺和料反应活性远大于碱骨料中活性组分的反应活性，在水泥水化硬化过程中能吸收溶液中的碱离子，在早期即形成水化产物均匀分布于混凝土中，而不致集中于骨料颗粒周围，从而减轻或消除由于碱骨料反应引起的膨胀破坏。

（5）掺加引气剂或引气减水剂。

可在混凝土内部骨料-水泥石界面形成分散的封闭气孔，当发生碱骨料反应时，形成的胶体可渗入或被挤入这些气孔内，降低膨胀破坏应力。

（6）尽量减小水灰比。

尽量减小水灰比，提高混凝土密实度，防止外界水分渗入内部参与碱骨料反应和引起反应产物吸水膨胀破坏。

（7）隔绝水和湿空气的来源。

当确定采用了活性骨料并使用了含碱量较高的水泥时，可采取在混凝土表面涂刷防水剂的方法，阻止水分的进入，可有效阻止或降低碱骨料反应的发生。

第 4 章　钢筋腐蚀损伤机制及危害

在众多影响混凝土结构使用寿命的因素中,钢筋腐蚀已成为混凝土结构耐久性破坏中的首要因素,由于钢筋腐蚀造成的混凝土结构损伤及重大经济损失,已引起国内外土木工程领域的高度重视。下面来看几组数据:

根据美国标准局 1975 年的调查,美国当年各类腐蚀引起的损失达 700 亿美元,而与钢筋腐蚀有关的占 40%左右,这说明钢筋腐蚀的普遍性。另外,美国 1984 年报道,仅就桥梁而言,57.5 万座钢筋混凝土桥,一半以上出现钢筋腐蚀破坏,40%承载力不足和必须修复与加固处理,仅维修费高达 900 亿美元,这说明钢筋腐蚀的普遍性与严重性。另外,欧洲、亚洲、中东等地区,也有大量关于钢筋腐蚀破坏的报道。

在我国,交通部于 1980 年对华南地区 18 座码头的混凝土结构物调查发现,80%以上在使用不到 20 年间就出现了严重或较严重的钢筋腐蚀破坏;北方地区,北京西直门旧立交桥仅运行 18 年就拆除重建;沈阳文化路大立交桥使用 13 年后因钢筋腐蚀严重破坏;哈大公路在建成 5 年后混凝土出现严重的顺筋胀裂和剥落;1985 年对我国的一些中小型钢筋混凝土水闸的结构耐久性调查中,47.5%的闸墩、胸墙、大梁破坏是混凝土碳化引起钢筋腐蚀造成的。

统计数据表明,基础设施由于腐蚀带来的经济损失一般为国民经济总产值的 2%~4%,虽然我国缺乏严格的统计数据,但若按此比例计算,我国每年的腐蚀损失可达 1 800亿~3 600 亿元,也是令人触目惊心的数据。因此,本章主要介绍由内部钢筋腐蚀引起的混凝土结构的劣化机制及危害。

4.1　钢筋的腐蚀类型与机制

钢筋被紧紧包裹在混凝土内部,是如何遭受腐蚀的呢?根据钢筋表面与周围介质的不同作用,以及钢筋所处的应力状态,混凝土内的钢筋腐蚀主要有三种形式,即电化学腐蚀、化学腐蚀和应力腐蚀。

4.1.1　电化学腐蚀

由于金属表面形成原电池而产生的腐蚀称为电化学腐蚀。钢材在存放和使用中发生的腐蚀主要属于这一类。钢材主要是由铁素体和渗碳体组成的,铁素体的电极电位比渗碳体的电极电位低,形成许多微电池的阳极和阴极。同时,混凝土是多孔隙结构,在潮湿空气中,孔隙中的水分中溶解有各种离子,形成电解质溶液。电解质溶液和钢材都可为阴极和阳极之间的电子传输提供通路。另外,外部水分在进入混凝土内部时会将氧气带入(氧气容易溶解在水中),因此混凝土中具备钢材发生电化学腐蚀的条件。

由于硅酸盐水泥水化后形成的 pH 为 12~13 的高碱性体系,使钢材表面生成一层致密的钝化膜,有着保护钢筋不发生腐蚀的作用。但当混凝土发生碳化使其 pH 值变小,低于 10 时,或者受到一定浓度氯离子侵蚀时,钢材表层的钝化膜逐渐消失,使钢材处于易发生腐蚀的状态。

发生腐蚀时,钢材表面钝化膜消失部分的铁素体首先失去电子发生阳极反应(见图 4-1),而在其附近的碳素体(阴极区),聚集的氧元素结合电子发生阴极反应生成 OH^-,OH^- 结合 Fe^+ 生成 $Fe(OH)_2$,并进一步氧化成为疏松而易剥落的红棕色铁锈 $Fe(OH)_3$。

$$阳极区:Fe = Fe^{2+} + 2e^- \tag{4-1}$$

$$阴极区:2H_2O + 4e^- + O_2 = 4OH^- \tag{4-2}$$

$$溶液区:Fe_2 + 2OH^- = Fe(OH)_2 \tag{4-3}$$

$$4Fe(OH)_2 + O_2 + 2H_2O = 4Fe(OH)_3 \tag{4-4}$$

在 O_2 和 H_2O 共同存在的条件下,上述电化学反应使钢筋表面的铁不断失去电子而溶解,由孔蚀发展到宏观的电池腐蚀。

图 4-1　混凝土内部钢筋电化学腐蚀示意图

混凝土内部钢筋发生腐蚀后,断面不断减小,造成承载力下降;另外,根据腐蚀后生成的铁锈形式不同,其体积比原来膨胀 2~6 倍(见图 4-2),膨胀应力致使混凝土开裂(见图 4-3),严重者可导致混凝土剥离或剥落,因此造成混凝土断面的减小;另外,钢筋腐蚀之后造成钢筋与混凝土间的"握裹力"下降甚至消失,导致钢筋与混凝土的协同工作能力降低,甚至造成整个构件失效。

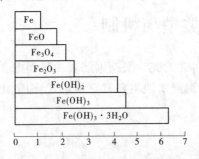

图 4-2　钢筋腐蚀产物膨胀倍率

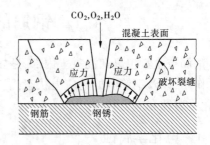

图 4-3　钢筋腐蚀造成混凝土开裂示意图

4.1.2　化学腐蚀

钢材的化学腐蚀是指钢材表面与周围介质直接发生化学反应而产生的腐蚀,化学腐蚀的特点是只有单纯的化学反应,在反应过程中没有电流产生,亦称干腐蚀。

这种腐蚀多数是氧化作用,氧化性气体主要有氧气、二氧化碳、二氧化硫、水和氯气等,反应后生成相应的氧化物、硫化物、氯化物等疏松的氧化物质,附着在发生反应的钢材表面。当周围环境干燥时,其腐蚀速度发展缓慢,但当环境的温度较高、湿度较大时,其反应速度发展较快,特别是在干湿交替环境下腐蚀更为剧烈。

4.1.3　应力腐蚀

　　钢材的应力腐蚀是指其在拉应力作用下,在腐蚀介质中引起的破坏现象。这种腐蚀一般均穿过晶粒,即所谓穿晶腐蚀,是由残余或外加应力导致的应变和腐蚀联合作用产生的破坏过程。

　　混凝土内的钢筋在应力和腐蚀介质作用下,表面的氧化膜被腐蚀而受到破坏,破坏的表面和未破坏的表面分别形成阳极和阴极,阳极处的金属成为离子而被溶解,产生电流流向阴极。由于阳极面积比阴极的面积小得多,阳极的电流密度很大,进一步腐蚀已破坏的表面。加上拉应力的作用,破坏处逐渐形成裂纹,裂纹随时间逐渐扩展直到断裂。

　　应力腐蚀破坏与单纯的机械应力破坏不同,它可以在较低的拉应力作用下破坏;与单纯的电化学腐蚀破坏也不同,它可以在腐蚀性介质很弱的情况下破坏。因此,应力腐蚀破坏可以看成电化学腐蚀和力学复合作用下导致的断裂过程。

　　应力腐蚀破坏是出现在高强钢筋中的一种特殊腐蚀形式,破坏时表面只有轻微损害或根本看不见损害,通常在没有任何预兆的情况下发生突然破坏。

4.2　混凝土中性化(碳化)诱导的钢筋腐蚀

4.2.1　混凝土的中性化(碳化)

　　混凝土的中性化指的是,当混凝土结构周围介质存在酸性物质(CO_2、HCl、SO_2、Cl_2)时,这些酸性物质渗入混凝土内与水泥石中的碱性物质发生反应从而使混凝土 pH 值降低的过程。混凝土的碳化是中性化中最常见的形式,是 CO_2 与混凝土中碱性物质相互作用的一种复杂物理化学过程。空气中的 CO_2 侵入到混凝土内部孔隙中,在一定湿度条件下,即在孔隙溶液的作用下,和水泥水化生成物 $Ca(OH)_2$ 等发生碳酸化反应,造成孔隙溶液的 pH 值降低,由原来的 pH = 12~13 的强碱性环境降到 pH = 8.5~10 的弱碱性甚至中性的环境。

$$CO_2 + H_2O = H_2CO_3 \tag{4-5}$$
$$Ca(OH)_2 + H_2CO_3 = CaCO_3 + H_2O \tag{4-6}$$
$$3CaO \cdot 2SiO_2 \cdot 3H_2O + 3H_2CO_3 = 3CaCO_3 + 2SiO_2 + 6H_2O \tag{4-7}$$
$$2CaO \cdot SiO_2 \cdot 4H_2O + 2H_2CO_3 = 2CaCO_3 + SiO_2 + 6H_2O \tag{4-8}$$

　　对钢筋混凝土结构而言,碳化对混凝土性能的影响有利有弊,但是弊多利少。其主要影响表现在以下四个方面:

　　(1)增加混凝土的密实性(利)。碳化时生成的碳酸钙填充在水泥石的孔隙中,使混凝土密实度增加,从而提高混凝土的抗压性能。

　　(2)提高混凝土抗化学腐蚀能力(利)。混凝土碳化后,将混凝土中容易遭受侵蚀的氢氧化钙、硅酸三钙、硅酸二钙等转化为不易遭受侵蚀的碳酸钙,因此能够提高混凝土的抗化学侵蚀能力。

(3)加剧混凝土的收缩,导致收缩裂缝产生和加大(弊)。一方面,碳化反应后生成的水向外扩散,随着水分的蒸发,混凝土产生失水收缩,导致混凝土上出现收缩裂缝;另一方面,碳化生成的碳酸钙密度大、体积小,引起表层混凝土体积收缩导致产生微细裂纹。裂纹的产生对混凝土强度和耐久性造成不利影响。

(4)使混凝土碱度降低,破坏钢筋钝化膜(弊)。随着混凝土碳化的发生,致使混凝土的 pH 值降低,当 pH 值降低到 10 以下时,混凝土中钢筋表面的钝化膜逐渐消失,容易诱发钢筋腐蚀。另外,钢筋腐蚀后的生成物造成钢筋体积膨胀,引起混凝土产生顺筋开裂。

4.2.2　中性化(碳化)诱导的钢筋腐蚀

通常,硬化混凝土结构中因为 $Ca(OH)_2$ 的存在而使混凝土具有 $pH = 12 \sim 13$ 的高碱性环境,在高碱性环境中,钢筋表层会形成一层化学性质非常稳定的钝化膜,这层钝化膜的存在,不仅使钢筋表层钝化,处于不易被氧化的状态,而且将钢筋与水溶液介质隔离,水和氧气无法渗透进去,因此电化学腐蚀无法进行,从而保证钢筋免受腐蚀。但是,随着混凝土的碳化,当 pH 降低到 10 以下时,钢筋表层的钝化膜呈现不稳定状态,会逐渐溶解、破裂,当氧气和水存在时,钢筋就会逐渐发生电化学腐蚀而破坏。钢筋腐蚀后生成的铁锈体积膨胀,使混凝土内部逐渐产生细微裂缝,随着裂缝的产生,水和酸素的供应量随之增加,钢筋的腐蚀进一步加剧,那么出现在钢筋周围的细微裂缝就随着钢筋的进一步腐蚀,慢慢发展成宏观裂缝,延伸到混凝土表面,甚至造成混凝土块的剥离或剥落。另外,随着钢筋腐蚀造成钢筋断面的减小,引起混凝土结构物承载力的降低。还有,钢筋腐蚀还破坏钢筋与混凝土之间的黏结,从而使钢筋与混凝土的协同工作能力降低,甚至造成整个构件失效。因此,混凝土的碳化对建筑物的危害不但是普遍性的问题,而且是非常严重的,应引起足够的重视。

4.2.3　混凝土碳化的影响因素

混凝土的碳化过程是大气中的 CO_2 向混凝土内部孔隙逐渐扩散的过程,因此混凝土的孔隙结构及 CO_2 气体的扩散速度直接影响着混凝土的碳化速度。归纳起来,影响钢筋混凝土碳化速度的因素大致可分为混凝土的内部因素和环境因素两大类,而混凝土的内部因素主要由材料、施工等构成的混凝土的组成与结构所决定,外部因素主要由周围空气的湿度和 CO_2 气体的浓度所决定。

4.2.3.1　水泥品种

首先影响混凝土碳化速度的是混凝土的组成材料,作为主要胶凝材料的水泥,其种类及掺量对混凝土中性化速度的影响最大,胶凝材料所含有的能与 CO_2 反应的 CaO 总量越高,则能吸收 CO_2 的量也越大,碳化速度越慢。胶结料中的 CaO 主要来自水泥熟料,因此,胶结料中混合材料或掺和料越多的时候,碳化作用可能越快。不同品种水泥所包含的熟料的化学成分、矿物成分及水泥混合料的品种和掺量各有所别,直接影响着水泥的活性和混凝土的碱度,对混凝土碳化速度影响较大。从常用水泥种类的中性化速度比(见表 4-1)可以看出,采用硅酸盐水泥和普通硅酸盐水泥时混凝土的中性化速度最慢,而采用矿渣、火山灰、粉煤灰水泥时,混凝土的中性化速度较快。这是由于掺加了矿物掺和料的水泥其熟料含量较少,因此 $Ca(OH)_2$ 含量较低,从而影响其抗碳化能力。

表 4-1　水泥种类与中性化速度比

水泥种类	中性化速度比
普通水泥	1.0
早强水泥	0.6
高炉矿渣水泥(矿渣混合率 30%~40%)	1.4
高炉矿渣水泥(矿渣混合率 60%左右)	2.2
火山灰水泥	1.7

4.2.3.2　水泥用量及水灰比

水泥用量和水灰比的大小也直接影响着混凝土的碳化速度,水泥用量大可改善混凝土的和易性、提高密实性、增加碱性;水灰比减小,可降低混凝土孔隙率和渗透性、增加其密实性。因此,水泥用量越大,水灰比越小,其混凝土的碳化速度就越慢。

4.2.3.3　施工质量

混凝土在施工过程中搅拌不均匀、振捣不密实、养护不充分、混凝土的蜂窝、裂纹缺陷均会加快碳化作用。配制混凝土时通过掺加减水剂、尽量减小水灰比,或掺加引气剂,使开口气孔变为闭口气孔,并采取充分振捣和养护等措施提高混凝土密实度,从根本上提高混凝土抗碳化能力。

4.2.3.4　环境因素

钢筋混凝土构筑物受环境温度、湿度及 CO_2 浓度的影响,其碳化速度也不尽相同。环境温度越高,空气中 CO_2 浓度越高,混凝土的碳化速度就越快。一般情况下,碳化深度与二氧化碳浓度及时间的平方根成正比。

$$\frac{D_1}{D_2} = \frac{\sqrt{c_1 t_1}}{\sqrt{c_2 t_2}} \tag{4-9}$$

式中　D_1、D_2——混凝土的碳化深度;

　　　c_1、c_2——二氧化碳浓度;

　　　t_1、t_2——时间。

当混凝土周围湿度接近 100%时,混凝土中的微孔隙被水蒸气的冷凝水所填充,混凝土的透气性降低,CO_2 向混凝土内扩散的速度就大幅度降低,所以碳化速度也会随之变慢。而当周围空气相对湿度较小时,虽然 CO_2 向混凝土内部扩散的速度较快,但是由于混凝土中的水分不足,碳化反应就极其缓慢,当周围相对湿度小于 45%时,碳化几乎停止。因此,周围湿度在 50%~75%时,混凝土的碳化速度最快。

因此,当碳化深度未达到钢筋位置时,混凝土的户外侧比户内侧中性化速度要慢,是因为室外侧混凝土要么在雨水的作用下,透气性变低,导致 CO_2 的扩散速度降低,要么在风吹日晒作用下,空隙处于干燥状态,虽然此时 CO_2 扩散系数较大,但因缺水的作用而无法发生碳化反应,因此通常户外侧混凝土的碳化速度较慢。但是,当碳化已经到达钢筋位置的时候,由于室外受风雨的影响,钢筋在干湿循环的作用下发生腐蚀的程度就比较厉害;而户内当碳化深度到达钢筋位置时,钢筋并未发生急速的腐蚀,而是在碳化深度比钢筋保护层还要深 20~30 mm 的时候,钢筋才发生有害的腐蚀。

另外,盐化物的存在会加速碳化的进程,当混凝土中含有盐化物时,碳化剩余厚度还有 20 mm 时钢筋就开始出现腐蚀。而当无盐化物存在或氯离子含量在 0.06% 以内的情况下,碳化剩余厚度为 8 mm 左右时钢筋才开始出现腐蚀情况。

4.3　氯盐环境下钢筋混凝土的性能劣化

氯离子的侵蚀和混凝土的碳化是引起钢筋腐蚀的主要因素,相比之下,氯离子侵蚀引起的破坏问题更加严重。根据氯离子侵蚀途径的不同,氯离子侵蚀分为外源型侵蚀和内源型侵蚀两种类型。首先,我国海岸线较长,在海洋环境下遭受氯离子侵蚀的建筑物数量庞大;另外,我国北方地区大量使用氯盐进行除冰融雪,这两类都属于外源型侵蚀。

近些年,我国基本建设规模不断扩大,对建筑用砂和填料的需求日益增加,据估计,当前每年建筑用砂量约为 26 亿 t,大江大河是建筑用砂的主要来源,但河砂的供应受资源和环境条件的限制,远不能满足全国建筑用砂的需求,海砂已成为建筑用砂的重要组成部分,被使用的海砂在工程建造时进入结构内部,属于内源型侵蚀。

4.3.1　氯离子在混凝土中的传输方式

氯离子通过混凝土内部的孔隙和微裂缝从周围环境向混凝土内部传递,其侵入混凝土的方式主要有以下四种。

4.3.1.1　扩散作用

扩散作用是指氯离子从浓度高的地方向浓度低的地方转移,主要驱动力是氯离子浓度梯度。

4.3.1.2　毛细管作用

混凝土是吸水性材料,其湿润角小于 90°,当与水接触时表现为毛细管上升现象,当氯离子通过水溶液接触到混凝土时,通过毛细管作用向混凝土内部干燥的部分转移,主要驱动力是混凝土内部的湿度梯度。

4.3.1.3　渗透作用

渗透作用是指在水压力作用下,氯离子由压力高的地方向压力较低的方向移动,主要驱动力是静水压力(压力梯度)。

4.3.1.4　电化学迁徙

电化学迁徙指的是氯离子向电位较高的方向移动,主要驱动力是电位差。

氯离子在混凝土中的传输是上述四种方式的共同作用,这四种传输机制可能同时发生。另外,还受到氯离子与混凝土材料之间的化学结合、物理黏结、吸附等作用的影响。氯离子的传输本质上是一个开放、扩散和复杂的非线性动力学系统,它既有确定性,又有随机性的特征,是个复杂的、综合性的过程。在混凝土孔隙中充满水或者充水程度较高时,氯离子的传输主要以扩散机制为主。

4.3.2　氯离子引发钢筋腐蚀的机制

氯离子引起钢筋腐蚀的机制主要为以下几点。

4.3.2.1　破坏钝化膜

在混凝土的高碱性环境中,钢筋表层会形成一层致密的钝化膜保护钢筋不易发生腐蚀,钢筋的钝化膜由极其微小的具有尖晶石结构的纳米晶和非晶组成,氯离子沿着纳米晶和非晶之间的特殊晶界并以贯穿通道为路径,传输至钝化膜与金属之间的界面。到达界面处的氯离子造成基体一侧的晶格膨胀、界面的起伏及膜一侧的疏松化,并在界面处引入了拉应力,起伏界面的凸起在应力的作用下破裂,造成钝化膜逐渐被破坏。

4.3.2.2　形成腐蚀电池

氯离子对钢筋表面钝化膜的破坏首先发生在局部,局部遭到氯离子侵蚀后首先暴露出的铁基体作为阳极,有氧聚集完好的钝化膜区域作为阴极,两者之间构成电位差;当混凝土内有水或潮气存在时,孔隙溶液作为电解质,逐步形成宏电池,产生坑锈,使铁基体变成铁锈,体积膨胀,混凝土保护层开裂破坏,使结构承载能力下降,并逐步劣化破坏。

4.3.2.3　氯离子的阳极去极化作用

氯离子可以加速原电池反应。阳极反应生成 Fe^{2+},氯离子与 Fe^{2+} 相遇会生成 $FeCl_2$ 络合物,后者在水中遇到 OH^- 生成 $Fe(OH)_2$,将结合的氯离子释放出来,被释放出来的氯离子再与 Fe^{2+} 结合,如此循环。因此,在整个反应当中,氯离子只是起到了搬运作用,它不被消耗,周而复始地起破坏作用,这也是氯盐危害的特点之一。

4.3.2.4　氯离子的导电作用

氯离子的存在,降低了阴阳极之间的电阻,提高了腐蚀电池的效率,从而加速电化学腐蚀的进程。

当氯离子的含量在混凝土中的钢筋表面累计达到某一临界值以后,钢筋表面的钝化膜破坏,导致钢筋发生电化学腐蚀作用,对于引起混凝土中钢筋产生腐蚀的临界氯离子浓度,在《混凝土结构设计规范》(GB 50010—2010)中,对于设计使用年限为 50 年的混凝土结构,在不同使用环境下其临界氯离子含量的规定如表 4-2 所示。混凝土结构的环境类别见表 4-3。

表 4-2　结构混凝土材料的耐久性基本要求

环境等级	最大水胶比	最低强度等级	最大氯离子含量/%	最大碱含量/(kg/m^3)
一	0.60	C20	0.30	不限制
二 a	0.55	C25	0.20	3.0
二 b	0.50(0.55)	C30(C25)	0.15	
三 a	0.45(0.50)	C35(C30)	0.15	
三 b	0.40	C40	0.10	

注:1. 氯离子含量系指其占胶凝材料总量的百分比。

2. 预应力构件混凝土中的最大氯离子含量为 0.06%。

表 4-3　混凝土结构的环境类别

环境类别	条件
一	室内干燥环境 无侵蚀性静水浸没环境
二 a	室内潮湿环境 非严寒和非寒冷地区的露天环境 非严寒和非寒冷地区的无侵蚀性的水或土壤直接接触的环境 严寒和寒冷地区的冰冻线以下与无侵蚀性的水或土壤直接接触的环境
二 b	干湿交替环境 水位频繁变动环境 严寒和寒冷地区的露天环境 严寒和寒冷地区冰冻线以上与无侵蚀性的水或土壤直接接触的环境
三 a	严寒和寒冷地区冬季水位变动区环境 受除冰盐影响环境 海风环境
三 b	盐渍土环境 除冰盐作用环境 海岸环境

最新的研究表明,随着混凝土碱性的提高,氯离子的临界浓度也会随之提高,因此一些学者提出了 Cl^- 和 OH^- 的比值限定值,当 Cl^-/OH^- 比值高于 0.6 时,容易引发钢筋腐蚀。

4.3.3　海洋环境下混凝土钢筋的腐蚀

海洋环境条件中存在着多种侵蚀组分,海水中含有溶解于水中的多种化学元素,这些化学元素大多数以盐类离子的形式存在,其中氯化钠最多,占 88.6%,硫酸盐占 10.8%。除此之外,还含有镁盐等,加上海水的运动和潮湿空气的作用,会加剧混凝土结构的腐蚀。而我国海岸线较长,随着经济建设的发展,分布在沿海和近海地区的各种基础设施越来越多,建造的大量混凝土结构,如码头、防波堤、跨海桥梁、人工岛屿、海上机场等,长期处于氯离子较多的海洋环境条件下,往往会使因钢筋腐蚀引起结构的开裂破损,造成使用寿命达不到设计年限。

暴露于海水环境的混凝土结构,根据暴露条件不同,氯化物侵入机制也不尽相同,腐蚀程度也有较大差异。通常,根据混凝土与大气、海水接触的程度将海水环境下混凝土结构部位划分为三个区:大气区、潮汐区和水下区(见图 4-4)。

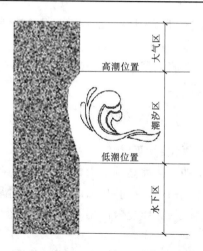

图 4-4　海洋环境混凝土结构暴露部位区域划分示意图

4.3.3.1 水下区

水下区的混凝土虽然表面接触的氯离子浓度较大,内部孔隙水处于饱和状态,又有较高的氯离子扩散系数,但因饱水环境下引起钢筋腐蚀的氯离子临界浓度值会随之提高,又因水下缺氧,使得水下区混凝土内部钢筋的腐蚀速度相对缓慢,因而较易防范。

4.3.3.2 潮汐区

潮汐区是海洋混凝土结构中钢筋腐蚀最严重的部位,受到海水涨潮落潮的影响,干湿循环作用使毛细管吸附作用更加强烈,混凝土表层孔隙溶液中盐分浓度增高,在混凝土表层和内部之间形成氯离子浓度梯度,驱使混凝土孔隙溶液中的盐分靠扩散向混凝土内部迁移,造成内部钢筋腐蚀。具体腐蚀特征如下:

首先,在潮汐区混凝土的表层,混凝土的水化产物 $Ca(OH)_2$ 在海水中的 Cl^-、SO_4^{2-}、Mg^{2+} 的作用下,生成 $CaCl_2$、$CaSO_4$、$MgSO_4$ 等产物,都是易溶于水的物质,在海水的冲刷下融入海水中,造成表层混凝土逐渐溶蚀。混凝土表层中的水泥石逐渐溶蚀后,混凝土中的粗骨料逐渐脱落,严重的表层混凝土溶蚀导致混凝土保护层变薄,失去对内部钢筋的保护作用。

其次,在潮汐区混凝土的内部,一方面,海水中的 SO_4^{2-}、Mg^{2+} 在海水压力及毛细管吸附作用下渗入混凝土内部,发生硫酸盐侵蚀和镁盐侵蚀,随着腐蚀产物逐渐增多,产生的膨胀压力致使混凝土内部产生裂缝,使得外部侵蚀介质不断进入混凝土内部,造成更严重的腐蚀。另一方面,潮汐区干湿循环及海风风干作用使氯离子很容易由于毛细管吸附作用进入混凝土内部,再加上表层混凝土的溶蚀和内部混凝土产生的膨胀裂缝的作用,使得海水中的氯离子更容易传输到混凝土内部,当钢筋附近的氯离子含量达到一定程度后,造成钢筋钝化膜破坏,引发钢筋发生电化学腐蚀。

此外,潮汐区的混凝土同时发生海浪冲刷磨损、冻融循环、碱骨料反应、碳化作用等破坏,因此潮汐区是海洋混凝土结构中钢筋腐蚀最严重,混凝土破坏也最为严重的部位。

4.3.3.3 大气区

由于潮汐区的干湿循环作用使混凝土孔隙溶液中浓度增高,驱使有害作用向混凝土上部大气区迁移。另外,潮汐区下部接触氯化物机会多、潮湿,易成为阳极区,而上部大气区接触氧气较多,易成为阴极区,容易引发内部钢筋发生电化学腐蚀。因此,大气区混凝土虽然与海水没有直接接触,但是其破坏程度也较为严重。

由此可见,海洋环境下的钢筋混凝土结构,其潮汐区破坏最为严重,其次是大气区,水下区几乎不会发生钢筋腐蚀破坏。

4.3.4　除冰盐环境下混凝土钢筋的腐蚀

常用的除冰盐有氯化钠、氯化钙、氯化镁、醋酸钙镁等工业盐,其中氯化钠是最便宜、使用最普遍的一种盐类,氯化钠融化冰雪的能力与温度有关,在零下 1 ℃时,1 kg 氯化钠能融化 46 kg 冰或雪,但温度从 -1 ℃降到 -9 ℃时,氯化钠的融化能力会降低 86%,这时仅用氯化钠一种除冰盐就不够了,需要复合使用。氯化钙溶液常用来使盐预加湿,氯化镁主要用于防冰。

除冰盐溶液的氯离子浓度可达到海水的 10~15 倍,除混凝土表面直接受到除冰盐溶液的破坏外,被行驶车辆溅射到的栏杆等混凝土构件也会受到破坏。除冰盐的破坏作用主要表现在以下三个方面。

4.3.4.1　除冰盐对混凝土钢筋的侵蚀破坏

混凝土中钢筋的耐久性在一定程度上取决于孔液的碱度,正常情况下,混凝土的 pH 值为 13 左右,钢筋表面有较稳定的钝化膜。在氯离子存在的条件下,一方面加速混凝土的碳化,另一方面氯离子超强的穿透能力,导致钝化膜的破坏。如果在氯离子浓度相同的情况下,侵蚀性的顺序由高到低是 $MgCl>CaCl_2>NaCl$。氯化物对钢筋的侵蚀性还与氯离子的扩散系数有关,阳离子不同氯离子的扩散系数也不同,氯化钙和氯化镁的氯离子在混凝土中的扩散系数为 $(10~18)\times10^{-12}$ m²/s,高于氯化钾和氯化钠 $(3~7)\times10^{-12}$ m²/s 的 2 倍。研究结果表明,当混凝土中氯离子的浓度达到 0.025%~0.05% 时,钢筋腐蚀明显加重。渗透系数越大,达到这个临界氯离子浓度越快,表明氯化钙和氯化镁对钢筋的侵蚀性高于氯化钾和氯化钠。

4.3.4.2　除冰盐对混凝土路面的物理剥蚀破坏

除冰盐对混凝土路面的物理剥蚀破坏主要表现在三个方面:

一是引起混凝土内部的结冰压力。除冰盐具有吸湿和饱水作用,大大增加混凝土的饱水程度和时间,当混凝土饱水度达到或超过临界饱水度(理论上是 91%)时,混凝土就会受到拉应力,并因冻融循环增加而不断加剧,直至混凝土开裂和破坏。因此,混凝土受冻时,使用除冰盐的混凝土比无除冰盐的混凝土,内部产生高出几倍甚至几十倍的结冰压力。

二是引起混凝土内部的高渗透压。由于使用除冰盐的混凝土不同厚度处盐浓度分布有差异,其结冰程度也不相同,从而导致渗透压出现,造成混凝土内部的应力差,进而导致表层混凝土的逐渐剥落。同时由于过冷水的出现,当温度进一步降低时会产生更快的结冰速度,加剧混凝土的破坏。

三是引起混凝土内部的盐结晶破坏。除冰盐溶液进入混凝土内部后,随着混凝土内水分蒸发,孔隙中盐溶液因过饱和而结晶,产生结晶膨胀压力,在干湿循环作用下,盐结晶压力致使混凝土产生膨胀破坏。

4.3.4.3　除冰盐对混凝土的化学侵蚀

除冰盐不仅会使混凝土产生严重的盐冻物理剥蚀破坏,而且在非冻融条件下也对混凝土有化学侵蚀作用,长期暴露在 NaCl 溶液中的水泥混凝土,其中的水化产物 $Ca(OH)_2$ 会与 NaCl 发生化学反应:

$$2NaCl + Ca(OH)_2 \rightarrow 2NaOH + CaCl_2 \tag{4-10}$$

$Ca(OH)_2$ 的转化增加了混凝土暴露面附近的孔隙率,使结冰量增加,从而加剧混凝土剥蚀破坏。

4.3.5　海砂环境下混凝土钢筋的破坏

我国基本建设规模不断扩大,对建筑用砂和填料的需求日益增加,据估计,当前每年建筑用砂量约为 26 亿 t。大江大河是建筑用砂的主要来源,但河砂的供应受资源和环境条件的限制,远不能满足全国建筑用砂的需求,海砂已成为建筑用砂的重要组成部分。我国的海砂资源大致可以分为两类,一类是分布在海岸和近岸海域的海岸海砂,主要分布在山东、辽宁、福建、广东、广西、海南等省份;另一类是分布在陆架浅海的浅海海砂,主要分布在台湾浅滩、琼州海峡东口、珠江口外等。我国最早使用淡化海砂的地区主要是宁波、舟山、深圳等地,据宁波市建筑材料管理处的调查显示,宁波市每年建设用砂中海砂的使用量在 80% 左右,仅以 2003 年为例,宁波市建筑用砂约为 1 000 万 t,其中用海砂 800 万 t。而这 800 万 t 海砂中,未经淡化的海砂使用量高达 520 万 t,占 65%。未经淡化处理或淡化处理不合标准的海砂的大规模使用,所携带的氯离子以内掺式引入混凝土内部,将会给建筑埋下危险隐患,也会对社会和人民财产安全造成威胁,目前宁波、深圳等南方地区钢筋腐蚀引起的问题已逐渐浮出水面。

4.3.5.1　海砂对水泥水化行为的影响

海砂掺入混凝土,其表面吸附的盐分(主要是氯离子)部分溶解在拌和水中,这些盐分首先是与水泥组分发生化学反应,影响水泥水化进程和水化产物,可以促进水泥早期水化,缩短终凝时间,且影响程度会因水灰比的增大或胶砂比的降低而更加显著;其次,影响混凝土的微观结构和吸附结合规律,在较长的龄期,相同配合比的海砂浆总孔隙率高于普通砂浆,因此其强度会逐渐被普通砂浆超越,但是海砂砂浆的孔隙结构中小孔率高而大孔率较低,且海砂砂浆的孔隙连通性低于普通砂浆,所以海砂砂浆的电阻率(电阻率大反映出砂浆密实度大)一直高于普通砂浆;最终影响混凝土中的钢筋腐蚀过程。

因此,当采用海砂时,可掺入粉煤灰、矿渣等改善海砂混凝土的工作性,矿渣在一定程度上减少了粉煤灰所带来的早期强度损失值,但粉煤灰的二次水化作用很好地提高了海砂混凝土的后期强度,粉煤灰、矿渣双掺的复合叠加效应可以改善海砂混凝土的力学性能。

4.3.5.2　海砂混凝土中氯离子的固化

海砂对混凝土结构的危害,主要在于其引入的氯离子会诱发钢筋腐蚀。然而,氯离子进入混凝土后,一部分会被结合起来,只有未被结合的自由氯离子才会产生上述危害后果。因此,我们需要了解由海砂引入混凝土中的氯离子存在的三种形态:

有效氯离子:海砂拌和后,海砂表面吸附的氯离子不能全部溶出到拌和水中,能溶出的部分定义为有效氯离子,即有可能导致钢筋腐蚀的氯离子。

物理固化:物理固化指水化产物(水化铝酸钙和水化硅酸钙凝胶)对氯离子的物理吸附作用,这些凝胶体有巨大的比表面积及双电层作用,对氯离子产生较强的吸附固化作用。这部分氯离子理论上不直接对混凝土中的钢筋产生腐蚀作用。

化学固化:化学固化是指氯离子与水泥组分或水泥水化产物作用生成 Friedel 盐(化学结合)。在同一水化龄期,海砂引入的氯离子在水泥基材料中的化学结合量与总量成正比,即化学结合率为常数,内掺型的氯离子在水泥基材料中的结合率随龄期的增长而增长,28 天龄期后趋于稳定。这部分氯离子理论上不直接对混凝土中的钢筋产生腐蚀作用。

由以上分析可以看出,对混凝土内部钢筋直接产生威胁作用的是有效氯离子含量,当这个含量超出临界含量后会对钢筋产生腐蚀作用。有研究认为随着湿度增加及混凝土碳化的进展,被固化的氯离子逐渐被释放出来,使孔隙溶液中有效氯离子浓度增加,并且溶出的氯离子会向碱性比较高的混凝土内部区域迁徙,因此在混凝土的碳化前锋,会出现氯离子浓度峰值,在这样的作用下,即使海砂混凝土中氯离子平均含量不高,碳化还没有达到钢筋表面,钢筋也会出现脱钝,进而发生腐蚀,如图 4-5 所示。

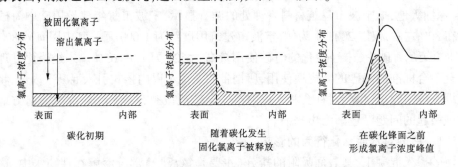

图 4-5　海砂混凝土中氯离子存在形态

4.3.5.3　海砂混凝土中氯离子临界含量

海砂混凝土中钢筋的腐蚀归根结底是氯离子引起的,当氯盐含量超过一定限值时会导致钢筋脱钝,发生电化学腐蚀。为了保证混凝土中氯离子总量不超过标准限量,对施工用水、砂、石、外加剂等的氯盐含量都必须给予限制。一些国家对海砂的盐含量给出了明确的规定,如日本对海砂的含盐量进行了分级规定,日本建筑学会规定:氯盐含量为 0.02% 以下者(以 NaCl 占干砂质量的百分比,下同)可直接使用。日本规范(JASS)和日本建设省规定:对于普通钢筋混凝土,海砂的含盐量低于 0.04% 可直接使用;若使用含盐量超标的海砂,必须采取防盐腐蚀的技术措施。

我国《海砂混凝土应用技术规范》(JGJ 206—2010)规定:用于配制混凝土的海砂应做净化处理,海砂不得用于预应力混凝土,所使用海砂的水溶性氯离子含量应小于 0.03%。海砂混凝土拌和物中水溶性氯离子最大含量应符合表 4-4 中的规定。

表 4-4　海砂混凝土拌和物水溶性氯离子最大含量

环境条件	水溶性氯离子最大含量,水泥用量的质量百分比/%	
	钢筋混凝土	素混凝土
干燥环境	0.3	
潮湿但不含氯离子的环境	0.1	0.3
潮湿且含有氯离子的环境	0.06	
腐蚀环境	0.06	

　　海砂含量限定值的规定应服从以上规定,如果能够保证这个限定值,使用海砂的混凝土结构是安全的;反之,如果超出此限定值,混凝土中氯离子总量就会达到或超过钢筋腐蚀的临界值,若不采取有效的防护措施,钢筋就会发生腐蚀,将严重影响混凝土结构的耐久性。而且钢筋的腐蚀程度与海砂带入的氯离子量成正比关系,也就是说,海砂的氯盐含量越多,钢筋的腐蚀就越早,发展就越快,对混凝土结构耐久性的影响也将越大,将大大减少结构的使用寿命。

4.3.5.4　使用海砂时的处理措施

　　大多数情况下,海砂的含盐量都是超标的,不可直接使用。但由于淡水砂资源有限,所以针对建设中对砂的需求,通过对海砂采取适当的技术处理,海砂是可以用于混凝土结构中的。利用海砂的前提是处理好含盐量对钢筋的腐蚀问题。参照国内外在利用海砂方面的经验,归纳起来有以下几种方法。

　　自然放置法:将海砂堆积到一定厚度,自然放置数月或几年,经雨水冲刷,取样检测其氯化物的含量,含盐量合格后使用。此法的优点是在雨水充沛的地区较为有效,节省海砂处理费用,不需要特别大的场地,不消耗淡水。缺点是需放置时间较长,放置的时间一般需要两个月以上,不能解决应急需要,费时占地;由于盐析的作用与天气相关性比较大,效果往往不甚明显。

　　淡水冲洗法:利用淡水冲洗海砂,使其含盐量达到标准要求。此法根据作用工具与方法不同,又具体分为机械法、斗式滤水法、散水法等,消耗淡水量较大。

　　加阻锈剂法:在混凝土拌制过程中,掺加适当的阻锈剂,以抑制、消除海砂中氯盐对钢筋的腐蚀作用。此方法简单易行、技术可靠、经济花费小,但对于阻锈剂的品质有严格要求,根据我国的《钢筋阻锈剂应用技术规程》(YB/T 9231—2009),阻锈剂必须符合相关规范要求和经过国家法定检验部门认可。日本 90%以上的建筑用砂是海砂,主要途径就是在钢筋混凝土中掺加一定量的钢筋阻锈剂,工程实践应用效果较好。

　　混合法:混合法就是将海砂与河砂按适当比例掺合在一起,降低氯化物的含量。海砂与河砂的比例可根据其混合物取样化验其氯化物的含量而定,当其氯化物的含量小于国家规定的标准,方可使用。

第 5 章　混凝土结构调查手法及检测技术

5.1　调查的基本程序、检测的意义及原则

对建筑结构进行调查的目的主要是把握建筑结构的现状，为可靠性鉴定及耐久性评定提供依据，那么，根据调查的基本工作程序（见图 5-1），对建筑结构的调查工作主要包括初步调查和现场详细调查两大项内容。

5.1.1　初步调查

初步调查主要包括资料调查和现场调查两大项内容。

5.1.1.1　资料调查

当对工程结构进行调查时，首先进行的就是资料调查，主要包括以下几项内容：

（1）设计资料（包括建筑物的名称、所在地、设计单位、施工单位、竣工年月、用途、规模、构造形式、使用材料、周边环境等）。

（2）施工资料（包括施工单位、施工方法、施工日志等）。

（3）维修管理资料（包括点检记录、历史维修加固相关资料等）。

（4）地质、水文、周围环境等其他相关资料。

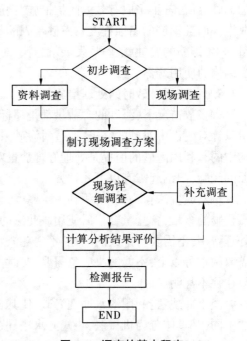

图 5-1　调查的基本程序

5.1.1.2　现场调查

现场调查的目的主要是了解建筑结构的实际结构形式、使用情况、劣化状况等初步信息，为详细调查提供依据。主要包括以下内容：

（1）结构形式、连接构造、荷载变更等基本情况。

（2）建筑物存在的主要问题，如初期缺陷、经年劣化、变形与振动等。

（3）建筑物维修、改建、扩建、加固或加层情况。

（4）建筑物的环境条件，如周围有无侵蚀性介质等。

通过初步的资料调查和现场调查，填写初步调查表，为下一步详细调查提供基本资料。

5.1.2　制订现场详细调查方案

5.1.2.1　内容

现场详细调查指的是,根据委托方的要求,并结合初步调查情况,在现场进行目视调查、问询调查及详细检测等相关工作,主要目的是收集用于建筑结构鉴定或诊断所需的资料。制订的现场详细调查方案中主要包括以下内容:

(1)工程概况。

(2)调查目的(或委托方的调查要求)。

(3)检测依据:包括依据的检测方法、质量标准、鉴定规程和有关技术资料。

(4)检测项目、选定的检测方法和抽样数量:统计各种构件的数量,确定其批量,然后确定抽样数量。

(5)检测人员和仪器设备。

(6)检测工作进度计划。

(7)所需要的配合工作,特别是需要委托方配合的工作。

(8)检测中的安全及环保措施。

5.1.2.2　要求

现场详细调查方案应对整个调查计划做出安排,对人员、设备及所有工作做到统一调度、结合实际,并力求详尽。应满足以下要求:

(1)结合实际。编写检测方案一定要符合实际情况,根据具体工程安排人力、设备和工作进程。

(2)编写前要充分查看已有资料,掌握结构类型、主要结构配筋、施工情况及已发现的问题,做到心中有数。

(3)对现场调查结果有清晰的概念,结合资料所提供的信息,对检测的主要目的、重点有切中要害的分析,并体现在方案中。

(4)对于检测数量和方法,应坚持普检与重点检测相结合的原则,做到由点及面、点面结合。

(5)进度计划要留有余地,实事求是。

(6)绘出检测平面图,标明各种检测项目的抽样位置。

(7)重要大型工程和新型结构体系的安全性检测,应根据结构的受力特点制订检测方案,并对其进行论证。

在制订常规检测方案时,应该把出现渗水漏水部位的构件,受到较大反复荷载或动力荷载作用的构件,暴露在室外的构件,受到腐蚀性介质侵蚀的构件,受到冻融影响的构件,容易受到磨损、冲击损伤的构件,委托方怀疑有安全隐患的构件等部位作为检测重点。

在制订安全可靠性检测方案时,应根据结构的现状确定检测重要楼层,如损伤较为严重的楼层、受力突出的楼层(框架结构底层,砌体房屋底层,框剪及剪力墙结构的底层和顶层,多层砌体房屋四角构造柱和纵横连接处)等处作为检测重点。

5.1.3　现场详细调查

5.1.3.1　**准备工作**

准备工作是做好现场详细调查的基础,包括人员准备、仪器设备准备、资料准备等。

人员准备主要指的是,成立调查小组,指定负责人,该负责人应熟悉现场检测工作,而且有一定的组织能力,小组成员应具有一定的建筑结构检测经验,持有相关的上岗证。检测前需召集小组全体成员进行任务、技术和安全交底,使大家明确任务内容和具体安排。

仪器设备准备指的是,对仪器设备进行计量检查,确认其是否完好。

资料准备指的是,准备好检测记录和必要的资料。

5.1.3.2　**检测方法确定的原则**

检测方法有相应检测标准、规范规定的检测方法;有其他有关规范或标准规定或建议的检测方法;有地方标准规定的检测方法及检测单位自行开发或引进的检测方法等。建筑结构检测方法选择的原则是根据检测项目、检测目的、建筑结构状况和现场条件选择相适宜的检测方法。应优先选用国家标准或行业标准规定的检测方法。

5.1.3.3　**检测过程中应注意的事项**

检测过程中应注意以下事项:

(1)检测前应预先检查现场准备工作是否落实,包括现场电源、水源的接通,脚手架支设,检测工作面的清理与准备,检查仪器的准备等。

(2)现场检测宜选用对结构或构件无损伤的检测方法,当选用局部破损的取样检测方法或原位检测方法时,宜选择结构构件受力较小的部位,并不得损害结构的安全性。

(3)当对古建筑和有纪念性的既有建筑结构进行检测时,应避免对建筑结构造成损伤。

(4)现场抽检的试样必须做好标识并妥为保存,在整个运输过程中,应有专人负责保管,防止丢失、混淆或被调包。

(5)每项检测至少有2人参加,做好检测记录,记录应使用专用的记录纸,要求记录数据准确、字迹清晰、信息完整,不得追记、涂改,如有笔误,应进行杠改。

5.1.3.4　**编制检测报告**

现场详细调查结束后,需要对调查资料数据进行分析整理,并形成书面检测报告,报告中要体现以下内容:

(1)委托单位名称。

(2)建筑工程概况,包括工程名称、结构类型、规模、施工日期及现状等。

(3)设计单位、施工单位及监理单位名称。

(4)检测原因、目的,以往检测情况的概述。

(5)检测项目、检测方法及依据的标准。

(6)抽样方案及数量。

(7)检测项目的主要分类检测数据和汇总结果。

(8)检测结果及结论。

(9)检测日期及报告完成日期。

(10)主检、审核及批准人员签名,检测单位盖章。

5.1.4　检测的作用和意义

检测的含义包括"检"与"测","检"通常是指利用目测了解结构或构件的外观情况,例如,结构是否有裂缝,特征如何,是否有沉降,是否存在蜂窝麻面类的初期缺陷等,主要是进行定性判断;"测"指的是通过工具或仪器测量,了解结构构件的劣化状况、力学性能和几何特征,主要是进行定量分析。

建筑结构的检测是工程建设中必不可少的重要环节,是一项重要的基础技术工作。以下情况都需要对工程结构进行必要的检测。

(1)当采用新材料、新结构、新工艺时,需要进行实测,以判别理论值和实际值误差的大小,并作为验收的依据。

(2)对于工程中的主要材料及重要构件,为了保证工程质量,需要对其进行检测。

(3)当建筑物的施工质量存在问题时,需要通过检测了解问题的严重程度,为是否能够使用、是否需要加固、怎样加固提供依据。

(4)当建筑物受火灾、风灾、洪灾、冲撞等灾害后,需要检测其受灾程度,以判别是否需要加固,以及采用什么样的方式进行加固。

(5)对于年代久远,或处于恶劣环境下的建筑物,当对其进行鉴定或耐久性评价时需要通过检测了解材料性能的变化,为鉴定诊断提供依据。

(6)对于年限久远、设计资料不全的建筑物,特别是历史性建筑物进行可靠性鉴定或耐久性评价时,需要对其进行全面的调查和检测。

5.1.5　检测的内容及分类

建筑结构检测的内容很广泛,凡是影响结构可靠性的因素都可以成为检测的内容。检测内容的属性主要有:

(1)几何量的检测(如结构的几何尺寸、地基沉降、结构变形、混凝土保护层厚度、钢筋位置、裂缝宽度等)。

(2)物理力学性能的检测(如材料强度、地基承载力、桩基承载力、结构自振周期等)。

(3)化学性能的检测(如混凝土的碳化状况、钢筋腐蚀程度、混凝土内氯离子含量、碱含量等)。

检测的方法主要有:

(1)破损检测(如随机抽取代表性构件进行破坏性试验等)。

(2)微破损检测(如钻芯法或拉拔法测混凝土的强度,取样法测混凝土的碳化深度、钢筋腐蚀等)。

(3)无损检测(如回弹法测混凝土强度,超声波法测裂缝深度,雷达法测混凝土内部钢筋位置等)。

5.1.6　检测的原则

对建筑结构的检测应遵循以下原则:

(1)"必须、够用"原则。检测的范围、内容和数量应根据鉴定评级的需求来确定,既不能随意省略检测内容,也不要盲目扩大检测内容。

(2)针对性原则。必须在初步调查的基础上,针对每个具体的工程制订检测计划。

(3)规范性原则。测试方法必须符合国家有关规范标准要求,测试仪器必须标准,测试单位及人员必须具备相应资质。

(4)科学性原则。被测构件的抽取、测试手段的确定、测试数据的处理等要有科学性。

5.2 混凝土强度的检测

混凝土的强度是决定混凝土结构和构件受力性能的关键因素,也是评定混凝土结构和构件性能的主要参数。同时,混凝土的强度与混凝土的密实性也有一定的相关性,可在一定程度上反映混凝土的耐久性。因此,在对混凝土进行可靠性鉴定或耐久性评价时,混凝土强度是其主要依据之一。

对既有建筑物混凝土强度的检测方法主要有微破损检测和无损检测两大类方法。微破损检测是在不影响结构承载力的前提下从结构物上直接取样或进行局部破坏试验,根据试验结果确定混凝土抗压强度。常用的微破损检测方法主要有钻芯法、拔出法等。无损检测是在不损坏结构的前提下测试混凝土的某些物理量,并根据这些物理量与抗压强度之间的关系推算出混凝土的抗压强度。常用的无损检测方法主要有回弹法、超声波法、回弹超声综合法等。

5.2.1 钻芯法

钻芯法是一种现场采取微破损手段检测混凝土强度的方法。它是在结构构件上直接钻取混凝土试样进行压力检测(见图5-2、图5-3),测得的强度值能真实反映混凝土的质量,是比较真实、可靠的一种方法。钻芯法检测混凝土强度可依据《钻芯法检测混凝土强度技术规程》(CECS 03:2007)进行,按照钻取芯样、钻孔修补、芯样加工、芯样试压、强度评定五个步骤进行。

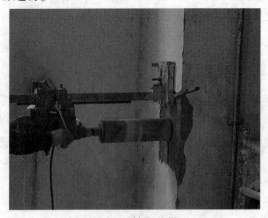

图 5-2　钻取芯样　　　　　　　　　　　图 5-3　芯样试压

5.2.1.1　钻取芯样

钻取芯样时应注意以下问题：

(1)取样数量。芯样试件的数量应根据检测批的容量确定。按检测批检测时,标准芯样试件的最小样本量不宜少于 15 个,小直径芯样试件的最小样本量应适当增加。按单个构件检测时,每个构件的钻芯数量不少于 3 个,对于情况特殊的构件,钻芯数量可取 2 个。

(2)取样位置:混凝土芯样应取自结构受力较小且混凝土强度质量具有代表性的部位,应避开主筋、预埋件和管线,便于钻芯机的安装与操作的部位。

(3)芯样尺寸:芯样直径一般不宜小于所用骨料最大粒径的 3 倍,试件高度与直径之比应在 1～2;也可采用小直径芯样试件,但其公称直径不应小于 70 mm 且不得小于骨料最大粒径的 2 倍。

(4)芯样质量:芯样内不宜含有钢筋,并无裂缝、空洞等缺陷。

5.2.1.2　钻孔修补

钻取芯样后,结构物上留下的圆孔应及时修补。一般可采用以合成树脂为胶结料的细石聚合物混凝土,也可采用微膨胀水泥细石混凝土,修补时要充分清除孔内污物,修补后妥善养护,保证填补混凝土与母体的良好结合,使修补后的构件承载力与未穿孔前承载能力大致相当。

5.2.1.3　芯样加工

锯切后的芯样应采取以下方法进行端面处理:

(1)宜采取在磨平机上磨平端面的处理方法。

(2)或在端面用环氧胶泥或聚合物水泥砂浆补平。

(3)抗压强度低于 40 MPa 的芯样试件,也可采用水泥砂浆、水泥净浆或聚合物水泥砂浆补平,补平层厚度不宜大于 5 mm;或采用硫黄胶泥补平,补平层厚度不宜大于 1.5 mm。

处理完毕的芯样经测量,芯样试件尺寸偏差及外观质量应满足以下要求:

(1)芯样试件的实际高径比(H/d)不宜小于 1.0,应在 0.95～1.05,若超出该范围,应按表 5-1 对其测试强度进行修正。

表 5-1　不同高径比芯样试件的混凝土强度修正系数

高径比 H/d	1.0	1.2	1.3	1.4	1.5	1.6	1.7	1.8	1.9	2.0
修正系数 α	1.00	1.07	1.10	1.13	1.15	1.17	1.19	1.21	1.22	1.24

(2)沿芯样试件高度的任一直径与平均直径相差不大于 2 mm。

(3)抗压芯样试件端面的不平整度在 100 mm 长度内不大于 0.1 mm。

(4)芯样试件端面与轴线的不垂直度不大于 1°。

(5)芯样无裂缝或其他较大缺陷。

5.2.1.4　芯样试压

芯样试件的抗压试验按照现行国家标准《混凝土物理力学性能试验方法标准》

（GB/T 50081—2019）中立方体试块抗压试验方法进行，混凝土抗压强度按下式计算：

$$f_{cu,cor} = \alpha \frac{F_c}{A} \tag{5-1}$$

式中　$f_{cu,cor}$——芯样试件的混凝土抗压强度值，MPa；

　　　　F_c——芯样试件的抗压试验测得的最大压力，N；

　　　　A——芯样试件抗压截面面积，mm^2；

　　　　α——不同高径比芯样试件的混凝土强度修正系数（见表5-1）。

5.2.1.5　强度评定

混凝土强度的评定根据检测的目的分为以下情况：

第一种是了解某个最薄弱部位的混凝土强度，以该部位芯样强度的最小值作为混凝土强度的评定值。

第二种是单个构件的强度评定，当芯样数量较少时，取其中较小的芯样强度作为混凝土强度评定值；当芯样较多时，按同批抽样评定其总体强度，具体方法可参阅《混凝土强度检验评定标准》（GB/T 50107—2010）。

5.2.2　拔出法

拔出法检测混凝土强度可参照《拔出法检测混凝土强度技术规程》（CECS 69：2011）进行，属于混凝土结构的微破损检测方法，是在不影响结构总体使用性能的前提下，在结构物的适当部位设置锚杆，利用拔出仪器检测构件表层混凝土的抗拉力与抗剪力，以此推断混凝土抗压强度的一种测试方法，它又分为预埋件拔出法和后装拔出法（见图5-4、图5-5）。

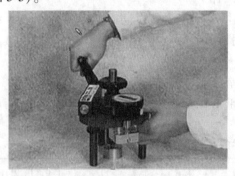

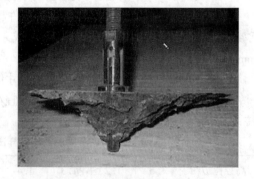

图5-4　拔出试验（后装三点式）　　　　图5-5　拔出破坏状态

5.2.2.1　预埋件拔出法

预埋件拔出法是把一端带有挡板的螺杆预埋在混凝土表层一定的深度中，另一端露在外面，待混凝土硬化后，安装拔出仪拔出预埋件，记录其拔出力，按照已建立的拉拔力与混凝土强度之间的相互关系换算混凝土的抗压强度。预埋件拔出法的锚固件与混凝土的黏结力较好，拉拔时着力点较稳固，试验结果也较好。但这种方法必须预先有进行拉拔试验的打算，按计划布置测点和预埋锚固件。

预埋拔出法应采用圆环式拔出仪(见图 5-6)
进行试验,预埋件的布点数量和位置应预先规划确
定,对单个构件检测时应至少设置 3 个预埋点,按批
抽样检测时应根据检测批的样本容量按现行国家标
准《建筑结构检测技术标准》(GB/T 50344—2019)
的有关规定确定,且构件最小样本容量不宜少于 15
个,每个构件预埋点数宜为 1 个。预埋拔出试验应
按照安装预埋件、浇筑混凝土、拆除连接件、拉拔锚
盘的步骤进行,施加拔出力应在规范要求范围内连
续均匀,直至混凝土破坏,测得极限拔出力。

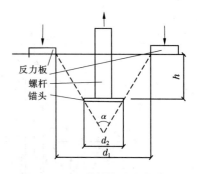

图 5-6　预埋件拔出试验装置

5.2.2.2　后装拔出法

当混凝土结构出现质量问题而需要现场检测混凝土的强度时,则只能采用后装锚杆
拔出法。后装锚杆拔出法是在已硬化的混凝土表面钻孔,插入短锚杆,安装拔出仪,然后
拔出锚杆,记录其拔出力,根据预先建立的拔出力与混凝土强度之间的相互关系换算公式
或测强曲线推算混凝土的抗压强度。

后装拔出法应采用圆环式拔出仪(见图 5-7)或三点式拔出仪(见图 5-8)进行试验,当
按单个构件检测时应在构件上至少均匀布置 3 个测点,当按批抽样检测时抽检数量应符
合现行国家标准《建筑结构检测技术标准》(GB/T 50344—2019)的有关规定确定,每个构
件宜布置 1 个测点,且最小样本容量不宜少于 15 个。测点布置在构件混凝土成型的侧
面,如不能满足这一要求,可布置在混凝土浇筑面,测试面应平整、清洁,测点应避开接缝、
蜂窝、麻面部位以及钢筋和预埋件,被测构件应处于干燥状态。施加拔出力应在规范要求
范围内连续均匀,直至混凝土破坏,测得极限拔出力。

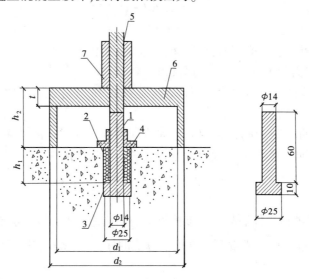

1—锚固件;2—锚固胶;3—橡胶套;4—定位圆盘;5—拉杆;6—反力支承圆环;7—拔出仪。

图 5-7　圆环式后装拔出法检测装置

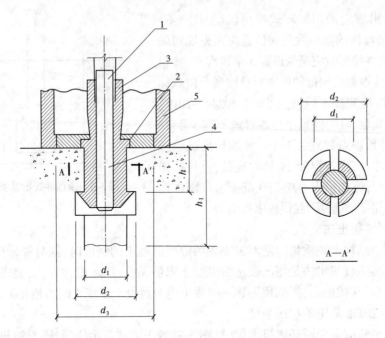

1—拉杆;2—对中圆盘;3—胀簧;4—胀杆;5—反力支承。

图 5-8　三点式后装拔出法检测装置

5.2.2.3　混凝土强度换算及推定

当有地区测强曲线或专用测强曲线时,应按地区测强曲线或专用测强曲线计算。没有测强曲线时,混凝土强度换算值可按下列公式计算:

预埋件拔出法(圆环式):

$$f_{cu}^e = 1.28F - 0.64 \tag{5-2}$$

后装拔出法(三点式):

$$f_{cu}^e = 2.76F - 11.54 \tag{5-3}$$

后装拔出法(圆环式):

$$f_{cu}^e = 1.55F + 2.35 \tag{5-4}$$

式中　f_{cu}^e——混凝土强度换算值,MPa,精确至 0.1 MPa;

　　　F——拔出力代表值,kN,精确至 0.1 kN。

应根据单个构件的拔出力代表值代入上述公式中,计算强度换算值作为单个构件混凝土强度推定值。

批抽检构件的混凝土强度推定值,应先将同批构件抽样检测的每个拔出力作为拔出力代表值,根据不同的检测方法代入上述公式中计算强度换算值,再根据下式计算混凝土强度的推定值。

$$f_{cu,e} = m_{f_{cu}^e} - 1.645 S_{f_{cu}^e} \tag{5-5}$$

式中　$m_{f_{cu}^e}$——批抽检构件混凝土强度换算值的平均值,MPa,精确至 0.1 MPa;

　　　$S_{f_{cu}^e}$——检验批中构件混凝土强度换算值的标准差,MPa,精确至 0.01 MPa。

5.2.3　回弹法

回弹法测定混凝土强度属于非破损检测方法,是根据混凝土表面硬度与抗压强度之间存在的相关性而发展起来的一种检测方法。是利用回弹仪(见图 5-9)中具有规定动能的重锤弹击混凝土表面,弹击后,初始动能发生再分配,一部分能量被混凝土吸收,剩余能量传回给重锤,被混凝土吸收的能量取决于混凝土表面的硬度,混凝土表面硬度低,受弹击后表面塑性变形和残余变形大,被混凝土吸收的能量就多,回传给重锤的能量就少,回弹值就低;相反,混凝土表面硬度高,受弹击后的塑性变形小,吸收的能量少,回传给重锤的能量多,回弹值就高。因此,测出重锤被反弹的距离,以回弹值(反弹距离与弹簧初始长度之比)作为与混凝土强度相关的指标,来推定混凝土的强度。由于该方法操作简便、经济、快捷,在国内外得到了广泛的应用。

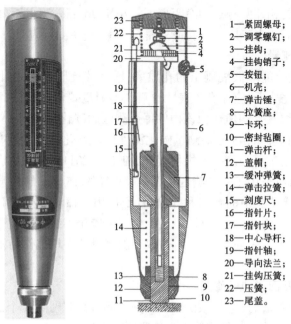

1—紧固螺母;
2—调零螺钉;
3—挂钩;
4—挂钩销子;
5—按钮;
6—机壳;
7—弹击锤;
8—拉簧座;
9—卡环;
10—密封毡圈;
11—弹击杆;
12—盖帽;
13—缓冲弹簧;
14—弹击拉簧;
15—刻度尺;
16—指针片;
17—指针块;
18—中心导杆;
19—指针轴;
20—导向法兰;
21—挂钩压簧;
22—压簧;
23—尾盖。

图 5-9 回弹仪示意图

回弹法可参照《回弹法检测混凝土抗压强度技术规程》(JGJ/T 23—2011)进行,适用于强度在 10~60 MPa 的混凝土;不适用于内部有缺陷或遭化学腐蚀、火灾、冰冻的混凝土。

5.2.3.1 测区布置

混凝土强度可按单个构件或按批量进行检测,按单个构件检测时,对于一般构件,测区数不宜少于 10 个,当受检构件数量大于 30 个且不需提供单个构件推定强度,或受检构件某一方向尺寸不大于 4.5 m 且另一方向尺寸不大于 0.3 m 时,每个构件的测区数量可适当减少,但不应少于 5 个,测区的面积不宜大于 0.04 m²。另外,相邻两测区的间距不应大于 2 m,测区离构件端部或施工缝边缘的距离不宜大于 0.5 m,且不宜小于 0.2 m。测区宜选在能使回弹仪处于水平方向的混凝土浇筑侧面,当不能满足这一要求时,也可选在使回弹仪处于非水平方向的混凝土浇筑表面或底面。测区宜布置在构件的两个对称的可测面上,当不能布置在对称的可测面上时,也可布置在同一可测面上,且应均匀分布。在构件的重要部位及薄弱部位应布置测区,并应避开预埋件。测区表面应为混凝土原浆面,并应清洁、平整,不应有疏松层、浮浆、油垢、涂层及蜂窝、麻面。对于弹击时产生颤动的薄壁、小型构件,应进行固定。

对于混凝土生产工艺、强度等级相同，原材料、配合比、养护条件基本一致且龄期相近的一批同类构件的检测，应采用批量检测。按批量进行检测时，应随机抽取构件，抽检数量不宜少于同批构件总数的 30% 且不宜少于 10 件。当检验批构件数量大于 30 个时，抽样构件数量可适当调整，并不得少于国家现行有关标准规定的最少抽样数量。

5.2.3.2 回弹值测量

测量回弹值时，回弹仪的轴线应始终垂直于混凝土检测面，并应缓慢施压、准确读数、快速复位。每一测区应读取 16 个回弹值，每一测点的回弹值读数应精确至 1。测点宜在测区范围内均匀分布，相邻两测点的净距离不宜小于 20 mm；测点距外露钢筋、预埋件的距离不宜小于 30 mm；测点不应在气孔或外露石子上，同一测点应只弹击一次。

5.2.3.3 碳化深度测量

由于混凝土的碳化能降低混凝土的孔隙率，增大其抗压强度，对回弹值有较大的影响，因此回弹值测量完毕后，应在有代表性的测区上测量碳化深度值，测点数不应少于构件测区数的 30%，应取其平均值作为该构件每个测区的碳化深度值。当碳化深度值极差大于 2.0 mm 时，应在每一测区分别测量碳化深度值。碳化深度值对回弹值的影响可参阅《回弹法检测混凝土抗压强度技术规程》（JGJ/T 23—2011）附录 A。

碳化深度测量时可采用工具在测区表面形成直径约 15 mm 的孔洞，其深度应大于混凝土的碳化深度，清除孔洞中的粉末和碎屑，且不得用水擦洗，立即用浓度为 1%~2% 的酚酞酒精溶液滴在孔洞内壁的边缘处，当已碳化与未碳化界线清晰时，测量已碳化与未碳化混凝土交界面到混凝土表面的垂直距离，取 3 次测量的平均值作为检测结果，并应精确至 0.5 mm。

5.2.3.4 数据处理及回弹值的修正

计算测区平均回弹值时，应从该测区的 16 个回弹值中剔除 3 个最大值和 3 个最小值，取其余 10 个回弹值的算数平均值作为该测区的平均回弹值 R_m。

由于回弹法检测混凝土强度的经验公式是根据回弹仪水平方向测试的数据回归统计得出的，因此当测试中无法满足上述条件时，需要根据测试时回弹仪轴线与水平线方向的角度 α 对测得的回弹值进行修正。

$$R_m = R_{m\alpha} + R_{a\alpha} \tag{5-6}$$

式中　$R_{m\alpha}$——非水平方向检测时测区的平均回弹值，精确至 0.1；

　　　$R_{a\alpha}$——非水平方向检测时回弹值修正值，应按《回弹法检测混凝土抗压强度技术规程》（JGJ/T 23—2011）中附录 C 取值。

当回弹仪水平方向检测混凝土浇筑表面或浇筑底面时，测区的平均回弹值应按下列公式修正：

$$R_m = R_m^t + R_a^t \tag{5-7}$$
$$R_m = R_m^b + R_a^b \tag{5-8}$$

式中　R_m^t、R_m^b——水平方向检测混凝土浇筑表面、底面时，测区的平均回弹值，精确至 0.1；

　　　R_a^t、R_a^b——混凝土浇筑表面、底面回弹值的修正值，应按《回弹法检测混凝土抗压强度技术规程》（JGJ/T 23—2011）中附录 D 取值。

当回弹仪为非水平方向且测试面为混凝土的非浇筑侧面时，应先对回弹值进行角度修正,并应对修正后的回弹值进行浇筑面修正。

5.2.3.5 测区强度换算

根据修正后的测区的平均回弹值和碳化深度,查阅测强曲线,即可得到该测区的混凝土强度换算值 f_{cu}^c,可采用以下三类测强曲线进行换算:

统一测强曲线:由全国有代表性的材料、成型养护工艺配制的混凝土试件,通过试验所建立的曲线。

地区测强曲线:由本地区常用的材料、成型养护工艺配制的混凝土试件,通过试验所建立的曲线。

专用测强曲线:由与结构或构件混凝土相同的材料、成型养护工艺配制的混凝土试件,通过试验所建立的曲线。

对有条件的地区和部门,应制定本地区的测强曲线或专用测强曲线,经地方行政主管部门组织审定和批准后实施。各检测单位应按专用测强曲线、地区测强曲线、统一测强曲线的次序选用测强曲线。

5.2.3.6 混凝土强度推定

当结构或构件测区数少于 10 个时,以构件中最小的混凝土测区强度换算值作为混凝土强度推定值。

当结构或构件的测区强度换算值中出现小于 10.0 MPa 的情况时,混凝土抗压强度推定值应为小于 10.0 MPa。

当结构或构件的测区数不少于 10 个时,且测区强度换算值均大于 10 MPa 时,按下式进行推算:

$$f_{cu,e} = m_{f_{cu}^c} - 1.645 S_{f_{cu}^c} \tag{5-9}$$

式中 $m_{f_{cu}^c}$——构件测区混凝土强度换算值的平均值,MPa,精确至 0.1 MPa;

$S_{f_{cu}^c}$——结构或构件测区混凝土强度换算值的标准差,MPa,精确至 0.01 MPa。

5.2.4 超声波法

超声波是振动频率高于 20 000 Hz 的声波,穿透能力较强。根据弹性波动理论,超声波在弹性介质中的传播速度与弹性模量、密度这些参数之间存在以下关系:

$$v = \frac{E_d(1 - v)}{\rho(1 - v)(1 - 2v)} \tag{5-10}$$

式中 v——超声波在弹性介质中的传播速度;

E_d——介质的动弹性模量;

ρ——介质的密度;

v——介质的泊松比。

混凝土的强度与其弹性模量、密度等密切相关,故与超声波在混凝土内部的传播速度存在一定的相关性。因此,可以根据超声波在混凝土内部的传播速度,间接推定混凝土的强度(见图 5-10)。这是一种非破损检测方法。

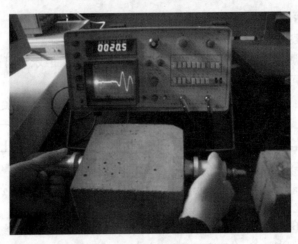

图 5-10　超声波法检测混凝土强度

超声波法检测混凝土强度时一般采用发、收双探头法。在被测构件上每隔 200~300 mm 布一对测点,每对测点必须相互对齐,每个试样测点不得少于 10 对。测区应尽量避开有钢筋的部位,尤其要避开与声通路平行的钢筋部位。测试前先将混凝土表面磨光,并将污物除去,在每个测点处涂一些凡士林或软肥皂(以防探头与混凝土表面之间有空隙),然后将发射器和接收器压紧于相互对应的一对测点,从仪表中读出超声波经过试样所需的时间,换算成速度,最后取各点速度的平均值,然后根据已建立的超声波声速与混凝土强度的关系曲线推定测区混凝土强度。但是由于混凝土是一种非匀质、非弹性的复合材料,因此其强度与波速之间的定量关系受混凝土自身各种技术条件,如水泥品种、骨料品种和粒径大小、水灰比、钢筋配制等因素的影响,具有一定的随机性。由于这种原因,目前尚未建立统一的混凝土强度和波速的定量关系曲线。许多国家在有关规程和方法中都规定必须以一定数量的相同技术条件的混凝土立方体试块,预先建立该种混凝土的波速与混凝土强度之间的测强关系曲线,然后用来推算其强度,并进行有关影响因素的修正。

采用超声波法测定混凝土的强度在实际工程的应用中局限性较大,因为除混凝土的强度外还有很多因素影响声速,例如混凝土中骨料的品种、粗骨料的最大粒径、砂率、水泥品种、水泥用量、外加剂、混凝土的龄期、测试时的温度和含水率等。因此,最好用较多的综合指标来测定混凝土的强度。目前,应用较多的超声-回弹综合法就是这样一种方法。

5.2.5　超声-回弹综合法

超声-回弹综合法是 20 世纪 60 年代发展起来的一种非破损综合检测方法,在国内外已得到广泛应用。由于混凝土含水量对回弹值和波速的影响相反,在混凝土抗压强度一定的情况下,湿度增大,回弹值降低,而波速提高。因此,与单一的回弹法和超声波法相比,超声-回弹综合法具有减少龄期和含水量对所测混凝土强度的影响、能够弥补单一方法相互的不足、提高测试精度等优点。超声-回弹综合法检测设备如图 5-11 所示。

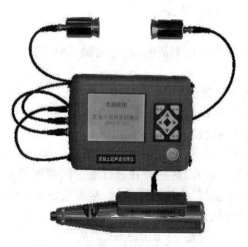

图 5-11　超声–回弹综合法检测设备

超声–回弹综合法的基本思想是利用超声波在混凝土内的波速和混凝土的回弹值，这两个参数同时与混凝土强度建立相关关系，来推算混凝土的强度。用超声–回弹综合法检测混凝土强度时，应依据我国现行规范《超声回弹综合法检测混凝土抗压强度技术规程》(T/CECS 02—2020)进行操作。本方法适用于采用水泥、砂石、外加剂、掺和料、拌和用水拌制的普通混凝土，采用自然养护或蒸汽养护，龄期为 7~2 000 d，且混凝土表层为干燥状态，混凝土抗压强度为 10~70 MPa。

5.2.5.1　回弹测试及回弹值计算

回弹测试时，回弹仪的轴线应始终保持垂直于混凝土检测面，测试时应缓慢施压、精确读数、快速复位。宜首先选择混凝土浇筑方向的侧面进行水平方向测试，当不具备浇筑方向侧面水平测试条件时，可采用非水平状态测试，或测试混凝土浇筑方向的表面或底面。测点宜在测区范围内均匀布置，不得布置在气孔或外露石子上，相邻两个测点的间距不宜小于 20 mm，测点与构件边缘、外露钢筋或预埋件的距离不宜小于 30 mm。超声对测或角测时，回弹测试应在测区内超声波的发射面和接收面各测读 5 个回弹值。超声平测时，回弹测试应在测区内超声波的发射测点和接收测点之间测读 10 个回弹值。每一测点回弹值的测读应精确至 1，且同一测点应只允许弹击 1 次。测区回弹代表值应从测区的 10 个回弹值中剔除 1 个最大值和 1 个最小值，取剩余 8 个有效回弹值的平均值作为该测区的回弹值。测试时当回弹仪为非水平方向且测试面为混凝土的非浇筑侧面时，应先对回弹值进行角度修正，并应对修正后的回弹值进行浇筑面修正。修正方法详见本章 5.2.3。

5.2.5.2　超声测试及声速值计算

超声测点应布置在回弹测试的同一测区内，每一测区应布置 3 个测点，宜采用对测，当被测构件不具备对测条件时，可采用角测或平测。

当在混凝土浇筑方向的侧面对测时，测区混凝土中声速代表值应按下式计算：

$$v_{\mathrm{d}} = \frac{1}{3}\sum_{i=1}^{3}\frac{l_i}{t_i - t_0} \qquad\qquad (5\text{-}11)$$

式中　v_{d}——对测测区混凝土中声速代表值，km/s；

　　　l_i——第 i 个测点的超声测距，mm；

t_i——第 i 个测点的声时读数，μs；

t_0——声时初读数，μs。

当在混凝土浇筑的表面或底面对测时，测区混凝土中声速代表值应按下式修正：

$$v_a = \beta v_d \tag{5-12}$$

式中　v_a——修正后的测区混凝土中声速代表值，km/s；

β——超声测试面的声速修正系数，取 1.034。

5.2.5.3　测区混凝土抗压强度换算

超声-回弹综合法是建立该种混凝土的强度、回弹值与超声波在内部的传播速度之间的测强关系曲线，然后用来推算其强度，并进行有关因素的修正。超声-回弹综合法检测混凝土强度应按专用测强曲线、地区测强曲线、全国测强曲线的次序选用测强曲线。

全国统一测区混凝土抗压强度换算可按下式计算：

$$f_{cu,i}^c = 0.028\,6 v_{ai}^{1.999} R_{ai}^{1.155} \tag{5-13}$$

式中　$f_{cu,i}^c$——第 i 个测区的混凝土抗压强度换算值，MPa，精确至 0.1 MPa；

R_{ai}——第 i 个测区修正后的测区回弹代表值；

v_{ai}——第 i 个测区修正后的测区声速代表值。

5.2.5.4　混凝土抗压强度推定

当构件的测区混凝土抗压强度换算值中出现小于 10.0 MPa 的情况时，构件的混凝土抗压强度推定值应为小于 10.0 MPa。

当构件中测区数少于 10 个时，以构件中最小的混凝土测区强度换算值作为混凝土强度推定值。

当构件中测区数不少于 10 个或按批量检测时，且测区强度换算值均大于 10 MPa 时，按下式进行推算：

$$f_{cu,e} = m_{f_{cu}^c} - 1.645 S_{f_{cu}^c} \tag{5-14}$$

式中　$m_{f_{cu}^c}$——测区混凝土抗压强度换算值的平均值，MPa，精确至 0.1 MPa；

$S_{f_{cu}^c}$——测区混凝土抗压强度换算值的标准差，MPa，精确至 0.01 MPa。

5.2.6　测试方法对比

以上介绍了 5 种常用的混凝土强度测试方法，从表 5-2 中可以看出，钻芯法误差最小，误差范围在 10% 以内，拔出法其次，误差范围在 10% 左右，而回弹法和超声法误差较大，回弹法误差为 14%~18%，超声法误差最大，为 18%~22%。

表 5-2　混凝土强度测试方法对应的误差

测试方法	误差范围/%	说明
钻芯法	7.0~9.0	微破损
拔出法	9.0~12.0	微破损
超声-回弹综合法	10.0~15.0	非破损
回弹法	14.0~18.0	非破损
超声法	18.0~22.0	非破损

钻芯法和拔出法都是微破损法检测混凝土强度，直观可靠，能较好地反映结构的实际

强度,虽误差较小,但操作相对麻烦,成本较高,且对结构有损伤。而回弹法、超声法及超声–回弹综合法是非破损检测手段,虽误差较大,但具有方便快捷、效率高、成本低的特点。因此,在实际工程中,应根据实际情况采取合适的方法,或将两者结合使用,以提高检测效率和精度。

5.3　混凝土外观损伤及内部缺陷的检测

混凝土的外观损伤主要包括混凝土表面的裂缝状况、结晶物析出状况、有无锈斑、露筋,混凝土表面有无起鼓、酥松剥离现象,构件的开裂情况等;内部缺陷主要指的是混凝土内部是否存在空洞、蜂窝等现象,其位置及范围如何等。

其调查手段主要采用目测、卷尺,超声波测试仪、X 射线法或局部取芯的方法对劣化和缺陷部位进行检测,并在图纸、表格中通过书写、拍照形式记录被检测结构的劣化和缺陷情况,设法了解其产生时间、发展过程,分析其产生原因,为建筑结构鉴定和耐久性评价提供依据。

5.3.1　裂缝的检测

混凝土上裂缝的出现可以导致外部侵蚀介质进入混凝土,从而导致钢筋腐蚀。因此,混凝土裂缝是影响结构耐久性的主要因素,也是结构鉴定中的主要控制指标之一。对裂缝的检测包括裂缝的宽度、深度、长度、走向、形状、分布特征及稳定性等。其中裂缝的走向、形状、分布特征可以通过目视观察掌握其要素,而宽度、深度和稳定性需要借助于仪器设备进行测量。

5.3.1.1　裂缝宽度的检测

裂缝宽度的检测可根据检测的目的及要求进行不同程度的测量,如果只需把握裂缝的大致宽度范围,没有精确要求时,可根据经验采用目测的方法进行估测。如果对宽度精确性有要求,可采用裂缝标尺(对比卡,见图 5-12)或读数显微镜进行测量。

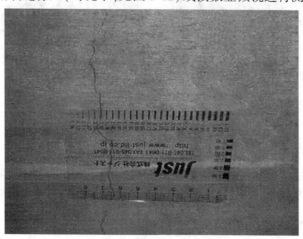

图 5-12　对比卡检测混凝土裂缝宽度

裂缝标尺(对比卡)是一张透明胶片,上面印有粗细不等、标注着宽度的平行线条,将其覆盖于裂缝上,通过对比可测量出裂缝对应的宽度。

读数显微镜是配有刻度和游标的光学透镜,从镜中看到的是放大的裂缝,可清晰精确地读出裂缝宽度,并能够将画面作为记录结果进行保存(见图5-13)。

 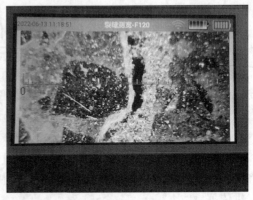

图5-13　读数显微镜检测混凝土裂缝宽度

5.3.1.2　裂缝深度的检测

裂缝深度检测根据精度要求可采用钻孔取芯法检测(见图5-14)或超声波法检测(见图5-15)。钻孔取芯法虽能精确测量裂缝深度,但因局部破坏混凝土结构,因此当对检测精度要求不高时,可采用超声波法检测,根据被检测构件的情况,其检测方法有三种:平测法、斜测法、钻孔测法。

图5-14　钻孔取芯法检测混凝土裂缝深度　　　图5-15　超声波法检测混凝土裂缝深度

平测法:当混凝土结构的裂缝部位只有一个可供检测的表面,并且裂缝深度不大于500 mm时,可采用平测法。如图5-16所示,其检测步骤如下:

首先,进行不跨缝声时测量,将超声波发、收换能器置于裂缝附近健全混凝土处,进行不跨缝声时检测,检测时两个换能器距离分别设为l_i,布置若干测点,分别读取对应声时值t_i,建立平测法时-距关系图(见图5-17),其对应的斜率即为超声波在该处混凝土内的传播速度:

$$v = \frac{\Delta l}{\Delta t} \tag{5-15}$$

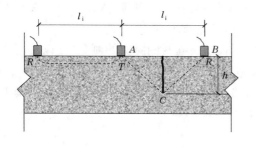

图 5-16　平测法检测裂缝深度示意图

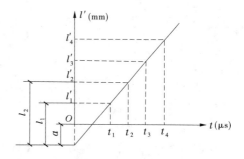

图 5-17　平测法时-距关系

其次,进行跨缝声时测量,将超声波发、收换能器对称置于裂缝两侧,进行跨缝声时检测,测取声时值 t,该声时是超声波在绕过裂缝末端的折线路径上传播的时间,则裂缝深度可按下式计算:

$$h = \sqrt{\left(\frac{v \cdot t}{2}\right)^2 - l^2} \tag{5-16}$$

斜测法:当混凝土结构的裂缝部位有一对相互平行的表面,并且裂缝深度不大于 500 mm 时,优先选用斜测法。如图 5-18 所示,将超声波发、收换能器分别置于结构的相对表面,保持发、收换能器连线的距离相等、倾斜角一致,进行过缝与不过缝检测,分别读取相应的声时、波幅和频率值。发、收换能器连线通过裂缝时的波幅与频率比不过缝测点比较,存在显著衰减,由此可判断裂缝的深度。

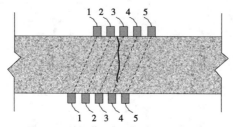

图 5-18　斜侧法检测裂缝深度示意图

钻孔测法:当混凝土结构是大体积混凝土,或裂缝深度大于 500 mm 时,可选择钻孔测法。如图 5-19 所示,其检测步骤如下:

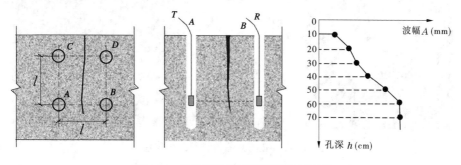

图 5-19　钻孔测法检测裂缝深度示意图

首先在裂缝两侧钻测孔,测孔应始终位于裂缝两侧,且平行对应,测孔间距宜 2 m 左右。孔径大于换能器直径 5~10 mm,测孔深度应大于裂缝深度。

然后向测孔内注满清水,将发、收换能器分别置于裂缝两侧对应的测孔中,以相同步距同步向下移动,逐点读取声时、波幅和换能器所处深度。

裂缝深度的判定主要以波幅测值作为判据,绘制深度–波幅坐标图,波幅最大并基本保持稳定位置即对应裂缝深度。

5.3.1.3 裂缝稳定性的检测

在对裂缝进行监测或维修时,把握裂缝的活动状态极为重要,因此需要借助于一定的方法确定裂缝是静止裂缝还是活动裂缝。如果是活动裂缝,还需要把握裂缝的扩展速率。因此,对裂缝稳定性的检测对保证建筑结构的安全具有重要意义。

常用的裂缝稳定性检测方法是在裂缝端部和最宽处粘贴石膏块,如果在某种荷载作用下,或经历一段时间后石膏块开裂了,就可以通过量测裂缝的宽度,来判断直接作用(荷载)的效应,或者间接作用(收缩、温差)的影响(见图 5-20)。

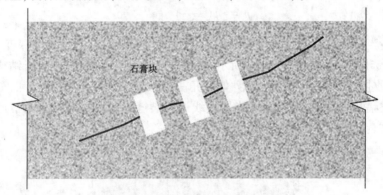

图 5-20 石膏块检测裂缝稳定性

此外,还可通过使用 AE 感知器等较为灵敏的仪器精确地检测并记录裂缝的发展过程(见图 5-21)。

图 5-21 AE 感知器检测裂缝稳定性

5.3.2　黏合质量的检测

　　混凝土在浇筑过程中,由于前后浇筑混凝土的间隔时间问题,容易出现冷接缝,冷接缝处前后浇筑混凝土的黏合质量好坏对保证混凝土是否能够成为一个整体共同工作,以及保证混凝土耐久性具有重大意义。

　　对混凝土黏合质量的检测常使用超声波法,其方法与混凝土裂缝的斜测法类似,将超声波发、收换能器分别置于结构的两个侧面,保持发、收换能器连线的距离相等、倾斜角一致,进行过缝与不过缝检测,分别读取相应的声学参数(见图 5-22)。如果声学参数一致,说明两次浇筑的黏合质量良好;如果接收到的波幅和频率明显降低,声时增大,说明黏合质量不好。

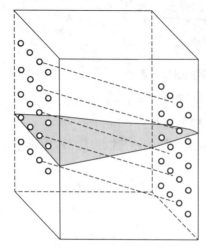

图 5-22　混凝土黏结质量检测示意图

5.3.3　表面损伤层的检测

　　混凝土的表面损伤主要是混凝土结构在周围环境作用下,如发生冻害、火灾时,混凝土表层出现剥离、强度降低等的现象。常用的检测方法有凿开法、钻芯法、恒压钻进法和超声波法等。凿开法和钻芯法是通过凿开和钻芯观察,从颜色和强度的区别来判断损伤层的深度。恒压钻进法是在恒压下等速钻入混凝土,根据钻进速度和钻入阻力来确定混凝土的内在质量。凿开法、钻芯法和恒压钻进法都属于微破损方法,当不想对混凝土结构造成损伤时,可采用超声波法(无损检测方法)。

　　超声波法是将超声波换能器置于混凝土损伤层表面,使发射换能器耦合好保持不动,然后将接收换能器依次耦合在间距为一定(如 30 mm)的测点 1、2、3、…位置上,读取相应的声时值 t_1、t_2、t_3、…,并测量每次换能器之间的距离 l_1、l_2、l_3、…,每一测位的测点数不得少于 6 点,当损伤层较厚或不均匀时,应增加测点数量(见图 5-23)。

　　当换能器间距较近时,脉冲波首先沿损伤层到达接收换能器,此时可测损伤层混凝土声速。当换能器间距较大时,脉冲波透过损伤层沿未损伤层到达接收换能器,此时可测得未损伤层混凝土声速。必有一测距 l_0,脉冲波穿过损伤层与未损伤层到达接收换能器的时间相同。据此建立方程可求得表面损伤层厚度。

用各测点的声时值和相应的测距绘制"时–距"图(见图 5-24),转折点前后分别代表损伤和未损伤混凝土的 l 和 t 相关直线,建立回归直线方程,求出损伤层厚度。

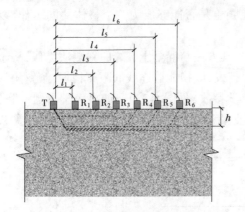
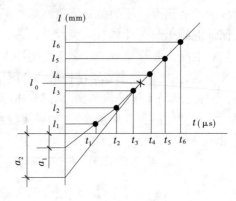

图 5-23　超声波法检测表面损伤层示意图　　　　图 5-24　损伤层检测时–距图

损伤混凝土的 l 和 t 相关直线: 　$l_f = a_1 + b_1 t_f$ 　　　　　　(5-17)

未损伤混凝土的 l 和 t 相关直线: $l_a = a_2 + b_2 t_a$ 　　　　(5-18)

脉冲波穿过损伤层与未损伤层到达接收换能器时间相同的测距 l_0:

$$l_0 = \frac{a_1 b_2 - a_2 b_1}{b_2 - b_1}$$ 　　　　(5-19)

表面损伤层厚度: 　　　　$$h_f = \frac{l_0}{2} \sqrt{\frac{b_2 - b_1}{b_2 + b_1}}$$ 　　　　(5-20)

5.3.4　内部缺陷的检测

混凝土的内部缺陷主要指混凝土浇筑时振捣不充分、漏振或石子架空在钢筋上等,导致在混凝土内部出现不密实或空洞的现象。对混凝土内部不密实或空洞等缺陷主要采取超声波法(无损检测手段)来检测。

超声波法检测混凝土内部不密实区和空洞是将一对换能器分别置于相互平行的表面上,检测前在混凝土测区表面绘出间距 200~300 mm 的网格,逐点编号,确定对应测定的位置,测取各点的声学参数(声时或波幅),并精确测量声距。如果待测构件只有一对平行的表面可测时,应进行交叉斜测,如图 5-25 所示;如果待测构件具有两对相互平行的测试表面,应在两对相互平行的测试表面上对测,如图 5-26 所示。超声波传播的路线应平行,测距也应相同。如果混凝土内部不存在缺陷,则混凝土质量基本符合正态分布,所测得的声学参数也基本符合正态分布;若混凝土内部存在缺陷,则声学参数必然出现明显差异。在检测混凝土内部缺陷时,通常先采用较粗的测点网格确定缺陷位置,再用较密网格确定缺陷的边界。

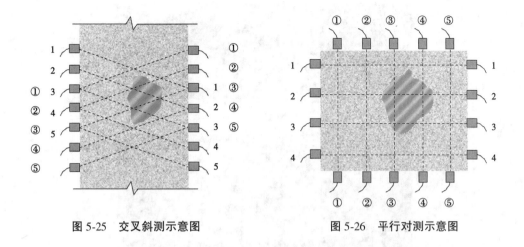

图 5-25　交叉斜测示意图　　　　　　　图 5-26　平行对测示意图

5.4　混凝土渗透性的检测

在混凝土的病害中除碱骨料反应和滞后生成钙矾石膨胀破坏来自混凝土内部外,其余化学侵蚀、硫酸盐侵蚀、冻融破坏等均源于外界物质和离子,如 SO_4^{2-}、H_2O、CO_2、Cl^-、O_2 等物质通过保护层侵入混凝土内部引起,因此混凝土渗透性的好坏直接影响着混凝土结构的耐久性能。检测混凝土渗透性的方法主要有抗渗等级法(水压力法)、氯离子扩散系数法、表层渗透性的无损检测法等。

5.4.1　抗渗等级法

抗渗等级法也称为水压力法,需要采用取芯机从相应的混凝土构件上钻取直径为 150 mm 的混凝土芯样,6 个试件一组,将其切割成高为 150 mm 的圆柱体,按《普通混凝土长期性能和耐久性能试验方法标准》(GB/T 50082—2009)的规定,对抗渗试件侧面进行处理,将同组的 6 个抗渗试件置于抗渗仪(见图 5-27)上进行封闭,从 0.1 MPa 开始逐级加压,每隔 8 h 增加 0.1 MPa,直至 6 个试件中的 3 个试件表面出现渗水时,或加至规定压力(设计抗渗等级)在 8 h 内 6 个试件中表面渗水试件少于 3 个时,可停止试验,并记下此时的水压力。混凝土的抗渗等级应以每组 6 个试件中有 4 个试件未出现渗水时的最大水压力乘以 10 来确定。

$$P = 10H - 1 \tag{5-21}$$

式中　P——混凝土抗渗等级;

　　　H——6 个试件中有 3 个试件渗水时的水压力,MPa。

抗渗等级法需从结构中钻取较大直径的芯样,且数量较多,对结构有一定的破损,所以在实际应用中受到限制。

图 5-27　抗渗仪检测混凝土渗透性

5.4.2　氯离子扩散系数法

　　侵蚀性离子在混凝土中的扩散系数的大小可以很好地反映混凝土抗渗性的好坏。目前常用的方法有 RCM 法、自然扩散法及 NEL 法等。RCM 法设备简单（见图 5-28、图 5-29），测试期短，测量容易，复验性好，能定量检测混凝土抵抗氯离子扩散能力，评价混凝土抗渗性能，以及为使用寿命的评估与预测提供基本参数而得到较广泛应用。已有的室内试验对比说明，该方法所测得的氯离子扩散系数与自然扩散法测得的扩散系数有较好的相关性，而且数值上相当接近。

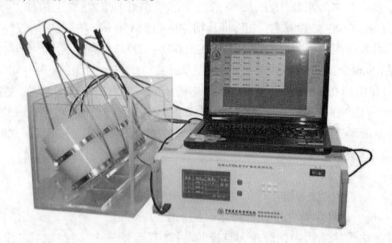

图 5-28　RCM 测试仪

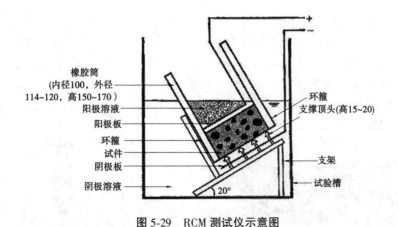

图 5-29 RCM 测试仪示意图

RCM 法可按照《普通混凝土长期性能和耐久性能试验方法标准》(GB/T 50082—2009)中快速氯离子迁移系数法的规定进行。采用取芯机从相应的混凝土构件上钻取直径 100 mm 的混凝土芯样,3 个试件一组,将其切割成高为 50 mm 的标准试件尺寸,再在标准养护室水池中浸泡 4 d。将试件从养护池中取出,量取试件的直径和高度,进行真空饱盐。将处理后的试件装入橡胶筒内,置于筒的底部,在与试件齐高的橡胶筒体外侧处,安装两个环箍并拧紧,使试件的侧面处于密封状态。橡胶筒内注入约 300 mL 0.3 mol/L 的 NaOH 溶液,使阳极板和试件表面均浸没于溶液中。然后把密封好的试件放置在浸没于 10%NaCl 的溶液中的支撑上。给试件两端加上(30±0.2)V 的直流电压,记录通过每个试件的初始电流,根据初始电流调整试验电压,记录新的初始电流,根据此电流确定试验持续时间,并同步测定阳极溶液的初始温度。试验结束时,先关闭电源,测定阳极电解液最终温度。将试件从橡胶筒移出,在压力试验机上劈成两半。在劈开的试件表面喷涂 0.1 mol/L 的 AgNO₃ 溶液;然后将试件置于采光良好的实验室中,含氯离子部分不久即变成灰白色。测量显色分界线离底面的距离,取平均值作为显色深度。根据下式即可计算出混凝土的氯离子扩散系数。

$$D_{RCM} = \frac{0.023\,9(273 + T)L}{(U - 2)t}\left(X_d - 0.023\,8\sqrt{\frac{(273 + T)LX_d}{U - 2}}\right) \tag{5-22}$$

式中 D_{RCM}——混凝土非稳态氯离子迁移系数,精确到 $0.1×10^{-12}$ m²/s;

U——试验所用电压的绝对值,V;

T——阳极溶液的初始温度和结束温度的平均值,℃;

L——试件厚度,mm,精确到 0.1 mm;

X_d——氯离子渗透浓度的平均值,mm,精确到 0.1 mm;

t——试验持续时间,h。

5.4.3 表层混凝土渗透性的无损检测法

早期国外应用最广的表层混凝土渗透性的无损检测方法是初始表面吸水测试法(见图 5-30)和经修正的 Figg 钻孔法渗透性测试法(见图 5-31)。初始表面吸水测试法测定从开始试验到一定的时间间隔内,在给定的水头压力和温度下,在单位面积上,水流进入混凝土表面的速度。该方法具有快速、简单、无损等优点,但密封困难且受混凝土湿含量影响大;Figg 钻孔法测试是在混凝土表面钻直径 10 mm、深 40 mm 的孔,清除孔内碎屑后,用一只厚约 3 mm 的聚醚泡沫推入孔内 20 mm 处,外部用硅胶填塞,用注射针头穿过这个塞子,用注射器向小孔中注水,待注满后,断开水源,在连接的测水玻璃管上可观察到水面由于混凝土的吸水作用而回缩,记录管内水面移动 50 mm 所需的时间,以此作为评价混凝土的渗水性指数。

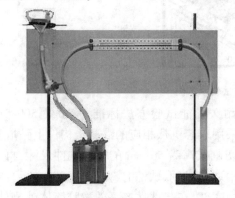

图 5-30　初始表面吸水法示意图

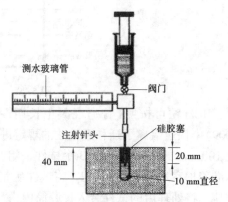

图 5-31　Figg 钻孔法示意图

近年来,英国女王大学研发的自动化程度较高的 Autoclam 测试仪(见图 5-32),可用于现场检测混凝土表面的吸水性。该仪器的测试方法为将 0.02 bar 压力水施加于混凝土表面,水分通过毛细吸附进入混凝土,Autoclam 记录下混凝土在 15 min 内每分钟的吸附水量。根据第 5 min 至第 15 min 之间的数据作图,吸附水量与时间的平方根呈直线关系,直线的斜率即为吸水性系数,根据吸水性系数评定混凝土渗透性的好坏。

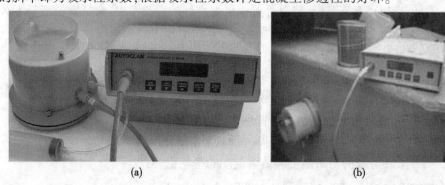

(a)　　　　　　　　　(b)

图 5-32　Autoclam 测试仪

5.5　钢筋位置、直径、保护层厚度的检测

混凝土保护层对内部钢筋起保护作用,外部环境的各种有害介质需通过保护层进入混凝土内部,达到钢筋表面,进而引起钢筋腐蚀。必要的保护层厚度不仅能够推迟环境中的水汽、有害离子等扩散到钢筋表面的时间,而且能够延迟因碳化作用使钢筋失去碱性的

时间,即推迟钢筋开始腐蚀的时间。因此,混凝土保护层厚度对混凝土结构的耐久性具有至关重要的作用。另外,对于新建或既有建筑物,正确把握内部钢筋的位置、直径对于保证建筑结构的安全性具有重大的意义。

混凝土结构内部的钢筋位置、保护层厚度及钢筋直径的检测,可参照《混凝土中钢筋检测技术标准》(JGJ/T 152—2019)的规定进行。通常采用非破损或微破损方法检测,非破损方法主要有采用基于电磁波反射原理的雷达探测法和基于电磁感应原理的电磁感应法,以及基于 X 射线穿透原理的 X 射线法,微破损方法主要采用剔凿原位检测法。

5.5.1　电磁波雷达法

电磁波雷达法可探测混凝土内部钢筋位置、间距及钢筋保护层厚度。电磁波在混凝土内部传播时,当遇到导电性质不同的物体(如钢筋、埋设管、空洞等)时,会在交界面处发生反射,根据接收到的反射波便可分析内部埋藏物的位置、大致形状及深度。雷达法宜用于结构或构件中钢筋间距和位置的大面积扫描检测,以及多层钢筋的扫描检测,根据检测构件中钢筋的排列方向,雷达仪探头或天线沿垂直于选定的被测钢筋轴线方向扫描采集数据。场地允许的情况下,宜使用天线阵雷达进行网格状扫描。

如图 5-33 所示,是其中一种电磁波雷达探测仪,当探测仪垂直于钢筋方向匀速移动探查钢筋时,将等间距顺次接收到的波形排列后,可得到如图 5-34 所示下部的二次曲线形状,这个二次曲线的顶点位置,即为探测仪居于钢筋正上方时对应的位置,因此二次曲线的顶点位置即为钢筋的中心位置。在探测区依次在纵横方向匀速移动探查,可分别得到纵横方向的波形图(见图 5-35),根据测得的波形图,可将内部钢筋配置情况清晰地描绘出来,如图 5-36 所示。

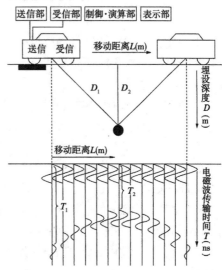

图 5-33　电磁波雷达探测仪　　　　图 5-34　电磁波雷达探测原理示意图

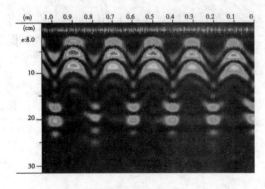

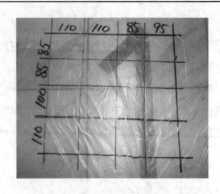

图 5-35　测试波形　　　　　　　　图 5-36　探测出内部钢筋配置情况

另外,根据雷达探测仪居于钢筋正上方时电磁波在混凝土内的传播距离,即可判断该处钢筋的混凝土保护层厚度。即该处钢筋的混凝土保护层厚度为雷达探测仪居于钢筋正上方时电磁波在混凝土内的传播距离的 1/2,如图 5-37 所示。

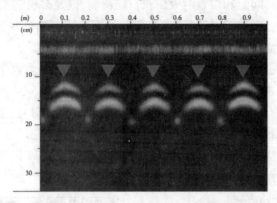

图 5-37　电磁波雷达探测钢筋保护层厚度

由于电磁波的频率特别是高频成分,随着传播距离的增大衰减较大,因此当电磁波频率较高、探头较小时,只能探查较浅且尺寸较小物体;当电磁波频率较低、探头较大时,只能探测较深且尺寸较大物体。因此,对于钢筋混凝土结构内部钢筋的探测来说,一般使用于频率为 800 MHz~2 GHz 的电磁波雷达探测仪。

5.5.2　电磁感应法

电磁感应法主要用来检测钢筋的位置、间距及钢筋保护层厚度。电磁感应法探测钢筋信息的原理如图 5-38 所示,当向线圈内通入交流电流时,线圈内便产生随时间变化的磁场,那么混凝土内部的钢筋由于是导电性物质,钢筋便受线圈产生的随时间变化的磁场作用,在钢筋内产生交流电流,钢筋内部产生的交流电流同样会产生随时间变化的磁场,那么线圈便在钢筋产生的变化磁场作用下产生电流,根据这个电流信号便可检测出内部钢筋的信息。图 5-39 和图 5-40 是在使用不同型号电磁感应仪分别探测内部钢筋位置及钢筋保护层厚度的图片。

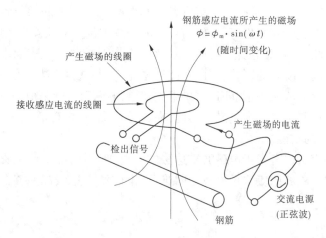

图 5-38　电磁感应法探测钢筋信息原理

图 5-39　电磁感应法探测钢筋位置

图 5-40　电磁感应法探测钢筋保护层厚度

采用电磁感应法钢筋探测仪进行钢筋位置、间距及保护层厚度检测时(见图 5-41),检测面应清洁、平整,并避开金属预埋件等。检测前先对被测钢筋进行初步定位,将探头垂直于钢筋方向在检测面上移动,直到仪器显示接收信号最强或保护层厚度值最小时,此时探头中心线与钢筋轴线基本重合,在相应位置做好标记。按上述步骤将相邻的其他钢筋逐一标出。在被测钢筋的同一位置重复检测 2 次,如 2 次混凝土保护层厚度检测值相差大于 1 mm 时,该组数据无效,应在该处重新进行检测。

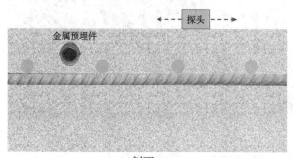

(a)剖面

(b)平面

图 5-41　电磁感应法探测钢筋信息示意图

尽管电磁波雷达法和电磁感应法都可以探测混凝土内部钢筋的位置、间距及保护层厚度,但是当混凝土表面有木板等装饰材料时,电磁波雷达探测仪发出的电磁波被表面木板所反射,不能探测到内部钢筋信息,而电磁感应法却不受混凝土表面木板、砂浆等装饰材料,以及内部空洞等缺陷的影响,因此在此种情况下,电磁感应法具有不可比拟的优点。另外,在利用电磁感应法探测钢筋时,如果事先知道钢筋直径或钢筋保护层厚度其中一项信息,可以较精确地测定另一项信息。因此,在此种情况下,电磁感应法比电磁波雷达法具有探测钢筋直径的功能。

但是,电磁感应法也有劣于电磁波雷达法的情况,如当内部钢筋配置较密时,受周围钢筋的影响,利用电磁波感应法探测较为困难,而电磁波雷达法却能够根据波形分析,探测出钢筋信息。

5.5.3　X 射线法

X 射线法是在所有非破损检测方法里面,最能直观精确地确认内部实体的一种方法。在工业、医疗领域被广泛应用(见图 5-42)。在应用于钢筋混凝土结构检测时,可以检测出混凝土内部的钢筋、管道、电线等,同时能检测出内部空洞或裂缝等劣化状况。其原理如图 5-43 所示,在构件的一侧安装 X 射线发射装置,在构件另一侧张贴感光胶片。由于X 射线在通过构件时将发生衰减,为保证感光胶片能接收到一定量的 X 射线,在实际照射过程中,要根据 X 射线所要穿透的构件的厚度,选择适当的 X 射线装置(见图 5-44),并适当调节 X 射线的能量、强度及照射时间。X 射线检测装置车如图 5-45 所示,由于 X 射线在穿透物体时,随物体密度的增加其穿透量逐渐减少,在感光胶片上,比混凝土密度大的钢筋呈现白色,而比混凝土密度小的裂缝、空洞呈现黑色,根据这些就可判断构件内部的情况,如图 5-46 所示。

另外,由于 X 射线具有辐射性能,对人健康不利,因此相关操作人员需进行专门知识的学习,并通过考试取得相应资格,并在操作过程中,需要对 X 射线发射装置周边的人员进行管理,保证不会对人员造成伤害。

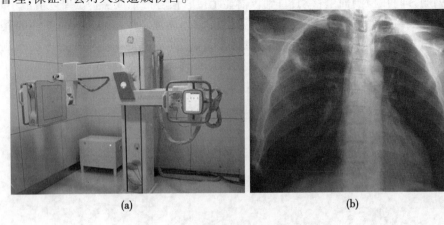

(a)　　　　　　　　　　　　　(b)

图 5-42　X 射线装置应用于医疗领域

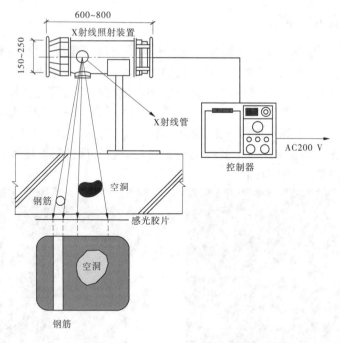

图 5-43　X 射线检测法原理示意图

图 5-44　X 射线检测装置

图 5-45　X 射线检测装置车

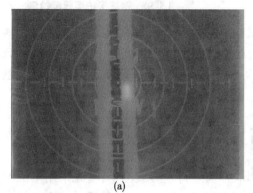

(a)

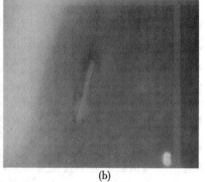

(b)

图 5-46　X 射线法检测后的感光胶片

5.5.4 剔凿原位检测法

剔凿原位检测法是在工程现场凿去混凝土构件上局部混凝土,用游标卡尺等直接量测钢筋间距、直径及保护层厚度的一种直接检测方法,属于微破损检测方法。

在剔凿混凝土之前,首先采用电磁波雷达法或电磁感应法等无损检测方法确定被测钢筋位置(见图 5-47),然后采用空心钻头钻孔或剔凿去除钢筋外层混凝土直至被测钢筋直径方向完全暴露(见图 5-48),钻孔、剔凿时不得损坏钢筋,且沿钢筋长度方向不宜小于2 倍钢筋直径,采用游标卡尺等工具测量钢筋间距、直径、保护层厚度等信息(见图 5-49、见图 5-50),量测精度为 0.1 mm。

图 5-47　混凝土剔凿前的钢筋定位

图 5-48　混凝土剔凿后

图 5-49　钢筋直径检测

图 5-50　钢筋保护层厚度检测

这种方法能够直观准确地检测内部钢筋信息,但对混凝土构件有局部损伤,一般仅做少量检测,通常结合无损检测方法,并结合中性化深度检测、钢筋腐蚀检测使用,并且在检测之后,需要用细石混凝土或聚合物砂浆等对钻孔剔凿部分进行修复,将受力状况恢复至钻孔剔凿前水平。

5.6　钢筋力学性能检测

混凝土内部钢筋的力学性能通常采用取样法进行检验或测定,首先采用电磁波雷达法或电磁感应法等无损检测方法确定被测钢筋位置(见图 5-51),然后采用空心钻头钻孔或剔凿去除钢筋外层混凝土直至被测钢筋直径方向完全暴露(见图 5-52),钻孔、剔凿时不得损坏钢筋。钢筋被完全剔凿出来后,在对钢筋间距、直径、保护层厚度等信息检测完毕后,采用切割机将所要检测钢筋切割截取(见图 5-53),被截取的钢筋试样标号后送检实验室(见图 5-54),确定钢筋极限抗拉强度、屈服强度及延伸率等信息。

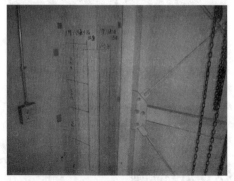

图 5-51　混凝土剔凿前的钢筋定位

图 5-52　混凝土剔凿后

图 5-53　钢筋截取状况

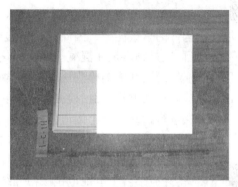

图 5-54　被截取钢筋

在确定钢筋取样位置时,应确保受检构件和结构安全的情况下,尽量从受检构件受力较小的部位截取钢筋试样,且每个受检构件上截取钢筋数量不多于 2 根。

另外,在钢筋截取之后,应立即用不低于原钢筋级别的钢筋进行原位焊接(见图 5-55、图 5-56),并在焊接后利用超声波探伤仪对焊接部分进行焊接质量检测(见图 5-57),保证焊接后受力水平不低于截取前水平。最后,需要用细石混凝土或聚合物砂浆等对剔凿部分进行修复,将受力状况恢复至剔凿前水平(见图 5-58)。

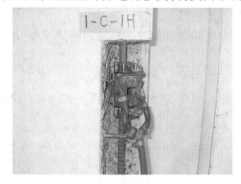

图 5-55　钢筋焊接状况

图 5-56　钢筋焊接后状况

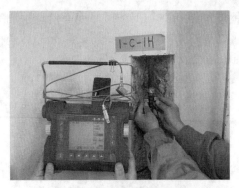

图 5-57　钢筋焊接质量检测

图 5-58　剔凿原位复原状况

5.7　钢筋腐蚀状况的检测

混凝土中钢筋腐蚀会造成断面的减小,降低钢筋和混凝土之间的黏结力,从而减弱整个混凝土构件的承载能力。因此,钢筋腐蚀状况的检测是鉴定混凝土构件工作性能的一个主要项目,也是判定钢筋混凝土结构劣化程度的重要依据。钢筋腐蚀状况的检测可以采用微破损检测法和无损检测法。微破损检测主要通过局部凿开混凝土对钢筋的腐蚀情况进行直接观察和测量,无损检测方法主要通过半电池电位法、极化电阻法和混凝土电阻率法等方法进行检测。半电池电位法适用于评估混凝土结构及构件中钢筋的腐蚀性状,不适用于带涂层的钢筋以及混凝土已饱水和接近饱水的构件中钢筋检测,钢筋的实际腐蚀状况宜采用直接法进行验证。当需要对混凝土中钢筋进行耐久性评估时,可检测混凝土的电阻率,并应结合半电池电位法检测结果进行综合评估。

5.7.1　直接观察测量法

直接观察测量法是选择构件上钢筋腐蚀比较严重的部位,如出现严重的顺筋开裂处、保护层被膨胀剥落处、保护层有空鼓现象的部位等,局部凿开混凝土将内部钢筋裸露出来,通过用游标卡尺直接测定钢筋的剩余直径、腐蚀深度及腐蚀物的厚度,求出腐蚀钢筋直径的算术平均值,推算钢筋的截面损失率;也可采用将钢筋局部截取出来进行腐蚀率测定。直接观察测量法较为直接,测量数据较为精确,但对构件有局部损伤,一般适用于混凝土表面已经出现锈痕、顺筋开裂或保护层胀裂剥落的情况。

当采用后一种方法对其腐蚀率测定时,首先应将截取的钢筋表面污物清除干净,然后对其进行腐蚀面积率或质量减少率的测量。

5.7.1.1　钢筋腐蚀面积率

根据钢筋腐蚀情况绘制钢筋的腐蚀状况展开图,测定腐蚀面积,然后按式(5-23)进行计算。

$$钢筋腐蚀面积率 = \frac{钢筋的腐蚀面积}{钢筋的总表面积} \times 100\% \tag{5-23}$$

5.7.1.2　钢筋质量减少率

先测量截取的腐蚀钢筋试样的质量,然后将腐蚀钢筋试样通过酸洗除去表面腐蚀,测量除锈后的钢筋质量,通过式(5-24)进行计算,式中腐蚀前钢筋的质量通常是未知的。因此,通常用相同种类的未腐蚀钢筋质量来代替腐蚀前钢筋的质量进行计算。

$$钢筋质量减少率 = \frac{腐蚀前钢筋质量 - 除锈后钢筋质量}{腐蚀前钢筋质量} \times 100\% \tag{5-24}$$

5.7.2　半电池电位法(电位差法、自然电位法)

半电池电位法也称电位差法、自然电位法,是利用混凝土中钢筋腐蚀的电化学反应引起的电位变化来测定钢筋腐蚀程度的一种方法。混凝土内部钢筋腐蚀是一种电化学腐蚀过程,钢筋有腐蚀,必然会产生电流,影响钢筋的电位值,因此通过测量钢筋电位值的大小,可以判断钢筋腐蚀的状态。具体可参照《混凝土中钢筋检测技术标准》(JGJ/T 152—2019)进行检测。

5.7.2.1　检测仪性能要求

半电池电位法钢筋腐蚀检测仪应由铜-硫酸铜半电池(见图 5-59)、电压计和导线构成。

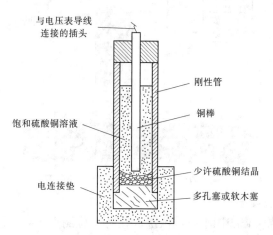

图 5-59　铜-硫酸铜半电池

饱和硫酸铜溶液应采用分析纯硫酸铜试剂晶体溶解于蒸馏水中制备。应使透明刚性管的底部积有少量未溶解的硫酸铜结晶体,溶液应清澈且饱和。半电池的电连接垫应预先浸湿,多孔塞和混凝土构件表面应形成电通路。

电压计应具有采集、显示和存储数据的功能,满量程不宜小于 1 000 mV。在满量程范围内的测试允许误差应为±3%。

用于连接电压计与混凝土中钢筋的导线宜为铜导线,其总长度不宜超过 150 m、截面面积宜大于 0.75 mm²,在使用长度内因电阻干扰所产生的测试回路电压降不应大于 0.1 mV。

5.7.2.2　测区布置

在混凝土结构及构件上可布置若干测区,测区面积不宜大于 5 m×5 m,并按确定的位置进行编号。每个测区应采用行、列布置测点,依据被测结构及构件的尺寸,宜用 100 mm×100 mm~500 mm×500 mm 划分网格,网格的节点应为电位测点。每个结构或构件的半电池电位法测点数不应少于 30 个。当测区混凝土有绝缘涂层介质隔离时,应清除绝缘涂层介质。测点处混凝土表面应平整、清洁。不平整、不清洁的应采用砂轮或钢丝刷打磨,并应将粉尘等杂物清除。为使铜-硫酸铜半电池的电连接垫与混凝土表面有较好的电接触,应将测区混凝土充分浸湿,可在水中加适量的家用液态洗涤剂对被测表面进行润湿,减少接触电阻与电路电阻。

5.7.2.3　导线连接

首先采用电磁波雷达法或电磁感应法等钢筋探测仪检测钢筋的分布情况,并应在适当位置剔凿出钢筋;将其中一根导线的一端接于电压表的负输入端,另一端接于混凝土中的钢筋上;连接处的钢筋表面应除锈或清除污物,以保证导线与钢筋有效连接;测区内的钢筋必须与连接点的钢筋形成电通路。然后,将另一根导线的一端连接到铜-硫酸铜半电池接线插座上,另一端连接到电压表的正输入端,形成如图 5-60 所示的检测回路。

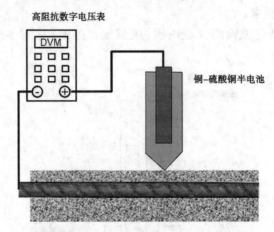

图 5-60　半电池电位法检测示意图

5.7.2.4　检测步骤及结果评判

按测区编号,将铜-硫酸铜半电池依次放在各电位测点上,将浸润硫酸铜溶液的测量触点在混凝土表面移动,检测并记录各测点的电位值;检测时,应及时清除电连接垫表面的吸附物,铜-硫酸铜半电池多孔塞与混凝土表面应形成电通路;在水平方向和垂直方向上检测时,应保证铜-硫酸铜半电池刚性管中的饱和硫酸铜溶液同时与多孔塞和铜棒保持完全接触;检测时应避免外界各种因素产生的电流影响。

半电池电位检测结果可采用电位等值线图(见图 5-61)表示被测结构及构件中钢筋的腐蚀性状。宜按合适比例在结构及构件图上标出各测点的半电池电位值,可通过数值相等的各点或内插等值的各点绘出电位等值线,并根据表 5-3 对钢筋腐蚀状态进行评判。

半电池电位法只能用于判定钢筋发生腐蚀的可能性,不能用于定量测量。当混凝土干燥或表面有非导电性覆盖层时,无法形成回路,不能采用此方法。另外,钢筋电位受环境相对湿度、水泥品种、水灰比、保护层厚度、氯离子含量、碳化深度等因素影响较大,评定结果比较粗糙。

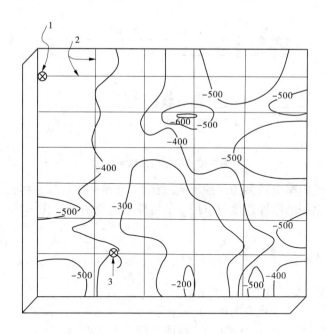

1—半电池电位法钢筋腐蚀检测仪与钢筋连接点;

2—钢筋;3—铜–硫酸铜半电池。

图 5-61　电位等值线示意图

表 5-3　半电池电位值评价钢筋腐蚀性状的判据

电位状态/mV	钢筋腐蚀性状
>-200	不发生腐蚀的概率>90%
-200~-350	腐蚀性状不确定
<-350	发生腐蚀的概率>90%

5.7.3　极化电阻法(线性极化法)

极化电阻法又称线性极化法,是 Stern 和 Geary 于 1957 年提出并发展起来的一种快速有效的腐蚀速度测试方法。该方法是利用腐蚀电位 E_{coor} 附件极化电位与极化电流呈线性关系来测定钢筋的腐蚀速度,在钢筋的腐蚀电位附近,对待测体系施加一个微小电化学扰动并量测其反应,根据 Stern 公式计算得到极化电阻,然后根据 Stern–Geary 方程式即可计算出腐蚀电流,从而算出钢筋腐蚀速度(见图 5-62)。

Stern 公式:
$$R_{p} = \left[\frac{\Delta E}{\Delta I}\right]_{\Delta E \to 0} \tag{5-25}$$

式中　R_{p}——混凝土的极化电阻率,Ωcm^{2};

　　　ΔE——电位变化量;

　　　ΔI——电流变化量。

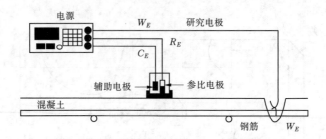

图 5-62　极化电阻法示意图

混凝土极化电阻率也被称为腐蚀反应抵抗率、电荷移动抵抗率,与钢筋的腐蚀速度呈反比例关系。而钢筋的腐蚀速度可以用钢筋混凝土内部由于电化学反应产生的腐蚀电流密度 I_{coor} 来表示。

Stern-Geary 公式:
$$I_{coor} = \frac{K}{R_p} \tag{5-26}$$

式中　I_{coor}——腐蚀电流密度,A/cm^2;

R_p——混凝土的极化电阻率,Ωcm^2;

K——比例常数,V,与金属种类、环境条件相关,埋在混凝土中的钢筋处于腐蚀状态时,取 0.026 V,处于钝化状态时,取 0.052 V,而腐蚀状况未知时,一般取 0.026 V。

现在广泛应用的直流极化电阻测量仪是可(或不可)调制电位(或电流)扫描速度的恒电位仪。通常,先用三电极系统测量钢筋对参比电极的自然电位 E_{coor},然后对工作电极施加一个小的电化学扰动(如±10 mV 或±20 mV 扰动电压)。由工作电极对此扰动的反应(经过一定稳定化时间后的极化电流 ΔI),就可按 Stern-Geary 公式评定其瞬时腐蚀速度 I_{coor}。腐蚀速度的判别标准为:

$I_{coor} < 0.1\ \mu A/cm^2$,腐蚀可忽略不计;

$I_{coor} > 0.2\ \mu A/cm^2$ 时,正在腐蚀;

$I_{coor} > 1.0\ \mu A/cm^2$ 时,腐蚀速度较大。

5.7.4　混凝土电阻率法

由于混凝土内部钢筋的腐蚀是一个电化学反应过程,它包括以离子形式流动于阳极与阴极反应区域之间混凝土的电流。当混凝土的电阻率较大时,若钢筋发生腐蚀,离子扩散能力弱,腐蚀速率较低;相反,当混凝土电阻率较小时,若钢筋发生腐蚀,离子扩散能力强,腐蚀发展速度就比较快。因此,可以采用测量混凝土电阻率的方法来判断内部钢筋腐蚀情况。

混凝土电阻率的测量方法,常用 Wenner 在 1915 年提出的测量土壤电阻率的四电极法(见图 5-63)来测定,即在混凝土表面等间距 a

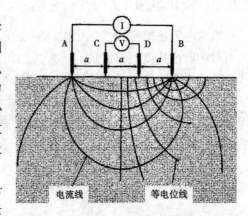

图 5-63　四电极法测试混凝土电阻率示意图

设置四支电极,将四支电极排成一行,为了保证电极与混凝土表面有良好连续的电接触,应在电极前端涂上耦合剂,特别是当读数不稳定时。将直流或频率在 10~100 Hz 的交流电施加于最外侧的两个电极上,测量中间两个电极间的电位差 ΔV,根据式(5-27)计算出混凝土的电阻率 ρ。

$$\rho = 2\pi a \frac{\Delta V}{I} \tag{5-27}$$

式中　ρ——混凝土的电阻率,$\Omega \cdot cm$;

　　　a——电极间距,cm,一般采用的间距为 5 cm;

　　　ΔV——中间两个电极的电位差,V;

　　　I——外侧两个电极间通入的电流,A。

在混凝土结构实际检测的基础上,通过计算出的混凝土电阻率,钢筋的可能腐蚀速率可通过表5-4进行判定。

表 5-4　混凝土电阻率与钢筋腐蚀速率间的关系

电阻率/(kΩ · cm)	钢筋可能的腐蚀速率
>20	很慢
15~20	慢
10~15	一般
5~10	快
<5	很快

注:混凝土湿度对量测值有明显影响,量测时构件应为自然状态,否则不能使用此评判标准。

5.8　混凝土中性化深度的检测

在本书的第 4 章已经介绍过混凝土的中性化机制及其引起的危害,混凝土中性化后可增加混凝土的密实性,提高其抗压强度。另外,混凝土中性化后还可提高其抗化学腐蚀能力,对混凝土具有有利的因素。但同时,混凝土的中性化会加剧混凝土的收缩,导致收缩裂缝产生或加大,对混凝土的耐久性造成不利影响。另外,中性化后还可使混凝土碱度降低,破坏钢筋钝化膜,导致内部钢筋发生腐蚀。因此,在对混凝土结构进行耐久性评估,特别是剩余寿命预测时,中性化深度的检测是至关重要的内容。

在实际工程中,中性化深度的检测方法有酚酞溶液法(见图 5-64)、示差热重量分析法、X 射线法等。

酚酞溶液法是用 1% 的酚酞酒精溶液喷雾于混凝土断面处,当混凝土的碱性在 10 以上时呈现紫红色,当碱性在 10 以下时,呈现无色,根据颜色分界线,能够简便地观察并测量中性化的深度。

示差热重量分析法是将混凝土粉末试样放在示差热重量分析法装置内(见图 5-65),从常温匀速升高到 1 000 ℃,根据氢氧化钙和碳酸钙的量来推定中性化深度。这种方法虽然精度较高,但由于装置昂贵,需送检专门机关,因此该方法在工程中的使用并不广泛。

X射线法是利用X射线法衍射装置(见图5-66),或X射线微分析器来测定中性化深度,需要具有较深的专门知识和专用装置,因此在工程中的使用也不广泛。

图 5-64　酚酞溶液法　　　　　　　　图 5-65　示差热重量分析法装置

(a)

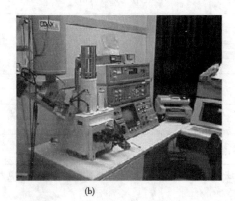

(b)

图 5-66　X 射线法衍射装置

根据以上所介绍的方法,其中酚酞溶液法是在现场就能方便快捷地检测出中性化深度的方法,因此使用最为广泛,结合同时需要检测的其他项目内容,并根据检测时的具体操作,常用的方法有局部凿开法、钻孔取芯法和钻孔法。

5.8.1　局部凿开法

当需要同时确认内部钢筋直径、保护层厚度、腐蚀情况时,可使用局部凿开法。首先利用电磁波雷达法或电磁感应法探测钢筋位置(见图5-67),应优先选择构件角部,然后避开钢筋位置,利用手动敲击,或电动冲击钻等工具在混凝土构件上凿开 10 cm 见方的立方体区域(见图5-68、图5-69),然后用压缩空气如皮老虎等工具清除洞内粉尘,不得用水擦洗,立即用1%酚酞酒精溶液喷雾于洞内壁,当中性化分界线清晰时,用测量工具测量分界线至混凝土表面的垂直距离(见图5-70),并扣除砂浆层厚度,测量应不少于 3 次,精确至 0.5 mm,取其平均值作为该处中性化深度值。

图 5-67　确定钢筋位置

图 5-68　局部凿开混凝土

图 5-69　混凝土凿开后状况

图 5-70　中性化深度测量

5.8.2　钻孔取芯法

当采用钻孔取芯法检测混凝土强度时,可同时检测中性化深度(见图 5-71)。钻孔取芯步骤方法及注意事项在本章第 2 节已经介绍过,这里不再赘述。

图 5-71　混凝土芯样的中性化测试

　　当钻取芯样造成芯样侧面被水附着时,可采用自然干燥或吹风机干燥的方法将其水分除去,当芯样在空气中长时间放置时,为防止中性化继续进行造成无法正确测试中性化深度,可将干燥后的芯样用保鲜膜等密封后放置。测定时,用1%酚酞酒精溶液喷雾于芯样侧面,当出现鲜明的分界线后,可利用测量工具测量中性化深度,沿着芯样侧面等间距5处以上设置测点,精确至0.5 mm,取其平均值作为该处混凝土的中性化深度。

5.8.3　钻孔法

　　由于采用局部凿开法和钻孔取芯法测定混凝土中性化深度对混凝土构件局部损伤较大,除非结合其他项目同时检测时采用,单独检测混凝土中性化深度时,为减少对建筑结构的损伤,并能扩大检测范围,可采用钻孔法检测。

　　钻孔法如图5-72所示,用10 mm钻头的电钻垂直缓慢钻取混凝土,用1%酚酞酒精溶液浸泡或喷雾过的滤纸检测钻出的混凝土粉尘的方法来检测混凝土的中性化深度。检测时应缓慢移动或旋转滤纸,保证落下的混凝土粉尘不会聚集成堆,均匀地落在新鲜滤纸面上,当落下的混凝土粉尘接触滤纸后变成紫红色时,应立即停止钻孔并退出钻头。用游标卡尺测量孔的深度,精确至0.5 mm,作为该孔处混凝土的中性化深度。通常1个测区应至少钻孔3处,取其平均值作为该测区混凝土的中性化深度,并保证每孔处测区的中性化深度值不能偏离3处平均值的30%,否则应在附近增加1孔,取4处测量值的平均值作为该区混凝土的中性化值,如果第4处的测量值超出最初3处平均值的30%时,应再增加1孔,取5孔的平均值作为该区的中性化深度值,并保证第5孔处的测量值不超出最初3处平均值的30%,否则应再增加1孔,以此类推。

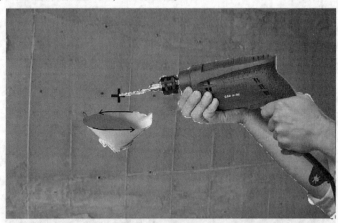

图5-72　钻孔法测混凝土中性化深度示意图

　　以上所述三种方法都可在现场完成,但因都对建筑结构具有不同程度的微破损,检测后应将孔洞内污物清除干净,用聚合物细石混凝土或聚合物砂浆填充,保证填补混凝土或砂浆与母体的良好结合,使修补后的构件承载力与未破坏前的承载能力大致相当。

5.9　混凝土氯离子含量及分布的检测

氯离子是极强的阳极活化剂,当其进入混凝土并在钢筋表面累积达到临界浓度后,便会破坏钢筋表层的钝化膜,从而导致钢筋发生腐蚀。因此,对混凝土氯离子含量及分布的检测是氯离子环境下混凝土结构耐久性评估的重要内容。常用的方法有硝酸银滴定法、铬酸钾滴定法、电位滴定法等。

5.9.1　硝酸银滴定法(重量法)

采用混凝土取芯机在相应的混凝土构件上沿氯离子侵入方向钻取直径不小于 70 mm 的混凝土芯样,芯样长度大于预估侵入深度。沿混凝土芯样深度方向逐层磨取粉样,取样深度以每 5~10 mm 作为一层。分别将每一层混凝土试样破碎,剔除大颗粒石子,研磨至全部通过 0.08 mm 的筛子,用磁铁吸出试样中的金属,然后置于 105~110 ℃烘箱烘干 2 h,取出后放入干燥皿中冷却至室温。称取适量烘干后的混凝土粉末,置于三角烧瓶中,加入一定量的去离子水,塞紧瓶塞,剧烈振荡 1~2 min,浸泡 24 h 后,将试样过滤,取一定量滤液,用稀硫酸中和后,用硝酸银溶液作为滴定液进行滴定,根据滴定消耗的硝酸银溶液量计算混凝土中水溶性氯离子含量。

5.9.2　铬酸钾滴定法(摩尔法)

参照《水运工程混凝土试验规程》(JTJ 270—98)进行。在量取的滤液中滴入两滴 0.5%的酚酞溶液,使溶液呈微红色,用稀硫酸中和至无色后,加 5%铬酸钾指示剂 10 滴,用 0.02 mol/L 的硝酸银溶液滴定,边滴边摇,到溶液出现不消失的橙红色为滴定终点,记下消耗硝酸银溶液的毫升数。混凝土中水溶性氯离子含量按下式计算:

$$P = \frac{C_{AgNO_3} V_5 \times 0.035\ 45}{G \times \dfrac{V_4}{V_3}} \times 100\% \tag{5-28}$$

式中　P——样品中水溶性氯离子含量(%);
　　　C_{AgNO_3}——硝酸银标准溶液浓度,mol/L;
　　　G——样品重量,g;
　　　V_3——浸样品的水量,mL;
　　　V_4——每次滴定时提取的滤液量,mL;
　　　V_5——滴定时消耗的硝酸银溶液量,mL。

5.9.3　电位滴定法

参照《建筑结构检测技术标准》(GB/T 50344—2019)中附录 H 关于混凝土中氯离子含量的测定方法进行。

5.9.3.1　混凝土试样的制备

用混凝土取芯机在相应的混凝土构件上沿氯离子侵入方向钻取直径不小于 70 mm

的混凝土芯样,芯样长度大于预估侵入深度;沿混凝土芯样深度方向逐层磨取粉样,取样深度以每5~10 mm作为一层。分别将每一层混凝土试样破碎,剔除大颗粒石子,研磨至全部通过0.075 mm的方孔筛;用磁铁吸出试样中的金属,然后置于105~110 ℃电热鼓风恒温干燥箱中烘至恒重,取出后放入干燥器中冷却至室温。

5.9.3.2　混凝土试样滤液的制备

用感量0.000 1 g的天平称取5.000 0 g试样,放入磨口三角瓶中;在磨口三角瓶中加入250.0 mL试验用水,盖紧塞剧烈摇动3~4 min;再将盖紧塞的磨口三角瓶放在电振荡器上振荡6 h或静止放置24 h;以快速定量滤纸过滤磨口三角瓶中的溶液于烧杯中,即成为混凝土试样滤液。

5.9.3.3　混凝土试样滤液的滴定

用移液管吸取50.00 mL滤液于烧杯中,滴加浓度为10 g/L的酚酞指示剂2滴;用配制的硝酸溶液滴至红色刚好褪去,再加10.0 mL浓度为10 g/L的淀粉溶液;将烧杯放置于电磁搅拌器上,以银电极或氯电极做指示电极,饱和甘汞电极做参比电极,用配制好的硝酸银标准溶液滴定;按《化学试剂 电位滴定法通则》(GB/T 9725—2007)的规定,以二级微商法确定所用硝酸银溶液的体积。

然后使用试验用水代替混凝土试样滤液按上述步骤同时进行试验用水的空白试验,确定空白试验所用硝酸银标准溶液的体积。

5.9.3.4　混凝土中氯离子含量的计算

$$W_{Cl^-} = \frac{C_{AgNO_3} \times (V_1 - V_2) \times 0.035\ 45}{m_s \times \frac{50.00}{250.0}} \times 100\% \tag{5-29}$$

式中　W_{Cl^-}——混凝土中氯离子含量(%);

C_{AgNO_3}——硝酸银标准溶液的浓度,mol/L;

V_1——滴定混凝土试样滤液所用硝酸银标准溶液的体积,mL;

V_2——空白试验所用硝酸银标准溶液的体积,mL;

0.035 45——氯离子的毫摩尔质量,g/mmol;

m_s——混凝土试样质量,g。

5.9.3.5　混凝土中氯离子占胶凝材料总量的百分比

$$P_{Cl^-,t} = \frac{W_{Cl^-}}{\lambda_C} \tag{5-30}$$

式中　$P_{Cl^-,t}$——混凝土中氯离子占胶凝材料总量的百分比(%);

W_{Cl^-}——混凝土中氯离子含量(%);

λ_C——根据混凝土配合比确定的混凝土中胶凝材料与砂浆的质量比。

混凝土中氯离子含量检测的取样数量应符合下列规定:同环境、同类构件抽样数应不少于6个,同类构件数少于6个时宜逐个取样;测定氯离子含量在混凝土内的分布时,应自表面沿深度每5~15 m取样,且沿深度应不少于6个。根据每一取样层氯离子含量的测定值,作出氯离子含量的深度分布曲线。混凝土中氯离子含量诱发钢筋腐蚀约可能性的评判标准如表 5-5 所示。

表 5-5　混凝土中氯离子含量诱发钢筋腐蚀的可能性

氯离子含量 （占胶凝材料总量的百分比）	<0.15	0.15~0.4	0.4~0.7	0.7~1.0	>1.0
诱发钢筋腐蚀的可能性	很小	不确定	有可能诱发 钢筋腐蚀	会诱发 钢筋腐蚀	钢筋腐蚀较大

5.10　混凝土碱骨料反应的检测

　　碱骨料反应是当混凝土中具有碱活性的骨料时,与配制时由原材料带入或由外界环境侵入的碱性离子,在有水的条件下发生化学反应,生成碱硅酸凝胶,吸水后膨胀,在混凝土内部产生内应力,造成混凝土构件开裂的现象。对有发生碱骨料反应危险的结构,应进行碱骨料反应检测,主要内容有混凝土中碱含量检测、混凝土的骨料碱活性检测、混凝土潜在膨胀性检测。

5.10.1　混凝土中碱含量检测

　　采用混凝土取芯机在相应的混凝土构件上钻取混凝土芯样,将芯样破碎,剔除大颗粒石子,研磨至全部通过 0.08 mm 的筛子,用磁铁吸出试样中的金属,然后置于 105~110 ℃ 烘箱烘干 2 h,取出后放入干燥皿中冷却至室温。

　　准确称取 0.2 g（精确至 0.000 1 g）样品置于铂皿中,用少量水润湿。加入 15~20 滴硫酸(1+1)及 5~10 mL 氢氟酸,置于低温电热板上蒸发近干时,摇动铂皿,以防溅失,待氢氟酸驱尽后,逐渐升高温度,将三氧化硫的白烟赶尽,取下,放冷。加入约 50 mL 热水,并将残渣压碎使其溶解。加 1 滴 2 g/L 甲基红指示剂溶液,用氨水(1+1)中和至黄色,再加入 100 mL 浓度为 100 g/L 碳酸铵溶液,搅拌,置于电热板上加热 20~30 min。用快速滤纸过滤,以热水洗涤,滤液及洗液盛于 100 mL 容量瓶中。冷却至室温后,以盐酸(1+1)中和至溶液呈微红色,然后用水稀释至标线,摇匀,用火焰光度计按仪器使用规程进行测定,测得检流计读数。与此同时用蒸馏水做空白样品,扣除空白样品的检流计读数后,从工作曲线查得氧化钾、氧化钠的毫克数。按下式计算样品中的碱含量:

$$X_{K_2O} = \frac{C_1}{m_1 \times 1\,000} \times 100 \tag{5-31}$$

$$X_{Na_2O} = \frac{C_2}{m_1 \times 1\,000} \times 100 \tag{5-32}$$

$$X_{Na_2Oeq} = X_{Na_2O} + 0.658 X_{K_2O} \tag{5-33}$$

式中　X_{K_2O}——样品中氧化钾的质量分数(%);

　　　X_{Na_2O}——样品中氧化钠的质量分数(%);

　　　X_{Na_2Oeq}——样品中氧化钠当量的质量分数,即样品的碱含量(%);

C_1——在工作曲线上查得每 100 mL 被测定溶液中氧化钾的含量,mg;

C_2——在工作曲线上查得每 100 mL 被测定溶液中氧化钠的含量,mg;

m_1——样品的质量,g。

按式(5-34)计算单位体积混凝土中总碱量:

$$A = M \times X_{Na_2Oeq} = \frac{\rho(m - G)}{m} \times X_{Na_2Oeq} \tag{5-34}$$

式中　A——混凝土中的总碱量,kg/m³;

M——可测试组分的质量,kg;

m——芯样的质量,g;

ρ——芯样的密度,kg/m³;

G——芯样中骨料的质量,g。

5.10.2　混凝土的骨料碱活性检测

按照《普通混凝土用砂、石质量及检验方法标准》(JGJ 52—2006)中 7.15~7.18 中的岩相法、快速法、砂浆长度法、岩石柱法等方法进行试验。本节以快速法为例进行介绍。

5.10.2.1　试件制备

在有代表性的构件上用钻芯机钻取直径不小于 100 mm,长度不小于 3 倍芯样直径的芯样,数量不少于 3 个,将芯样破碎后,挑出石子充分混合后破碎,用筛筛取 0.150~0.630 mm 的部分做试验用料,并按照一定的级配及比例组合成试验用料,并将试样洗净烘干或晾干备用;水泥采用符合现行国家标准《通用硅酸盐水泥》(GB 175—2007)要求的普通硅酸盐水泥,水泥与砂的质量比为 1∶2.25,水灰比为 0.47;每组试件称取水泥 440 g,石料 990 g;将称好的水泥与砂倒入搅拌锅,按现行国家标准《水泥胶砂强度检验方法(ISO法)》(GB/T 17671—1999)规定的方法进行;搅拌完成后,将砂浆分两层装入试模内,每层捣 40 次,测头周围应填实,浇捣完毕后用镘刀刮除多余砂浆,抹平表面,并标明测定方向。

5.10.2.2　测试步骤

试件成型完毕后,带模放入标准养护室,养护(24±4) h 后脱模;脱模后将试件浸泡在装有自来水的养护筒中,并将养护筒放入温度(80±2) ℃的恒温养护箱或水浴箱中,养护 24 h,同种骨料制成的试件放在同一个养护筒中;然后将养护筒逐个取出,每次从养护筒中取出一个试件,用抹布擦干表面,立即用测长仪测试件的基长(L_0),测长应在(20±2) ℃恒温室中进行,每个试件至少重复测试两次,取差值在仪器精度范围内的两个读数的平均值作为长度测定值(精确至 0.02 mm),每次每个试件的测量方向应一致,待测的试件须用湿布覆盖,以防止水分蒸发,从取出试件擦干到读数完成应在(15±5) s 内结束,读完数后的试件用湿布覆盖;全部试件测完基长后,将试件放入装有浓度为 1 mol/L 氢氧化钠溶液的养护筒中,确保试件被完全浸泡,且溶液温度应保持在(80±2) ℃,将养护筒放回恒温养护箱或水浴箱中;自测定基长之日起,第 3 d、7 d、14 d 再分别测长(L_t),测长方法与测基长方法一致;测量完毕后,应将试件调头放入原养护筒中,盖好筒盖放回(80±2) ℃的恒温养护箱或水浴箱中,继续养护至下一测试龄期;在测量时应观察试件的变形、裂缝和渗出物等,特别应观察有无胶体物质,并做详细记录。

5.10.2.3　膨胀率计算及结果评判

试件的膨胀率按式(5-35)计算,精确至 0.01%,以三个试件膨胀率的平均值作为某一龄期膨胀率的测定值。

$$\varepsilon_t = \frac{L_t - L_0}{L_0 - 2\Delta} \times 100\% \qquad (5-35)$$

式中　ε_t——试件在 t 天龄期的膨胀率(%);

　　　L_0——试件的基长,mm;

　　　L_t——试件在 t 天龄期的长度,mm;

　　　Δ——测头长度,mm。

根据得到的膨胀率,按以下规定对骨料的碱活性进行评判:

当 14 d 膨胀率小于 0.10%时,可判定为无潜在危害;

当 14 d 膨胀率大于 0.20%时,可判定为有潜在危害;

当 14 d 膨胀率在 0.10%~0.20%时,需按砂浆长度法再进行试验判定。

5.10.3　混凝土潜在膨胀性检测

混凝土的膨胀性一般用测长法检测。在有代表性的构件上用钻芯机钻取直径不小于 75 mm,长度不小于 3 倍芯样直径的芯样,数量不少于 3 个;将芯样两端磨平后粘上不锈钢测头,放在自然条件下养护 7 d,测量此时的长度为基准长度,然后将试件放入(38±2)℃、90%以上湿度环境中养护。参照《普通混凝土长期性能和耐久性能试验方法标准》(GB/T 50082—2009)进行测量,试件的测量龄期应从测定基准长度后算起,测量龄期应为 1 周、2 周、4 周、8 周、13 周、18 周、26 周、39 周和 52 周,以后可每半年测一次,每次测量时,应观察试件有无裂缝、变形、渗出物及反应产物等,必要时可在长度测试周期全部结束后,辅以岩相分析等手段,综合判断试件内部结构和可能的反应产物。

当碱骨料反应试验出现以下两种情况之一时,可结束试验:在 52 周的测试龄期内的膨胀率超过 0.04%;膨胀率虽小于 0.04%,但试验周期已经达到 52 周(或一年)。

根据式(5-35)计算试件的膨胀率,每组以 3 个试件测值的算术平均值作为某一龄期膨胀率的测定值,当每组平均膨胀率小于 0.020%时,同一组试件中单个试件之间的膨胀率的差值(最高值与最低值之差)不应超过 0.008%;当每组平均膨胀率大于 0.020%时,同一组试件中单个试件的膨胀率的差值(最高值与最低值之差)不应超过平均值的 40%。

第 6 章　建筑结构的可靠性鉴定

6.1　可靠性鉴定概述

建筑结构的可靠性,是指在规定的时间和条件下,工程结构具有满足预期安全性、适用性、耐久性等功能的能力。建筑结构设计的目的是力求最佳经济效益,将失效概率限制在人们实际所能接受的适当程度上,失效概率越小,可靠度就越大。

当前,我国已有相当一部分建筑物、构筑物已相继达到或超过其设计基准期,其中除少部分将拆除外,大多数将维修加固继续使用。建筑结构因前期设计、材料、施工,或在使用过程中经受各种自然因素和人为因素的作用,造成自身材料逐渐老化,进而引起结构构件出现混凝土开裂、钢筋腐蚀或局部破损等现象,造成建筑结构的可靠性逐渐降低。在涉及建筑物改造、改建、扩建或拆除重建的决策问题时,需对建筑物的安全性、使用性和剩余耐久年限进行评估诊断,对建筑结构进行必要的可靠性鉴定,可对建筑物进行加固、改造,提供技术和决策依据。

建筑结构的可靠性鉴定是通过调查、检测、试验、计算分析,按照现行设计规范和相关鉴定标准进行的综合评估。由于工业建筑和民用建筑用途不同,为规范民用建筑可靠性的鉴定,加强对民用建筑的安全与合理使用的技术管理,民用建筑结构的可靠性鉴定应按照现行《民用建筑可靠性鉴定标准》(GB 50292—2015)进行。而为了适应工业建筑可靠性鉴定的发展和需要,加强对既有工业建筑的安全与合理使用的技术管理,工业建筑结构的可靠性鉴定应按照现行《工业建筑可靠性鉴定标准》(GB 50144—2019)进行。通过鉴定评估,划定可靠等级,从而采取拆除、加固维修、加层改造等相应的措施。

6.2　民用建筑可靠性鉴定

6.2.1　鉴定的方法及程序

建筑结构的可靠性鉴定方法通常有三种:传统经验法、实用鉴定法和概率鉴定法。目前采用的仍然是传统经验法和实用鉴定法,概率鉴定法尚未达到应用阶段。

6.2.1.1　传统经验法

传统经验法是在不具备检测仪器设备的条件下,对建筑结构的材料强度及其损伤情况,按目测调查,或结合设计资料和建筑年代的普遍水平,凭经验进行评估取值,然后按相关规范进行验算。主要从承载力、结构布置及构造措施等方面,通过与设计规范的比较,对建筑结构的可靠性做出评定。这种方法的特点是快速、简便、经济,适用于对构造简单的旧房的普查和定期检查。由于未采用现代化测试手段,鉴定人员的主观随意性比较大,鉴定质量由鉴定人员的专业素质和经验水平决定,鉴定结论容易出现争议。

6.2.1.2　实用鉴定法

实用鉴定法是运用现代检测手段,对结构材料的强度、老化、裂缝、变形、腐蚀等通过实测确定。对于按新、旧规范设计的房屋,均按现行规范进行验算校核。实用鉴定法将鉴定对象从构件到鉴定单元划分成三个层次,每个层次划分为三至四个等级。评定顺序是从构件开始,通过调查、检测、验算确定等级,然后按该层次的等级构成评定上一层次的等级,最后评定鉴定单元的可靠性等级。

实用鉴定法的工作程序如图 6-1 所示,包括初步调查、详细调查、补充调查、检测、试验、理论计算等多个环节。

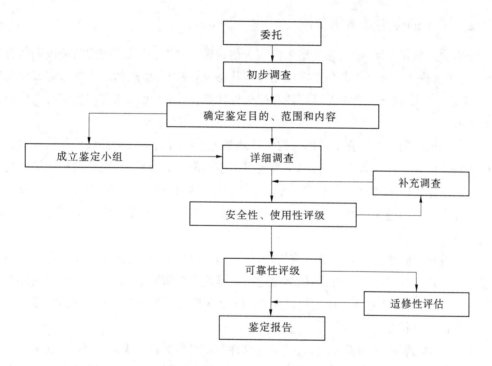

图 6-1　民用建筑物的鉴定程序

初步调查的目的是简单了解建筑物的现状和历史,为进一步的详细调查做准备。初步调查一般进行资料收集和现场调查工作,然后填写初步调查表。需要收集的资料包括原设计图纸、计划变更通知、地质报告、施工验收记录、改造加固图纸、维修记录等。现场调查主要是了解建筑物的概况、破损部位、程度及范围等。

详细调查的内容包括细部检查、材料检测、结构试验、化学成分测试、计算分析等。在详细调查之前应制订详细调查方案,列出检测、检查的项目,具体部位、数量,并据此准备现场记录用的表格。检测记录结构构件的变形,如构件的破损特征、裂缝宽度和分布、挠度、倾斜等;检测记录材料性能,如混凝土强度、碳化深度、保护层厚度、钢筋腐蚀程度等;调查记录结构荷载,如有无后期增加保湿、防水层,地面超厚装修,改变用途的活荷载变化等;进行环境调查,如环境温度、湿度、积水、渗漏、机械振动等;进行基地基础调查,首先根据地面上部结构变形,判断是否有地基不均匀沉降、周期性的涨缩变化,然后决定是否进行开挖检查或地质勘察。

6.2.1.3　概率鉴定法

概率鉴定法又称可靠度鉴定法,是将结构抗力 R 和结构物作用效应 S 作为随机变量,运用概率论和数理统计原理,计算出 $R<S$ 的失效概率,用来描述结构物的可靠性。因此,此种方法是较为理想的一种鉴定方法,但由于作用效应和结构抗力的不确定性,检测手段的局限性及计算模型与实际工作状态间的差异,可靠度鉴定法难以进入实用阶段。

目前,我国结构物可靠性鉴定仍然采用传统经验法和实用鉴定法,其中实用鉴定法是目前最常用的方法。

6.2.2　鉴定的类别及适用范围

结构功能的安全性、适用性和耐久性能否达到规定要求,是以结构的两种极限状态来划分的,即承载能力极限状态和正常使用极限状态,承载能力极限状态主要考虑安全性功能,正常使用极限状态主要考虑适用性和耐久性功能,这两种极限状态均规定有明确的标志和限值。

承载能力极限状态对应于结构或构件达到最大承载力或不适于继续承载的变形。当结构或构件出现下列状态之一时,即认为超过了承载能力极限状态:整个结构或结构的一部分作为刚体失去平衡(如倾覆等);结构构件或连接因材料强度被超过而破坏,或因过度的塑性变形而不适于继续承载;结构转变为机动体系;结构或构件丧失稳定(如压曲等)。

正常使用极限状态对应于结构或构件达到正常使用或耐久性能的某项规定值。当结构或构件出现下列状态之一时,即认为超过了正常使用极限状态:影响正常使用或外观的变形;影响正常使用或耐久性能的局部破坏(包括裂缝);影响正常使用的振动;影响正常使用的其他特定状态。

按照结构功能的两种极限状态,结构可靠性鉴定可分为两种鉴定内容,即安全性鉴定(承载能力鉴定)和使用性鉴定(正常使用鉴定),若两者都鉴定称为可靠性鉴定。各类别的鉴定有不同的适用范围,按不同的要求选用不同的鉴定类别。

6.2.2.1　可靠性鉴定

在下列情况下,应进行可靠性鉴定:

(1)建筑物大修前。

(2)建筑物改造或增容、改建或扩建前。

(3)建筑物改变用途或使用环境前。

(4)建筑物达到设计使用年限拟继续使用时。

(5)遭受灾害或事故时。

(6)存在较严重的质量缺陷或出现较严重的腐蚀、损伤、变形时。

6.2.2.2　安全性检查或鉴定

在下列情况下,可仅进行安全性检查或鉴定:

(1)各种应急鉴定。

(2)国家法规规定的房屋安全性统一检查。

(3)临时性房屋需延长使用期限。

(4)使用性鉴定中发现安全问题。

6.2.2.3　使用性检查或鉴定

在下列情况下,可仅进行使用性检查或鉴定:

(1)建筑物使用维护的常规检查。

(2)建筑物有较高舒适度要求。

6.2.2.4　专项鉴定

在下列情况下,应进行专项鉴定:

(1)结构的维修改造有专门要求时。

(2)结构存在耐久性损伤影响其耐久年限时。

(3)结构存在明显的振动影响时。

(4)结构需进行长期监测时。

6.2.3　鉴定的层次与等级划分

建筑结构鉴定评级通常划分为三个层次,即构件、子单元和鉴定单元。

构件是鉴定的第一层次,是最基本的鉴定单位,它可以是单个构件,如一根梁或柱,也可以是一个组合件,也可以是一个片段,如一片墙。

子单元是鉴定的第二层次,由构件组成,一般包括地基基础、上部承重结构、围护系统三个子单元。

鉴定单元是鉴定的第三层次,由子单元组成,根据建筑结构的构造特点和承重体系的种类,可将建筑结构划分为一个或若干个可独立进行鉴定的区段,每个区段就是一个鉴定单元。

对于安全性和可靠性鉴定,每个层次可划分为四个等级;对于使用性鉴定,每个层次划分为三个等级。鉴定从第一层次开始,根据构件各检查项目的评定结果,确定单个构件等级;根据子单元各检查项目及各种构件的评定结果,确定子单元等级;再根据子单元的评定结果确定鉴定单元等级。

可靠性鉴定评级的层次、等级划分、工作步骤和内容见表 6-1,民用建筑安全性鉴定评级的各层次分级标准见表 6-2,民用建筑使用性鉴定评级的各层次分级标准见表 6-3,民用建筑可靠性鉴定评级的各层次分级标准见表 6-4。

表 6-1　可靠性鉴定评级的层次、等级划分、工作步骤和内容

层次		一	二		三
层名		构件	子单元		鉴定单元
	等级	a_u、b_u、c_u、d_u	A_u、B_u、C_u、D_u		A_{su}、B_{su}、C_{su}、D_{su}
安全性鉴定	地基基础	—	地基变形评定	地基基础评定	鉴定单元安全性评级
		按同种材料构件各检查项目评定单个基础等级	边坡场地稳定性评定		
			地基承载力评定		
	上部承重结构	按承载能力、构造、不适于继续承载的位移或损伤等检查项目评定单个构件等级	每种构件集评级	上部承重结构评定	
			结构侧向位移评级		
		—	按结构布置、支撑、圈梁、结构间联系等检查项目评定结构整体性等级		
	维护系统承重部分	按上部承重结构检查各项目及步骤评定围护系统承重部分各层次安全性等级			
使用性鉴定	等级	a_s、b_s、c_s	A_s、B_s、C_s		A_{ss}、B_{ss}、C_{ss}
	地基基础	—	按上部承重结构和围护系统工作状态评估地基基础等级		鉴定单元正常使用性评级
	上部承重结构	按位移、裂缝、风化、腐蚀等检查项目评定单个构件等级	每种构件集评级	上部承重结构评级	
			结构侧向位移评级		
	围护系统功能	—	按屋面防水、吊顶、墙、门窗、地下防水及其他防护设施等检查项目评定围护系统功能等级		
		按上部承重结构检查项目及步骤评定围护系统承重部分各层次使用性等级			

续表 6-1

层次		一	二	三
层名		构件	子单元	鉴定单元
等级		a、b、c、d	A、B、C、D	Ⅰ、Ⅱ、Ⅲ、Ⅳ
可靠性鉴定	地基基础	以同层次安全性和正常使用性评定结果并列表达，或按相关标准规定的原则确定其可靠性等级		鉴定单元可靠性评级
	上部承重结构			
	围护系统			

表 6-2　民用建筑安全性鉴定评级的各层次分级标准

层次	鉴定对象	等级	分级标准	处理要求
一	单个构件或其检查项目	a_u	安全性符合本标准对 a_u 级的规定，具有足够的承载能力	不必采取措施
		b_u	安全性略低于本标准对 a_u 级的规定，尚不显著影响承载能力	可不采取措施
		c_u	安全性不符合本标准对 a_u 级的规定，显著影响承载能力	应采取措施
		d_u	安全性不符合本标准对 a_u 级的规定，已严重影响承载能力	必须及时或立即采取措施
二	子单元或子单元中的某种构件集	A_u	安全性符合本标准对 A_u 级的规定，不影响整体承载	可能有个别一般构件应采取措施
		B_u	安全性略低于本标准对 A_u 级的规定，尚不显著影响整体承载	可能有极少数构件应采取措施
		C_u	安全性不符合本标准对 A_u 级的规定，显著影响整体承载	应采取措施，且可能有极少数构件必须立即采取措施
		D_u	安全性极不符合本标准对 A_u 级的规定，已严重影响整体承载	必须立即采取措施

续表 6-2

层次	鉴定对象	等级	分级标准	处理要求
三	鉴定单元	A_{su}	安全性符合本标准对 A_{su} 级的规定,不影响整体承载	可能有极少数一般构件应采取措施
		B_{su}	安全性略低于本标准对 A_{su} 级的规定,尚不显著影响整体承载	可能有极少数构件应采取措施
		C_{su}	安全性不符合本标准对 A_{su} 级的规定,显著影响整体承载	应采取措施,且可能有极少数构件必须及时采取措施
		D_{su}	安全性严重不符合本标准对 A_{su} 级的规定,严重影响整体承载	必须立即采取措施

表 6-3　民用建筑使用性鉴定评级的各层次分级标准

层次	鉴定对象	等级	分级标准	处理要求
一	单个构件或其检查项目	a_s	使用性符合本标准对 a_s 级的规定,具有正常的使用功能	不必采取措施
		b_s	使用性略低于本标准对 a_s 级的规定,尚不显著影响使用功能	可不采取措施
		c_s	使用性不符合本标准对 a_s 级的规定,显著影响使用功能	应采取措施
二	子单元或子单元中的某种构件集	A_s	使用性符合本标准对 A_s 级的规定,不影响整体使用功能	可能有极少数一般构件应采取措施
		B_s	使用性略低于本标准对 A_s 级的规定,尚不显著影响整体使用功能	可能有极少数构件应采取措施
		C_s	使用性不符合本标准对 A_s 级的规定,显著影响整体使用功能	应采取措施

续表 6-3

层次	鉴定对象	等级	分级标准	处理要求
三	鉴定单元	A_{ss}	使用性符合本标准对 A_{ss} 级的规定,不影响整体使用功能	可能有极少数一般构件应采取措施
		B_{ss}	使用性略低于本标准对 A_{ss} 级的规定,尚不显著影响整体使用功能	可能有极少数构件应采取措施
		C_{ss}	使用性不符合本标准对 A_{ss} 级的规定,显著影响整体使用功能	应采取措施

表 6-4　民用建筑可靠性鉴定评级的各层次分级标准

层次	鉴定对象	等级	分级标准	处理要求
一	单个构件或其检查项目	a	可靠性符合本标准对 a 级的规定,具有正常的承载功能和使用功能	不必采取措施
		b	可靠性略低于本标准对 a 级的规定,尚不显著影响承载功能和使用功能	可不采取措施
		c	可靠性不符合本标准对 a 级的规定,显著影响承载功能和使用功能	应采取措施
		d	可靠性极不符合本标准对 a 级的规定,已严重影响安全	必须及时或立即采取措施
二	子单元或子单元中的某种构件集	A	可靠性符合本标准对 A 级的规定,不影响整体承载功能和使用功能	可能有个别一般构件应采取措施
		B	可靠性略低于本标准对 A 级的规定,尚不显著影响承载功能和使用功能	可能有极少数构件应采取措施
		C	可靠性不符合本标准对 A 级的规定,显著影响整体承载功能和使用功能	应采取措施,且可能有极少数构件必须及时采取措施
		D	可靠性极不符合本标准对 A 级的规定,已严重影响安全	必须及时或立即采取措施

续表 6-4

层次	鉴定对象	等级	分级标准	处理要求
三	鉴定单元	I	可靠性符合本标准对 I 级的规定,不影响承载功能和使用功能	可能有极少数一般构件应在安全性或使用性方面采取措施
		II	可靠性略低于本标准对 I 级的规定,尚不显著影响承载功能和使用功能	可能有极少数构件应在安全性或使用性方面采取措施
		III	可靠性不符合本标准对 I 级的规定,显著影响整体承载功能和使用功能	应采取措施,且可能有极少数构件必须及时采取措施
		IV	可靠性极不符合本标准对 I 级的规定,严重影响安全	必须及时或立即采取措施

6.2.4　构件的安全性鉴定

混凝土结构构件的安全性鉴定,应按承载能力、构造、不适于承载的位移或变形、裂缝或其他损伤等四个检查项目,分别评定每一受检构件的等级,并取其中最低一级作为该构件安全性等级。

6.2.4.1　承载能力评定

当按承载能力评定混凝土结构构件的安全性等级时,应在对构件的抗力 R 和作用效应 S 按国家现行规范进行计算的基础上,考虑结构重要性系数 γ_0,来评定其承载能力等级。按表 6-5 的规定分别评定每一验算项目的等级,并应取其中最低等级作为该构件承载能力的安全性等级。

表 6-5　按承载能力评定的混凝土结构构件安全性等级

构件类别	安全性等级			
	a_u 级	b_u 级	c_u 级	d_u 级
主要构件及节点、连接	$R/(\gamma_0 S) \geqslant 1.00$	$R/(\gamma_0 S) \geqslant 0.95$	$R/(\gamma_0 S) \geqslant 0.90$	$R/(\gamma_0 S) < 0.90$
一般构件	$R/(\gamma_0 S) \geqslant 1.00$	$R/(\gamma_0 S) \geqslant 0.90$	$R/(\gamma_0 S) \geqslant 0.85$	$R/(\gamma_0 S) < 0.85$

在进行承载能力验算时,材料强度的取值应以检测试验为基础,结构或构件的几何参数应采用实测值,并考虑构件截面的损伤、偏差及结构构件过度变形的影响。

各种结构构件鉴定中的承载能力验算,不同于新建结构的设计计算。已建结构鉴定中的各种验算参数客观存在,鉴定人员只能通过调查和检测确定,使验算参数符合实际。

对已有结构上荷载标准值的取值,应符合现行的荷载规范。结构和构件的自重标准值,应根据构件和连接的实际尺寸,按材料或构件单位自重的标准值计算确定,对不便实测的某些连接构造尺寸,允许按结构详图估算。

对已有建筑进行可靠性鉴定或加固设计验算时,其基本雪压值、基本风压值和楼面活荷载的标准值,除应按现行荷载规范的规定采用外,尚应按下一个目标使用年限乘以修正系数确定。

6.2.4.2　构造评定

当按构造评定混凝土结构构件的安全性等级时,应按表 6-6 的规定分别评定每个检查项目的等级,并应取其中最低等级作为该构件构造的安全性等级。

表 6-6　按构造评定的混凝土结构构件安全性等级

检查项目	a_u 级或 b_u 级	c_u 级或 d_u 级
结构构造	结构、构件的构造合理,符合国家现行相关规范要求	结构、构件的构造不当,或有明显缺陷,不符合国家现行相关规范要求
连接或节点构造	连接方式正确,构造符合国家现行相关规范要求,无缺陷,或仅有局部的表面缺陷,工作无异常	连接方式不当,构造有明显缺陷,已导致焊缝或螺栓等发生变形、滑移、局部拉脱、剪坏或裂缝
受力预埋件	构造合理,受力可靠,无变形、滑移、松动或其他损坏	构造有明显缺陷,已导致预埋件发生变形、滑移、松动或其他损坏

6.2.4.3　不适于承载的位移或变形评定

当混凝土结构构件的安全性按不适于承载的位移或变形评定时,按下列 3 条规定进行:

(1)对桁架的挠度,当实测值大于其计算跨度的 1/400 时,验算其承载能力时应考虑由位移产生的附加应力的影响,当验算结果不低于 b_u 级时,仍可定为 b_u 级;当验算结果低于 b_u 级时,应根据其实际严重程度定为 c_u 级或 d_u 级。

(2)对除桁架外其他混凝土受弯构件不适于承载的变形的评定,应按表 6-7 的规定评级。

表 6-7　除桁架外其他混凝土受弯构件不适于承载的变形的评定

检查项目	构件类别		c_u 级或 d_u 级
挠度	主要受弯构件——主梁、梁托等		$>l_0/200$
	一般受弯构件	$l_0 \leqslant 7$ m	$>l_0/120$，或 >47 mm
		7 m$<l_0 \leqslant 9$ m	$>l_0/150$，或 >50 mm
		$l_0 > 9$ m	$>l_0/180$
侧向弯曲的矢高	预制屋面梁或深梁		$>l_0/400$

注：表中 l_0 为计算跨度；评定结果取 c_u 级或 d_u 级，应根据其实际严重程度确定。

（3）对柱顶的水平位移或倾斜，当其实测值大于表 6-15 所列的限值时，当该位移与整个结构有关时，应根据表 6-15 的评定结果，取与上部承重结构相同的级别作为该柱的水平位移等级；当该位移只是孤立事件时，则应在柱的承载能力验算中考虑此附加位移的影响，并按表 6-5 的规定评级；当该位移尚在发展时，应直接定为 d_u 级。

6.2.4.4　不适于承载的裂缝或其他损伤评定

钢筋混凝土结构出现裂缝的原因很多，裂缝对结构影响程度的差异也很大，根据裂缝产生的原因不同，可分为受力裂缝和非受力裂缝。从出现受力裂缝到承载力破坏的过程有两种，即脆性破坏和延性破坏。脆性破坏具有突然性，构件一旦开裂就已接近破坏，属于这种破坏的裂缝主要有剪切裂缝、受压裂缝、受弯构件的压区裂缝等。因此，当判定属于这类裂缝时，其安全性应直接评定为 c_u 级或 d_u 级。延性破坏的特点是从开裂到破坏有一个较长的过程，裂缝的宽度和长度有很大的发展，挠度变形明显，属于这种破坏的裂缝有弯曲裂缝、受拉构件裂缝、大偏心受压构件的拉区裂缝等。

普通混凝土是允许带裂缝工作的，构件开裂时，尚有相当大的承载潜力，如果裂缝已趋于稳定，且最大裂缝宽度未超过规定的限值，则可不采取措施。但当出现表 6-8 中所列的裂缝时，应视为不适合继续承载的裂缝，并根据情况判定为 c_u 级或 d_u 级。

表 6-8　混凝土结构构件不适于承载的裂缝宽度的评定

检查项目	环境	构件类别		c_u 级或 d_u 级
受力主筋处的弯曲裂缝、一般弯剪裂缝和受拉裂缝宽度/mm	室内正常环境	钢筋混凝土	主要构件	>0.50
			一般构件	>0.70
		预应力混凝土	主要构件	$>0.20(0.30)$
			一般构件	$>0.30(0.50)$
	高湿度环境	钢筋混凝土	任何构件	>0.40
		预应力混凝土		$>0.10(0.20)$
剪切裂缝和受压裂缝/mm	任何环境	钢筋混凝土或预应力混凝土		出现裂缝

注：表中的剪切裂缝是指斜拉裂缝和斜压裂缝；高湿度环境是指露天环境、开敞式房屋易遭飘雨部位、经常受蒸汽或冷凝水作用的场所，以及与土壤直接接触的部件等；表中括号内的限值适用于热轧钢筋配筋的预应力混凝土构件；裂缝宽度以表面测量值为准。

　　当混凝土结构构件出现以下非受力裂缝时,也应视为不适于承载的裂缝,并应根据其实际严重程度定为 c_u 级或 d_u 级。一是因主筋腐蚀,导致混凝土产生的沿主筋方向开裂、保护层脱落或掉角;二是因温度、收缩等作用产生的裂缝,其宽度已比表 6-8 中规定的弯曲裂缝宽度值超过 50%,且分析表明已显著影响结构的受力。

　　当混凝土结构构件同时存在受力和非受力裂缝时,应分别根据受力裂缝和非受力裂缝的评定等级,取其中较低一级作为该构件的裂缝等级。

　　当混凝土结构构件有较大范围损伤时,应根据其实际严重程度直接定为 c_u 级或 d_u 级。

6.2.5　构件的使用性鉴定

　　构件的使用性鉴定分成三个等级,分别用 a_s、b_s、c_s 表示,与构件安全性鉴定分级相比,取消了相应于“必须立即采取措施”的 d_u 级。

　　对于混凝土结构构件的使用性鉴定,应按位移或变形、裂缝、缺陷和损伤等四个检查项目,分别评定每一受检构件的等级,并取其中最低一级作为该构件的使用性等级;混凝土结构构件碳化深度的测定结果,主要用于鉴定分析,不参与评级。但当构件主筋已处于碳化区内时,则应在鉴定报告中指出,并应结合其他项目的检测结果提出处理的建议。

6.2.5.1　位移或变形评定

　　当混凝土桁架和其他受弯构件的使用性按其挠度检测结果评定时,当检测值小于计算值及国家现行设计规范限值时,可评为 a_s 级;当检测值大于或等于计算值,但不大于国家现行设计规范限值时,可评为 b_s 级;当检测值大于国家现行设计规范限值时,应评为 c_s 级。

　　当混凝土柱的使用性需要按其柱顶水平位移或倾斜检测结果评定时,当该位移的出现与整个结构有关时,应根据上部承重结构的使用性考虑侧向位移影响时的评定结果,取与上部承重结构相同的级别作为该柱的水平位移等级;当该位移的出现只是孤立事件时,可根据其检测结果直接评级。评级所需的位移限值,可按表 6-16 所列的层间位移限值乘以 1.1 的系数确定。

6.2.5.2　裂缝评定

　　当混凝土结构构件的使用性按其裂缝宽度检测结果评定,有计算值时,且检测值小于计算值及国家现行设计规范限值,可评为 a_s 级;当检测值大于或等于计算值,但不大于国家现行设计规范限值时,可评为 b_s 级;当检测值大于国家现行设计规范限值时,应评为 c_s 级。当无计算值时,构件裂缝宽度等级应按表 6-9 或表 6-10 的规定评级。

　　对沿主筋方向出现的锈迹或细裂缝,应直接评为 c_s 级。

　　当一根构件同时出现两种或两种以上的裂缝,应分别评级,并应取其中最低一级作为该构件的裂缝等级。

6.2.5.3　缺陷和损伤评定

　　混凝土构件的缺陷和损伤等级应按表 6-11 的规定评级。

表 6-9　钢筋混凝土构件裂缝宽度等级的评定

检查项目	环境类别和作用等级	构件种类		裂缝评定标准		
				a_u 级	b_u 级	c_u 级
受力主筋处的弯曲裂缝或弯剪裂缝宽度/mm	I-A	主要构件	屋架、托架	≤0.15	≤0.20	>0.20
			主梁、托梁	≤0.20	≤0.30	>0.30
		一般构件		≤0.25	≤0.40	>0.40
	I-B、I-C	任何构件		≤0.15	≤0.20	>0.20
	II	任何构件		≤0.10	≤0.15	>0.15
	III、IV	任何构件		无肉眼可见的裂缝	≤0.10	>0.10

注：对拱架和屋面梁，应分别按屋架和主梁评定；裂缝宽度应以表面量测的数值为准。

表 6-10　预应力混凝土构件裂缝宽度等级的评定

检查项目	环境类别和作用等级	构件种类	裂缝评定标准		
			a_u 级	b_u 级	c_u 级
受力主筋处的弯曲裂缝或弯剪裂缝宽度/mm	I-A	主要构件	无裂缝（≤0.05）	≤0.05（≤0.10）	>0.05（>0.10）
		一般构件	≤0.02（≤0.15）	≤0.10（≤0.25）	>0.10（>0.25）
	I-B、I-C	任何构件	无裂缝	≤0.02（≤0.05）	>0.02（>0.05）
	II、III、IV	任何构件	无裂缝	无裂缝	无裂缝

注：表中括号内限值仅适用于采用热轧钢筋配筋的预应力混凝土构件；当构件无裂缝时，评定结果取 a_s 级或 b_s 级，可根据其混凝土外观质量的完好程度判定。

表 6-11　混凝土构件的缺陷和损伤等级的评定

检查项目	a_u 级	b_u 级	c_u 级
缺陷	无明显缺陷	局部有缺陷，但缺陷深度小于钢筋保护层厚度	有较大范围的缺陷，或局部的严重缺陷，且缺陷深度大于钢筋保护层厚度
钢筋腐蚀损伤	无腐蚀现象	探测表明有可能腐蚀	已出现沿主筋方向的腐蚀裂缝，或明显的锈迹
混凝土腐蚀损伤	无腐蚀损伤	表面有轻度腐蚀损伤	有明显腐蚀损伤

6.2.6　子单元安全性鉴定评级

民用建筑安全性的第二层次子单元鉴定评级,应按地基基础、上部承重结构和围护系统承重部分划分为三个子单元进行评定;当不要求评定围护系统可靠性时,可不将围护系统承重部分列为子单元,将其安全性鉴定并入上部承重结构中。

6.2.6.1　地基基础

地基基础子单元的安全性鉴定评级,应根据地基变形或地基基础承载力的评定结果进行确定。对建在斜坡场地的建筑物,还应按边坡场地稳定性的评定结果进行确定。

当鉴定地基、桩基的安全性时,一般情况下,宜根据地基、桩基沉降观测资料,以及不均匀沉降在上部结构中反应的检查结果进行鉴定评级;当需对地基、桩基的承载力进行鉴定评级时,应以岩土工程勘察档案和有关检测资料为依据进行评定;当档案、资料不全时,还应补充近位勘探点,进一步查明土层分布情况,并应结合当地工程经验进行核算和评价;对建造在斜坡场地上的建筑物,应根据历史资料和实地勘察结果,对边坡场地的稳定性进行评级。

1. 地基变形

当地基基础的安全性按地基变形观测资料或其上部结构反应的检查结果评定时,应按下列规定评级:

A_u 级,不均匀沉降小于现行国家标准《建筑地基基础设计规范》(GB 50007—2011)规定的允许沉降差;建筑物无沉降裂缝、变形或位移。

B_u 级,不均匀沉降不大于现行国家标准《建筑地基基础设计规范》(GB 50007—2011)规定的允许沉降差;且连续两个月地基沉降量小于每月 2 mm;建筑物的上部结构虽有轻微裂缝,但无发展迹象。

C_u 级,不均匀沉降大于现行国家标准《建筑地基基础设计规范》(GB 50007—2011)规定的允许沉降差;或连续两个月地基沉降量大于每月 2 mm;或建筑物上部结构砌体部分出现宽度大于 5 mm 的沉降裂缝,预制构件连接部位可能出现宽度大于 1 mm 的沉降裂缝,且沉降裂缝短期内无终止趋势。

D_u 级,不均匀沉降远大于现行国家标准《建筑地基基础设计规范》(GB 50007—2011)规定的允许沉降差;连续两个月地基沉降量大于每月 2 mm,且尚有变快趋势;或建筑物上部结构的沉降裂缝发展显著;砌体的裂缝宽度大于 10 mm;预制构件连接部位的裂缝宽度大于 3 mm;现浇结构个别部分也已开始出现沉降裂缝。

以上 4 款的沉降标准,仅适用于建成 2 年以上且建于一般地基土上的建筑物;对建在高压缩性黏性土或其他特殊性土地基上的建筑物,此年限宜根据当地经验适当加长。

2. 地基基础承载力

当地基基础的安全性按其承载力评定时,可根据检测和计算分析结果,当地基基础承载力符合现行国家标准《建筑地基基础设计规范》(GB 50007—2011)的规定时,可根据建筑物的完好程度评为 A_u 级或 B_u 级;当地基基础承载力不符合现行国家标准《建筑地基基础设计规范》(GB 50007—2011)的规定时,可根据建筑物开裂、损伤的严重程度评为 C_u 级或 D_u 级。

3. 边坡稳定性

当地基基础的安全性按边坡场地稳定性项目评级时,应按下列规定评级:

A_u 级,建筑场地地基稳定,无滑动迹象及滑动史。

B_u 级,建筑场地地基在历史上曾有过局部滑动,经治理后已停止滑动,且近期评估表明,在一般情况下,不会再滑动。

C_u 级,建筑场地地基在历史上发生过滑动,目前虽已停止滑动,但当触动诱发因素时,今后仍有可能再滑动。

D_u 级,建筑场地地基在历史上发生过滑动,目前又有滑动或滑动迹象。

在鉴定中当发现地下水位或水质有较大变化,或土压力、水压力有显著改变,且可能对建筑物产生不利影响时,应对此类变化所产生的不利影响进行评价,并应提出处理的建议。地基基础子单元的安全性等级,应根据地基基础和场地的评定结果按其中最低一级确定。

6.2.6.2　上部承重结构

上部承重结构子单元的安全性鉴定评级,应根据其结构承载功能等级、结构整体性等级以及结构不适于承载的侧向位移等级的评定结果进行确定。

1. 结构承载功能等级评定

上部结构承载功能的安全性评级,当有条件采用较精确的方法评定时,应在详细调查的基础上,根据结构体系的类型及其空间作用程度,按国家现行标准规定的结构分析方法和结构实际的构造确定合理的计算模型,并应通过对结构作用效应分析和抗力分析,并结合工程鉴定经验进行评定。

当上部承重结构可视为由平面结构组成的体系,且其构件工作不存在系统性因素的影响时,其承载功能的安全性等级应按下列规定评定:可在多、高层房屋的标准层中随机抽取 $\sqrt{m}$ 层为代表层作为评定对象;m 为该鉴定单元房屋的层数;当 $\sqrt{m}$ 为非整数时,应多取一层;对一般单层房屋,宜以原设计的每一计算单元为一区,并应随机抽取 $\sqrt{m}$ 区为代表区作为评定对象。除随机抽取的标准层外,尚应另增底层和顶层,以及高层建筑的转换层和避难层为代表层。代表层构件应包括该层楼板及其下的梁、柱、墙等。宜按结构分析或构件校核所采用的计算模型,以及本标准关于构件集的规定,将代表层(或区)中的承重构件划分为若干主要构件集和一般构件集,并应按表 6-12 和表 6-13 的规定评定每种构件集的安全性等级。

表 6-12　主要构件集安全性等级的评定

等级	多层及高层房屋	单层房屋
A_u	该构件集内,不含 c_u 级和 d_u 级,可含 b_u 级,但含量不多于 25%	该构件集内,不含 c_u 级和 d_u 级,可含 b_u 级,但含量不多于 30%
B_u	该构件集内,不含 d_u 级,可含 c_u 级,但含量不多于 15%	该构件集内,不含 d_u 级,可含 c_u 级,但含量不多于 20%

续表 6-12

等级	多层及高层房屋	单层房屋
C_u	该构件集内,可含 c_u 级和 d_u 级,当仅含 c_u 级时,其含量不应多于 40%;当仅含 d_u 级时,其含量不应多于 10%;当同时含有 c_u 级和 d_u 级时,c_u 级含量不应多于 25%,d_u 级含量不应多于 3%	该构件集内,可含 c_u 级和 d_u 级,当仅含 c_u 级时,其含量不应多于 50%;当仅含 d_u 级时,其含量不应多于 15%;当同时含有 c_u 级和 d_u 级时,c_u 级含量不应多于 30%,d_u 级含量不应多于 5%
D_u	该构件集内,c_u 级和 d_u 级含量多于 C_u 级的规定数	该构件集内,c_u 级和 d_u 级含量多于 C_u 级的规定数

表 6-13　一般构件集安全性等级的评定

等级	多层及高层房屋	单层房屋
A_u	该构件集内,不含 c_u 级和 d_u 级,可含 b_u 级,但含量不多于 30%	该构件集内,不含 c_u 级和 d_u 级,可含 b_u 级,但含量不多于 35%
B_u	该构件集内,不含 d_u 级,可含 c_u 级,但含量不多于 20%	该构件集内,不含 d_u 级,可含 c_u 级,但含量不多于 25%
C_u	该构件集内,可含 c_u 级和 d_u 级,但 c_u 级含量不应多于 40%,d_u 级含量不应多于 10%	该构件集内,可含 c_u 级和 d_u 级,但 c_u 级含量不应多于 50%,d_u 级含量不应多于 15%
D_u	该构件集内,c_u 级和 d_u 级含量多于 C_u 级的规定数	该构件集内,c_u 级和 d_u 级含量多于 C_u 级的规定数

各代表层(或区)的安全性等级,应按该代表层(或区)中各主要构件集间的最低等级确定。当代表层(或区)中一般构件集的最低等级比主要构件集最低等级低二级或三级时,该代表层(或区)所评的安全性等级应降一级或降二级。

2. 结构整体性等级评定

结构整体牢固性等级的评定,可按表 6-14 的规定,先评定其每一检查项目的等级,当 4 个检查项目均不低于 B_u 级时,可按占多数的等级确定;当仅一个检查项目低于 B_u 级时,可根据实际情况定为 B_u 级或 C_u 级;每个项目评定结果取 A_u 级或 B_u 级,应根据其实际完好程度确定;取 C_u 级或 D_u 级,应根据其实际严重程度确定。

表 6-14　结构整体牢固性等级的评定

检查项目	A_u 级或 B_u 级	C_u 级或 D_u 级
结构布置构造	布置合理,形成完整的体系,且结构选型及传力路线设计正确,符合国家现行设计规范规定	布置不合理,存在薄弱环节,未形成完整的体系;或结构选型、传力路线设计不当,不符合国家现行设计规范规定,或结构产生明显振动
支撑系统或其他抗侧力系统的构造	构件长细比及连接构造符合国家现行设计规范规定,形成完整的支撑系统,无明显残损或施工缺陷,能传递各种侧向作用	构件长细比及连接构造不符合国家现行设计规范规定,未形成完整的支撑系统,或构件连接已失效或有严重缺陷,不能传递各种侧向作用
结构、构件间的联系	设计合理、无疏漏;锚固、拉结、连接方式正确、可靠、无松动变形或其他残损	设计不合理、多处疏漏;或锚固、拉结、连接不当,或已松动变形,或已残损
砌体结构中圈梁及构造柱的布置与构造	布置正确,截面尺寸、配筋及材料强度等符合国家现行设计规范规定,无裂缝或其他残损,能起闭合系统作用	布置不当,截面尺寸、配筋及材料强度不符合国家现行设计规范规定,已开裂,或有其他残损,或不能起闭合系统作用

3. 不适于承载的侧向位移评定

对上部承重结构不适于承载的侧向位移,应根据其检测结果,按下列规定评级:

当检测值已超出表 6-15 界限,且有部分构件出现裂缝、变形或其他局部损坏迹象时,应根据实际严重程度定为 C_u 级或 D_u 级。

当检测值虽已超出表 6-15 界限,但尚未发现上款所述情况时,应进一步进行计入该位移影响的结构内力计算分析,并验算各构件的承载能力,当验算结果均不低于 b_u 级时,仍可将该结构定为 B_u 级,但宜附加观察使用一段时间的限制。当构件承载能力的验算结果有低于 b_u 级时,应定为 C_u 级。

上部承重结构的安全性等级,应根据以上结构承载功能等级、结构整体性等级及结构侧向位移等级的评定结果,按下列原则确定:

(1)一般情况下,应按上部结构承载功能和结构侧向位移或倾斜的评级结果,取其中较低一级作为上部承重结构(子单元)的安全性等级。

表 6-15　各类结构不适于承载的侧向位移等级的评定

检查项目	结构类型				顶点位移	层间位移
					C_u 级或 D_u 级	C_u 级或 D_u 级
结构平面内的侧向位移	混凝土结构或钢结构	单层建筑			>$H/150$	—
		多层建筑			>$H/200$	>$H_i/150$
		高层建筑	框架		>$H/250$ 或>$300\,mm$	>$H_i/150$
			框架剪力墙、框架筒体		>$H/300$ 或>$400\,mm$	>$H_i/250$
结构平面内的侧向位移	砌体结构	单层建筑	墙	$H\leqslant 7\,m$	>$H/250$	—
				$H>7\,m$	>$H/300$	—
			柱	$H\leqslant 7\,m$	>$H/300$	—
				$H>7\,m$	>$H/330$	—
		多层建筑	墙	$H\leqslant 10\,m$	>$H/300$	>$H_i/300$
				$H>10\,m$	>$H/330$	>$H_i/300$
			柱	$H\leqslant 10\,m$	>$H/330$	>$H_i/330$
单层排架平面外侧倾					>$H/350$	—

注：表中 H 为结构顶点高度；H_i 为第 i 层层间高度；墙包括带壁柱墙。

(2)当上部承重结构评为 B_u 级,但当发现各主要构件集所含的 c_u 级构件出现 c_u 级构件交会的节点连接或不止一个 c_u 级存在于人群密集场所或其他破坏后果严重的部位时,宜将所评等级降为 C_u 级。

(3)当上部承重结构评为 C_u 级,但当发现其主要构件集有下列情况之一时,宜将所评等级降为 D_u 级:多层或高层房屋中,其底层柱集为 C_u 级;多层或高层房屋的底层,或任一空旷层,或框支剪力墙结构的框架层的柱集为 D_u 级;在人群密集场所或其他破坏后果严重部位,出现不止一个 d_u 级构件;任何种类房屋中,有 50%以上的构件为 c_u 级。

(4)当上部承重结构评为 A_u 级或 B_u 级,而结构整体性等级为 C_u 级或 D_u 级时,应将所评的上部承重结构安全性等级降为 C_u 级。

(5)当上部承重结构评为 A_u 级或 B_u 级,但当发现被评为 C_u 级或 D_u 级的一般构件集,已被设计成参与支撑系统或其他抗侧力系统工作,或已在抗震加固中,加强了其与主要构件集的锚固时,应将上部承重结构所评的安全性等级降为 C_u 级。

6.2.6.3　围护系统承重部分

围护系统承重部分的安全性,应在该系统专设的和参与该系统工作的各种承重构件的安全性评级的基础上,根据该部分结构承载功能等级和结构整体性等级的评定结果按照上部承重结构评定方法进行确定。围护系统承重部分的安全性等级,按下列规定确定：

（1）当仅有 A_u 级和 B_u 级时，可按占多数级别确定。

（2）当含有 C_u 级或 D_u 级时，可按下列规定评级。

（3）围护系统承重部分评定的安全性等级，不应高于上部承重结构的等级。

6.2.7　子单元使用性鉴定评级

民用建筑使用性的第二层次子单元鉴定评级，应按地基基础、上部承重结构和围护系统划分为三个子单元进行评定。

6.2.7.1　地基基础

地基基础使用性不良所造成的问题，主要是导致上部承重结构和围护系统不能正常使用。因此，一般可通过调查上部承重结构和围护系统是否存在使用性问题，以及此类问题与地基基础之间是否有因果关系，来间接判断地基基础的使用性。

当上部承重结构和围护系统的使用性检查未发现问题，或所发现问题与地基基础无关时，可根据实际情况定为 A_s 级或 B_s 级。

当上部承重结构和围护系统发现的问题与地基基础有关时，可根据上部承重结构和围护系统所评的等级，取其中较低一级作为地基基础使用性等级。

6.2.7.2　上部承重结构

上部承重结构子单元的使用性鉴定评级，应根据其所含各种构件集的使用性等级和结构的侧向位移等级进行评定。当建筑物的使用要求对振动有限制时，还应评估振动的影响。

1. 各种构件集的使用性等级评定

当评定一种构件集的使用性等级时，对单层房屋，应以计算单元中每种构件集为评定对象；对多层和高层房屋，应随机抽取若干层为代表层进行评定。

在计算单元或代表层中，评定一种构件集的使用性等级时，应根据该层该种构件中每一受检构件的评定结果，按下列规定评级：

A_s 级，该构件集内，不含 c_s 级构件，可含 b_s 级构件，但含量不多于 35%；

B_s 级，该构件集内，可含 c_s 级构件，但含量不多于 25%；

C_s 级，该构件集内，c_s 级含量多于 B_s 级的规定数。

对每种构件集的评级，在确定各级百分比含量的限值时，应对主要构件集取下限，对一般构件集取偏上限或上限，但应在检测前确定所采用的限值。

上部结构使用功能的等级，应根据计算单元或代表层所评的等级，按下列规定进行确定：

A_s 级，不含 C_s 级的计算单元或代表层；可含 B_s 级，但含量不多于 30%；

B_s 级，可含 C_s 级的计算单元或代表层，但含量不多于 20%；

C_s 级，在该计算单元或代表层中，C_s 级含量多于 B_s 级的规定值。

2. 结构的侧向位移等级评定

当上部承重结构的使用性需考虑侧向位移的影响时，可采用检测或计算分析的方法进行鉴定，对检测取得的主要由综合因素引起的侧向位移值，应按表 6-16 结构侧向位移限制等级的规定评定每一测点的等级，对结构顶点，应按各测点中占多数的等级确定；对层间,应按各测点最低的等级确定。根据以上两项评定结果,应取其中较低等级作为上部承重结构侧向位移使用性等级。

当检测有困难时,应在现场取得与结构有关参数的基础上,采用计算分析方法进行鉴定。当计算的侧向位移不超过表 6-16 中 B_s 级界限时,可根据该上部承重结构的完好程度评为 A_s 级或 B_s 级。当计算的侧向位移值已超出表 6-16 中 B_s 级的界限时,应定为 C_s 级。

表 6-16　结构的侧向位移限值

检查项目	结构类别		位移限值		
			A_s 级	B_s 级	C_s 级
钢筋混凝土结构或钢结构的侧向位移	多层框架	层间	$\leq H_i/500$	$\leq H_i/400$	$> H_i/400$
		结构顶点	$\leq H/600$	$\leq H/500$	$> H/500$
	高层框架	层间	$\leq H_i/600$	$\leq H_i/500$	$> H_i/500$
		结构顶点	$\leq H/700$	$\leq H/600$	$> H/600$
	框架-剪力墙框架-筒体	层间	$\leq H_i/800$	$\leq H_i/700$	$> H_i/700$
		结构顶点	$\leq H/900$	$\leq H/800$	$> H/800$
	筒中筒、剪力墙	层间	$\leq H_i/950$	$\leq H_i/850$	$> H_i/850$
		结构顶点	$\leq H/1\,100$	$\leq H/900$	$> H/900$
砌体结构的侧向位移	以墙承重的多层房屋	层间	$\leq H_i/550$	$\leq H_i/450$	$> H_i/450$
		结构顶点	$\leq H/650$	$\leq H/550$	$> H/550$
	以柱承重的多层房屋	层间	$\leq H_i/600$	$\leq H_i/500$	$> H_i/500$
		结构顶点	$\leq H/700$	$\leq H/600$	$> H/600$

注:表中 H 为结构顶点高度;H_i 为第 i 层的层间高度。

上部承重结构的使用性等级,按上部结构使用功能和结构侧移所评等级,取其中较低等级作为其使用性等级。

当考虑建筑物所受的振动作用可能对人的生理、仪器设备的正常工作、结构的正常使用产生不利影响时,可按《民用建筑可靠性鉴定标准》(GB 50292—2015)中的振动对上部结构影响的使用性鉴定方法进行评定。当评定结果不合格时,按下列规定进行修正:

当振动的影响仅涉及一种构件集时,可仅将该构件集所评等级降为 C_s 级。

当振动的影响涉及两种及以上构件集或结构整体时,应将上部承重结构及所涉及的各种构件集均降为 C_s 级。

当遇到下列情况之一时,应直接将该上部结构使用性等级定为 C_s 级:在楼层中,其楼面振动已使室内精密仪器不能正常工作,或已明显引起人体不适感;在高层建筑的顶部几层,其风振效应已使用户感到不安;振动引起的非结构构件或装饰层的开裂或其他损坏,已可通过目测判定。

6.2.7.3 围护系统

围护系统子单元的使用性鉴定评级,应根据该系统的使用功能及其承重部分的使用性等级进行评定。

1. 使用功能评定

当对围护系统使用功能等级评定时,应按表 6-17 规定的检查项目及其评定标准逐项评级,一般情况下,可取其中最低等级作为围护系统的使用功能等级;当鉴定的房屋对表中各检查项目的要求有主次之分时,也可取主要项目中的最低等级作为围护系统使用功能等级;当按上款主要项目所评的等级为 A_s 级或 B_s 级,但有多于一个次要项目为 C_s 级时,应将围护系统所评等级降为 C_s 级。

表 6-17　围护系统使用功能等级的评定

检查项目	A_s 级	B_s 级	C_s 级
屋面防水	防水构造及排水设施完好、无老化、渗漏及排水不畅的迹象	构造、设施基本完好,或略有老化迹象,但尚不渗漏及积水	构造、设施不当或已损坏,或有渗漏,或积水
吊顶	构造合理,外观完好,建筑功能符合设计要求	构造稍有缺陷,或有轻微变形或裂纹,或建筑功能略低于设计要求	构造不当或已损坏,或建筑功能不符合设计要求,或出现有碍外观的下垂
非承重内墙	构造合理,或主体结构有可靠联系,无可见变形,面层完好,建筑功能符合设计要求	略低于 A_s 级要求,但尚不显著影响其使用功能	不符合 A_s 级要求,且已显著影响其使用功能
外墙	墙体及其面层外观完好,无开裂、变形;墙脚无潮湿迹象;墙厚符合节能要求	略低于 A_s 级要求,但尚不显著影响其使用功能	不符合 A_s 级要求,且已显著影响其使用功能
门窗	外观完好,密封性符合设计要求,无剪切变形迹象,开闭或推动自如	略低于 A_s 级要求,但尚不显著影响其使用功能	门窗构件或其连接已损坏,或密封性差,或有剪切变形,已显著影响其使用功能
地下防水	完好,且防水功能符合设计要求	基本完好,局部可能有潮湿迹象,但上部渗漏	有不同程度损坏或有渗漏
其他防护设施	完好,且防护功能符合设计要求	有轻微缺陷,但尚不显著影响其防护功能	有损坏,或防护功能不符合设计要求

2. 承重部分的使用性评定

当评定围护系统承重部分的使用性时,应按上部承重部分的使用性评级标准评定每种构件的等级,并取其中最低等级作为该系统承重部分的使用性等级。

围护系统的使用性等级,应根据其使用功能和承重部分使用性的评定结果,按较低的等级确定。

6.2.8 鉴定单元的安全性

民用建筑第三层次鉴定单元的安全性鉴定评级,应根据其地基基础、上部承重结构和围护系统承重部分等的安全性等级,以及与整幢建筑有关的其他安全问题进行评定。

(1)一般情况下,应根据地基基础和上部承重结构的评定结果按其中较低等级确定。

(2)当鉴定单元的安全性等级按上述评为 A_u 级或 B_u 级但围护系统承重部分的等级为 C_u 级或 D_u 级时,可根据实际情况将鉴定单元所评等级降低一级或二级,但最后所定的等级不得低于 C_{su} 级。

(3)当建筑物处于有危房的建筑群中,且直接受到其威胁时;或建筑物朝一方向倾斜,且速度开始变快时;对以上任一情况,可直接评为 D_{su} 级。

(4)当新测定的建筑物动力特性,与原先记录或理论分析的计算值相比,建筑物基本周期显著变长或基本频率显著下降;建筑物振型有明显改变或振幅分布无规律。有上述变化时,可判其承重结构可能有异常,但应经进一步检查、鉴定后再评定该建筑物的安全性等级。

6.2.9 鉴定单元的使用性

民用建筑鉴定单元的使用性鉴定评级,应根据地基基础、上部承重结构和围护系统的使用性等级,以及与整幢建筑有关的其他使用功能问题进行评定,按三个子单元中最低的等级确定。

当鉴定单元的使用性等级按上述评定为 A_{ss} 级或 B_{ss} 级,但房屋内外装修已大部分老化或残损,或房屋管道、设备已需全部更新时,宜将所评等级降为 C_{ss} 级。

6.2.10 民用建筑可靠性评级

民用建筑的可靠性鉴定,应按"构件""子单元"" 鉴定单元"三个层次进行,以其安全性和使用性的鉴定结果为依据逐层进行。

当不要求给出可靠性等级时,民用建筑各层次的可靠性,宜采取直接列出其安全性等级和使用性等级的形式予以表示。

当需要给出民用建筑各层次的可靠性等级时,应根据其安全性和正常使用性的评定结果,按下列规定确定:

(1)当该层次安全性等级低于 b_u 级、B_u 级或 B_{su} 级时,应按安全性等级确定。

(2)除上述情形外,可按安全性等级和正常使用性等级中较低的一个等级确定。

(3)当考虑鉴定对象的重要性或特殊性时,可对评定结果做不大于一级的调整。

6.2.11 民用建筑适修性评估

在民用建筑可靠性鉴定中,当委托方要求对 C_{su} 级和 D_{su} 级鉴定单元,或 C_u 级和 D_u

级子单元的处理提出建议时,宜对其适修性进行评估,并应按下列规定提出具体建议:

（1）对评为 A_r、B_r 的鉴定单元和子单元,应予以修缮或修复使用。

（2）对评为 C_r 的鉴定单元和子单元,应分别做出修复与拆换两方案,经技术、经济评估后再做选择。

（3）对评为 C_{su}—D_r、D_{su}—D_r 和 C_u—D_r 的鉴定单元和子单元,宜考虑拆换或重建。

（4）对有文物、历史、艺术价值或有纪念意义的建筑物,不应进行适修性评估,而应予以修复或保存。

6.2.12　鉴定报告

民用建筑可靠性鉴定报告应包括下列内容:

（1）建筑物概况。

（2）鉴定的目的、范围和内容。

（3）检查、分析、鉴定的结果。

（4）结论与建议。

（5）附件。

鉴定报告中,应对 c_u 级、d_u 级构件及 C_u 级、D_u 级检查项目的数量、所处位置及其处理建议,逐一做出详细说明。当房屋的构造复杂或问题很多时,尚应绘制 c_u 级、d_u 级构件及 C_u 级、D_u 级检查项目的分布图。

对承重结构或构件的安全性鉴定所查出的问题,应根据其严重程度和具体情况有选择地采取下列处理措施:

（1）减少结构上的荷载。

（2）加固或更换构件。

（3）临时支顶。

（4）停止使用。

（5）拆除部分结构或全部结构。

对承重结构或构件的使用性鉴定所查出的问题,可根据实际情况有选择地采取下列措施:

（1）考虑经济因素而接受现状。

（2）考虑耐久性要求而进行修补、封护或化学药剂处理。

（3）改变使用条件或改变用途。

（4）全面或局部修缮、更新。

（5）进行现代化改造。

鉴定报告中应对可靠性鉴定结果进行说明,并应包含下列内容:

（1）对建筑物或其组成部分所评的等级,应仅作为技术管理或制订维修计划的依据。

（2）即使所评等级较高,也应及时对其中所含的 c_u 级、d_u 级构件及 C_u 级、D_u 级检查项目采取加固或拆换措施。

6.3　工业建筑可靠性鉴定

6.3.1　鉴定程序及其工作内容

工业建筑可靠性鉴定,宜按图 6-2 规定的程序进行。

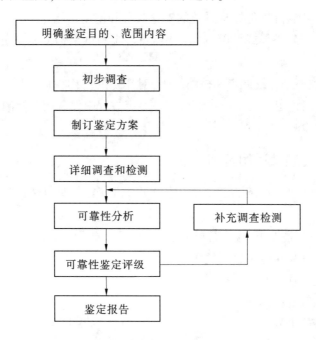

图 6-2　工业建筑的鉴定程序

鉴定的目的、范围和内容,应由委托方提出,并应与鉴定方协商后确定。

初步调查宜包括下列工作内容:

(1)查阅原设计施工资料,包括工程地质勘察报告、设计计算书、设计施工图、设计变更记录、施工及施工洽商记录、竣工资料等。

(2)调查工业建筑的历史情况,包括历次检查观测记录、历次维修加固或改造资料,用途变更、使用条件改变、事故处理及遭受灾害等情况。

(3)考察现场,应调查工业建筑的现状、使用条件、内外环境、存在的问题。

鉴定方案应根据鉴定目的、范围、内容及初步调查结果制定,应包括鉴定依据、详细调查和检测内容、检测方法、工作进度计划及需委托方完成的准备配合工作等。

详细调查和检测宜包括下列工作内容:

(1)调查结构上的作用和环境中的不利因素。

(2)检查结构布置和构造、支撑系统、结构构件及连接情况。

(3)检测结构材料的实际性能和构件的几何参数,还可通过荷载试验检验结构或构件的实际性能。

（4）调查或测量地基的变形，检查地基变形对上部承重结构、围护结构系统及吊车运行等的影响；还可开挖基础检查，补充勘察或进行现场地基承载能力试验。

（5）检测上部承重结构或构件、支撑杆件及其连接存在的缺陷和损伤、裂缝、变形或偏差、腐蚀、老化等。

（6）检查围护结构系统的安全状况和使用功能。

（7）检查构筑物特殊功能结构系统的安全状况和使用功能。

（8）上部承重结构整体或局部有明显振动时，应测试结构或构件的动力反应和动力特性。

可靠性分析应根据详细调查和检测结果，对建筑的结构构件、结构系统、鉴定单元进行结构分析与验算、评定。在工业建筑可靠性鉴定过程中发现调查检测资料不足时，应及时进行补充调查、检测。

6.3.2　鉴定的类别及适用范围

按照结构功能的两种极限状态，工业建筑可靠性鉴定主要包括安全性鉴定、使用性鉴定和可靠性鉴定。

工业建筑在下列情况下，应进行可靠性鉴定：

（1）达到设计使用年限拟继续使用时。

（2）使用用途或环境改变时。

（3）进行结构改造或扩建时。

（4）遭受灾害或事故后。

（5）存在较严重的质量缺陷或者出现较严重的腐蚀、损伤、变形时。

工业建筑在下列情况下，可仅进行安全性鉴定：

（1）各种应急鉴定。

（2）国家法规规定的安全性鉴定。

（3）临时性建筑需延长使用期限。

鉴定对象可以是工业建筑整体或相对独立的鉴定单元，亦可是结构系统或结构构件。鉴定的目标使用年限，应根据工业建筑的使用历史、当前的技术状况和今后的维修使用计划，由委托方和鉴定方共同商定。对鉴定对象不同的鉴定单元，可确定不同的目标使用年限。

6.3.3　鉴定的层次和等级划分

工业建筑可靠性鉴定评级宜划分为构件、结构系统、鉴定单元三个层次。可靠性鉴定应按表 6-18 的规定进行评级，安全性分为四级，使用性分为三级，可靠性分为四级；结构系统和构件的鉴定评级应包括安全性和使用性，也可根据需要综合评定其可靠性等级；可根据需要评定鉴定单元的可靠性等级，也可直接评定其安全性或使用性等级。

表 6-18 工业建筑可靠性鉴定评级的层次、等级划分及项目内容

层次	I	II			III
层名	鉴定单元	结构系统			构件
可靠性鉴定	一、二、三、四	A、B、C、D			a、b、c、d
	建筑物整体或某一区段	安全性评定	地基基础	地基变形、斜坡稳定性	承载能力、构造和连接
				承载功能	
			上部承重结构	整体性	
				承载功能	
			围护结构	承载功能、构造连接	
		A、B、C			a、b、c
		使用性评定	地基基础	影响上部结构正常使用的地基变形	变形或偏差、裂缝、缺陷和损伤、腐蚀、老化
			上部承重结构	使用状况、使用功能	
				位移或变形	
			围护系统	使用状况、使用功能	

注： 工业建筑结构整体或局部有明显不利影响的振动、耐久性损伤、腐蚀、变形时，应考虑其对上部承重结构安全性、使用性的影响进行评定。

工业建筑构件的可靠性鉴定评级应按表 6-19~表 6-27 所列规定评定。

表 6-19 构件的安全性评级标准

级别	分级标准	是否采取措施
a 级	符合国家现行标准的安全性要求，安全	不必采取措施
b 级	略低于国家现行标准的安全性要求，不影响安全	可不采取措施
c 级	不符合国家现行标准的安全性要求，影响安全	应采取措施
d 级	极不符合国家现行标准的安全性要求，已严重影响安全	必须立即采取措施

表 6-20　构件的使用性评级标准

级别	分级标准	是否采取措施
a 级	符合国家现行标准的正常使用要求，在目标使用年限内能正常使用	不必采取措施
b 级	略低于国家现行标准的正常使用要求，在目标使用年限内尚不明显影响正常使用	可不采取措施
c 级	不符合国家现行标准的正常使用要求，在目标使用年限内明显影响正常使用	应采取措施

表 6-21　构件的可靠性评级标准

级别	分级标准	是否采取措施
a 级	符合国家现行标准的可靠性要求，安全适用	不必采取措施
b 级	略低于国家现行标准的可靠性要求，能安全适用	可不采取措施
c 级	不符合国家现行标准的可靠性要求，影响安全，或影响正常使用	应采取措施
d 级	极不符合国家现行标准的可靠性要求，已严重影响安全	必须立即采取措施

表 6-22　结构系统的安全性评级标准

级别	分级标准	是否采取措施
A 级	符合国家现行标准的安全性要求，不影响整体安全	不必采取措施或有个别次要构件宜采取适当措施
B 级	略低于国家现行标准的安全性要求，尚不明显影响整体安全	可不采取措施或有极少数构件应采取措施
C 级	不符合国家现行标准的安全性要求，影响整体安全	应采取措施或有极少数构件应立即采取措施
D 级	极不符合国家现行标准的安全性要求，已严重影响整体安全	必须立即采取措施

表 6-23　结构系统的使用性评级标准

级别	分级标准	是否采取措施
A 级	符合国家现行标准的正常使用要求， 在目标使用年限内不影响整体正常使用	不必采取措施或有 个别次要构件宜 采取适当措施
B 级	略低于国家现行标准的正常使用要求， 在目标使用年限内尚不明显影响整体正常使用	可能有少数 构件应采取 措施
C 级	不符合国家现行标准的正常使用要求， 在目标使用年限内明显影响整体正常使用	应采取措施

表 6-24　结构系统的可靠性评级标准

级别	分级标准	是否采取措施
A 级	符合国家现行标准的可靠性要求， 不影响整体安全，可正常使用	不必采取措施或 有个别次要构件 宜采取适当措施
B 级	略低于国家现行标准的可靠性要求，尚不明显 影响整体安全，不影响正常使用	可不采取措施 或有极少数构件 应采取措施
C 级	不符合国家现行标准的可靠性要求， 或影响整体安全，或影响正常使用	应采取措施或 有极少数构件 应立即采取措施
D 级	极不符合国家现行标准的可靠性要求， 已严重影响整体安全，不能正常使用	必须立即采取措施

表 6-25　鉴定单元的安全性评级标准

级别	分级标准	是否采取措施
一级	符合国家现行标准的安全性要求， 不影响整体安全	不必采取措施或 有个别次要构件 宜采取适当措施

续表 6-25

级别	分级标准	是否采取措施
二级	略低于国家现行标准的安全性要求，尚不明显影响整体安全	可有极少数构件应采取措施
三级	不符合国家现行标准的安全性要求，影响整体安全	应采取措施，可能有极少数构件应立即采取措施
四级	极不符合国家现行标准的安全性要求，已严重影响整体安全	必须立即采取措施

表 6-26　鉴定单元的使用性评级标准

级别	分级标准	是否采取措施
一级	符合国家现行标准的正常使用要求，在目标使用年限内不影响整体正常使用	不必采取措施或有个别次要构件宜采取适当措施
二级	略低于国家现行标准的正常使用要求，在目标使用年限内尚不明显影响整体正常使用	可有少数构件应采取措施
三级	不符合国家现行标准的正常使用要求，在目标使用年限内明显影响整体正常使用	应采取措施

表 6-27　鉴定单元的可靠性评级标准

级别	分级标准	是否采取措施
一级	符合国家现行标准的可靠性要求，不影响整体安全，可正常使用	不必采取措施或有个别次要构件宜采取适当措施
二级	略低于国家现行标准的可靠性要求，尚不明显影响整体安全，不影响正常使用	可有极少数构件应采取措施
三级	不符合国家现行标准的可靠性要求，或影响整体安全，或影响正常使用	应采取措施，可能有极少数构件应立即采取措施
四级	极不符合国家现行标准的可靠性要求，已严重影响整体安全，不能正常使用	必须立即采取措施

6.3.4　构件的鉴定评级

6.3.4.1　构件的安全性鉴定

混凝土构件的安全性等级应按承载能力、构造和连接两个项目评定,并应取其中较低等级作为构件的安全性等级。

1. 承载能力

混凝土构件的承载能力项目应按表 6-28 的规定评定等级。当构件出现受压及斜压裂缝时,视其严重程度,承载能力项目直接评为 c 级或 d 级;当出现过宽的受拉裂缝、变形过大、严重的缺陷损伤及腐蚀情况时,尚应分析其不利情况对承载能力评级的影响,且承载能力项目评定等级不应高于 b 级。

表 6-28　混凝土构件承载能力评定等级

构件种类		评定标准			
		a	b	c	d
重要构件	$R/(\gamma_0 S)$	≥1.0	<1.0 ≥0.90	<0.90 ≥0.83	<0.83
次要构件	$R/(\gamma_0 S)$	≥1.0	<1.0 ≥0.87	<0.87 ≥0.80	<0.80

2. 构造和连接

混凝土构件的构造和连接项目包括构件构造、黏结锚固或预埋件、连接节点的焊缝或螺栓等,应根据对构件安全使用的影响按表 6-29 的规定评定等级,取其中较低一级作为该构件构造和连接项目的评定等级。

表 6-29　混凝土构件构造和连接的评定等级

检查项目	a 级或 b 级	c 级或 d 级
结构构造	结构构件的构造合理,符合或基本符合国家现行标准规定;无缺陷或仅有局部表面缺陷;工作无异常	结构构件的构造不合理,不符合国家现行标准规定;存在明显缺陷;已影响或显著影响正常工作
黏结锚固或预埋件	黏结锚固或预埋件的锚板和锚筋构造合理、受力可靠,符合或基本符合国家现行标准规定;经检查无变形或位移等异常情况	黏结锚固或预埋件的构造有缺陷,构造不合理,不符合国家现行标准规定;锚板有变形或锚板、锚筋与混凝土之间有滑移、拔脱现象,已影响或显著影响正常工作
连接节点的焊缝或螺栓	连接节点的焊缝或螺栓连接方式正确,构造符合或基本符合国家现行标准规定和使用要求;无缺陷或仅有局部表面缺陷,工作无异常	节点焊缝或螺栓连接方式不当,不符合国家现行标准要求;有局部拉脱、剪断、破损或滑移现象,已影响或显著影响正常工作

注:1. 评定结果取 a 级或 b 级,可根据其实际完好程度确定。

　　2. 评定结果取 c 级或 d 级,可根据其实际严重程度确定。

6.3.4.2 构件的使用性鉴定

混凝土构件的使用性等级应按裂缝、变形、缺陷和损伤、腐蚀四个项目评定,并取其中的最低等级作为构件的使用性等级。

1. 裂缝

混凝土构件的裂缝项目可按表 6-30~表 6-32 的规定评定等级,混凝土构件因钢筋腐蚀产生的沿筋裂缝在腐蚀项目中评定,其他非受力裂缝应查明原因,并应根据裂缝对结构的影响进行评定。

表 6-30　混凝土构件受力裂缝宽度评定等级

环境类别和作用等级	构件种类与工作条件		裂缝宽度/mm		
			a	b	c
I-A	室内正常环境	次要构件	≤0.3	>0.3, ≤0.4	>0.4
		重要构件	≤0.2	>0.2, ≤0.3	>0.3
I-B、I-C、II-C	露天或室内高湿度环境、干湿交替环境		≤0.2	>0.2, ≤0.3	>0.3
II-D、II-E、III、IV、V	使用除冰盐环境、滨海室外环境		≤0.1	>0.1, ≤0.2	>0.2

表 6-31　采用热轧钢筋配筋的预应力混凝土构件受力裂缝宽度评定等级

环境类别和作用等级	构件种类与工作条件		裂缝宽度/mm		
			a	b	c
I-A	室内正常环境	次要构件	≤0.20	>0.20, ≤0.35	>0.35
		重要构件	≤0.05	>0.05, ≤0.10	>0.10
I-B、I-C、II-C	露天或室内高湿度环境、干湿交替环境		无裂缝	≤0.05	>0.05
II-D、II-E、III、IV、V	使用除冰盐环境、滨海室外环境		无裂缝	≤0.02	>0.02

表 6-32　采用钢绞线、热处理钢筋、预应力钢丝配筋的预应力混凝土构件受力裂缝宽度评定等级

环境类别和作用等级	构件种类与工作条件		裂缝宽度/mm		
			a	b	c
I-A	室内正常环境	次要构件	≤0.02	>0.02, ≤0.10	>0.10
		重要构件	无裂缝	≤0.05	>0.05

续表 6-32

环境类别和作用等级	构件种类与工作条件	裂缝宽度/mm		
		a	b	c
I-B、I-C、II-C	露天或室内高湿度环境、干湿交替环境	无裂缝	≤0.02	>0.02
II-D、II-E、III、IV、V	使用除冰盐环境、滨海室外环境	无裂缝	—	有裂缝

注:对于采用冷拔低碳钢丝配筋的预应力混凝土构件裂缝宽度的评定等级,可按本表和有关国家现行标准评定。

2. 变形

混凝土构件的变形项目应按表 6-33 的规定评定等级。

表 6-33　混凝土构件变形评定等级

构件类别		a	b	c
单层厂房托架、屋架		$\leq l_0/500$	$>l_0/500, \leq l_0/450$	$>l_0/450$
多层框架主梁		$\leq l_0/400$	$>l_0/400, \leq l_0/350$	$>l_0/350$
屋盖、楼盖及楼梯构件	$l_0>9$ m	$\leq l_0/300$	$>l_0/300, \leq l_0/250$	$>l_0/250$
	7 m$\leq l_0 \leq$9 m	$\leq l_0/250$	$>l_0/250, \leq l_0/200$	$>l_0/200$
	<7 m	$\leq l_0/200$	$>l_0/200, \leq l_0/175$	$>l_0/175$
吊车梁	电动吊车	$\leq l_0/600$	$>l_0/600, \leq l_0/500$	$>l_0/500$
	手动吊车	$\leq l_0/500$	$>l_0/500, \leq l_0/450$	$>l_0/450$

注:表中 l_0 为构件的计算跨度。

3. 缺陷和损伤

混凝土构件缺陷和损伤项目应按表 6-34 的规定评定等级。

表 6-34　混凝土构件缺陷和损伤评定等级

评定等级	a	b	c
缺陷和损伤	完好	局部有缺陷和损伤,缺损深度小于保护层厚度	有较大范围的缺陷和损伤,或者局部有严重的缺陷和损伤,缺损深度大于保护层厚度

注:1. 表中缺陷一般指构件外观存在的缺陷,当施工质量较差或有特殊要求时,尚应包括构件内部可能存在的缺陷。

2. 表中的损伤主要指机械磨损或碰撞等引起的损伤。

4. 腐蚀

混凝土构件腐蚀项目包括钢筋腐蚀和混凝土腐蚀,应按表 6-35 的规定评定等级,其等级应取钢筋腐蚀和混凝土腐蚀评定结果中的较低等级。

表 6-35　混凝土构件腐蚀评定等级

评定等级	a	b	c
钢筋腐蚀	无腐蚀损伤	有腐蚀可能和轻微腐蚀现象	外观有沿筋裂缝或明显锈迹
混凝土腐蚀	无腐蚀损伤	表面有轻度腐蚀损伤	表面有明显腐蚀损伤

注:对于墙板类和梁柱构件中的钢筋,当钢筋腐蚀状况符合表中 b 级标准时,钢筋截面腐蚀损伤不应大于 5%,否则应评为 c 级。

6.3.5　结构系统的鉴定评级

工业建筑物结构系统的鉴定评级,应对地基基础、上部承重结构和围护结构系统三个结构系统的安全性等级和使用性等级分别进行评定。

结构系统的可靠性等级,应根据其安全性等级和使用性等级评定结果,按下列原则确定:

(1)当结构系统的使用性等级为 A 级或 B 级时,应按安全性等级确定。

(2)当结构系统的使用性等级为 C 级、安全性等级不低于 B 级时,宜为 C 级。

(3)位于生产工艺流程重要区域的结构系统,可按安全性等级和使用性等级中的较低等级确定。

6.3.5.1　地基基础

1. 安全性鉴定

地基基础的安全性等级评定应遵循下列原则:宜根据地基变形观测资料和工业建筑现状进行评定,需要时也可按地基基础的承载能力进行评定;建在斜坡场地环境下的工业建筑,应检测评定边坡场地的稳定性及其对工业建筑安全性的影响;建在回填土、特殊土等场地上的工业建筑,应根据特殊土力学性能、特点按相应标准进行评定;对有大面积地面荷载或软弱地基上的工业建筑,应评价地面荷载、相邻建筑及循环工作荷载引起的附加变形或桩基侧移对工业建筑安全使用的影响;当工业建筑附近新建施工、开挖、堆填荷载,地下工程侧穿、下穿、场地地下水、土压力等与设计工况有较大改变时,应考虑其改变产生的不利影响。

当地基基础的安全性按地基变形观测资料和工业建筑现状的检测结果评定时,应按表 6-36 的规定评定等级。

表 6-36　按地基变形评定地基基础的安全性等级

评定等级	评定标准
A	地基变形小于现行国家《建筑地基基础设计规范》(GB 50007—2011)规定的允许值,沉降速率小于 0.01 mm/d,工业建筑使用状况良好,无沉降裂缝、变形或位移,吊车等机械设备运行正常
B	地基变形不大于现行国家《建筑地基基础设计规范》(GB 50007—2011)规定的允许值,沉降速率不大于 0.05 mm/d,半年内的沉降量小于 5 mm,工业建筑有轻微沉降裂缝出现,但无进一步发展趋势,沉降对吊车等机械设备的正常运行基本没有影响

续表 6-36

评定等级	评定标准
C	地基变形大于现行国家《建筑地基基础设计规范》(GB 50007—2011)规定的允许值,沉降速率大于 0.05 mm/d,工业建筑有轻微的进一步发展趋势,沉降已影响到吊车等机械设备的正常运行,但尚有调整余地
D	地基变形大于现行国家《建筑地基基础设计规范》(GB 50007—2011)规定的允许值,沉降速率大于 0.05 mm/d,工业建筑有轻微的进一步发展,沉降已导致吊车等机械设备不能正常运行

当地基基础的安全性按承载能力项目评定时,应按表 6-37 的规定评定等级。

表 6-37　按承载能力项目评定地基基础的安全性等级

评定等级	评定标准
A	地基基础承载能力满足现行国家标准《建筑地基基础设计规范》(GB 50007—2011)规定的要求,建筑完好无损
B	地基基础承载能力略低于现行国家标准《建筑地基基础设计规范》(GB 50007—2011)规定的要求,建筑局部有与地基基础相关的轻微损伤
C	地基基础承载能力不满足现行国家标准《建筑地基基础设计规范》(GB 50007—2011)规定的要求,建筑有与地基基础相关的开裂损伤
D	地基基础承载能力不满足现行国家标准《建筑地基基础设计规范》(GB 50007—2011)规定的要求,建筑有与地基基础相关的严重开裂损伤

地基基础的安全性等级,应根据表 6-36、表 6-37 的评定结果按较低等级确定。

2. 使用性鉴定

地基基础的使用性等级,宜根据上部承重结构和围护结构使用状况按表 6-38 的规定评定。

表 6-38　地基基础的使用性评定等级

评定等级	评定标准
A	上部承重结构和围护结构的使用状况良好,或所出现的问题与地基基础无关
B	上部承重结构和围护结构的使用状况基本正常,结构或连接因地基基础变形有个别损伤
C	上部承重结构和围护结构的使用状况不完全正常,结构或连接因地基基础变形有局部或大面积损伤

6.3.5.2　上部承重结构

1. 安全性鉴定

上部承重结构的安全性等级,应按结构整体性和承载功能两个项目评定,并取其中较低的评定等级作为上部承重结构的安全性等级,必要时应考虑过大水平位移或明显振动对该结构系统或其中部分结构安全性的影响。

结构整体性等级应按表 6-39 的规定评定,并取各评定项目中的较低等级作为结构整体性的评定等级。

表 6-39　结构整体性评定等级

评定等级	A 或 B	C 或 D
结构布置和构造	结构布置合理,体系完整;传力路径明确或基本明确;结构形式和构件选型、整体性构造和连接等符合或基本符合国家现行标准的规定,满足安全要求或不影响安全	结构布置不合理,体系不完整;传力路径不明确或不当;结构形式和构件选型、整体性构造和连接等不符合或严重不符合国家现行标准的规定,影响安全或严重影响安全
支撑系统或其他抗侧力系统	支撑系统或其他抗侧力系统布置合理,传力系统完整,能有效传递各种侧向作用;支撑杆件长细比及节点构造符合或基本符合现行国家标准的规定,无明显缺陷或损伤	支撑系统或其他抗侧力系统布置不合理,传力系统不完整,不能有效传递各种侧向作用;支撑杆件长细比及节点构造不符合或严重不符合现行国家标准的规定,有明显缺陷或损伤

注:对表中的各项目评定时,可根据其实际完好程度评为 A 级或 B 级,根据其实际严重程度评为 C 级或 D 级。

上部承重结构承载功能的评定等级,当有条件采用较精确的方法评定时,应在详细调查的基础上,根据结构体系的类型及空间作用,按国家现行标准的规定确定合理的计算模型,通过结构作用效应分析和结构抗力分析,并结合该体系以往的承载状况和工程经验确定。结构抗力分析时尚应考虑结构及构件的变形、损伤和材料劣化对结构承载能力的影响。

当单层厂房上部承重结构是由平面排架、平面框架或框排架组成的结构体系时,其承载功能的等级可按下列规定近似评定:根据结构布置和荷载分布将上部承重结构分为若干平面排架、平面框架或框排架计算单元。将平面计算单元中的每种构件按构件的集合及其重要性区分为重要构件集或次要构件集。平面计算单元中每种构件集的安全性等级,可按表 6-40 的规定评定。

表 6-40　构件集的安全性评定等级

集合类别	评定等级	评定标准
重要构件集	A 级	不含 c 级、d 级,含 b 级构件且不多于 30%
	B 级	不含 d 级,含 c 级构件且不多于 20%
	C 级	含 d 级构件且少于 10%
	D 级	含 d 级构件且不少于 10%
次要构件集	A 级	不含 c 级、d 级,含 b 级构件且不多于 35%
	B 级	不含 d 级,含 c 级构件且不多于 25%
	C 级	含 d 级构件且少于 20%
	D 级	含 d 级构件且不少于 20%

注:当工艺流程和结构体系的关键部位存在 c 级、d 级构件时,根据其失效后果影响程度,该种构件集可直接评定为 C 级和 D 级。

各平面计算单元的安全性等级,宜按该平面计算单元内各重要构件集中的最低等级确定。当次要构件集的最低安全性等级比重要构件集的最低安全性等级低两级或三级时,其安全性等级可按重要构件集的最低安全性等级降一级或降两级确定。

上部承重结构承载功能的等级可按表 6-41 的规定评定。

表 6-41　上部承重结构承载功能评定等级

评定等级	评定标准
A	不含 C 级和 D 级平面计算单元,含 B 级平面计算单元且不多于 30%
B	不含 D 级平面计算单元,平面计算单元不含 d 级构件,且 C 级平面计算单元不多于 10%
C	可含 D 级平面计算单元且少于 5%
D	含 D 级平面计算单元且不少于 5%

多层厂房上部承重结构承载功能的等级可按下列规定评定:沿厂房的高度方向将厂房划分为若干单层子结构,宜以每层楼板及其下部相连的柱、梁为一个子结构;子结构上的作用除应考虑本子结构直接承受的作用,尚应考虑其上部各子结构传到本子结构上的荷载作用。每个子结构宜按表 6-40、表 6-41 的规定评定等级。整个多层厂房的上部承重结构承载功能的评定等级可按子结构中的最低等级确定。

2. 使用性鉴定

上部承重结构的使用性等级应按上部承重结构使用状况和结构水平位移两个项目评定,并取其中较低的评定等级作为上部承重结构的使用性等级,还应考虑振动对该结构系统或其中部分结构正常使用性的影响。

单层厂房上部承重结构使用状况的等级可按屋盖系统、柱子系统、吊车梁系统三个子系统中的最低使用性等级确定；当厂房中采用轻级工作制吊车时，可按屋盖系统和柱子系统两个子系统的较低等级确定。每个子系统的使用性等级应根据其所含构件使用性等级按表6-42的规定评定。

表6-42　单层厂房子系统的使用性评定等级

评定等级	评定标准
A	不含c级构件，含b级构件且少于35%
B	含b级构件不少于35%或含c级构件且不多于25%
C	含c级构件且多于25%

注：屋盖系统、吊车梁系统包含相关构件和附属设施，如吊车检修平台、走道板、爬梯等。

多层厂房上部承重结构使用状况的等级评定，可将其划分为若干单层子结构，每个单层子结构使用状况的等级可按表6-42的规定评定，整个多层厂房上部承重结构使用状况的评定等级按表6-43的规定评定。

表6-43　多层厂房上部承重结构使用状况评定等级

评定等级	评定标准
A	不含C级子结构，含b级子结构且不多于30%
B	含B级子结构且多于30%或含C级子结构且不多于20%
C	含C级子结构且多于20%

当上部承重结构的使用性等级按结构水平位移影响评定时，可采用检测或计算分析的方法，按表6-44的规定评定。

表6-44　结构水平位移评定等级

评定等级	评定标准
A	水平位移满足国家现行相关标准限值要求
B	水平位移超过国家现行相关标准限值要求，尚不明显影响正常使用
C	水平位移超过国家现行相关标准限值要求，对正常使用有明显影响

注：当结构水平位移过大达到C级标准时，尚应考虑水平位移引起的附加内力对结构承载能力的影响，并参与相关结构的承载功能等级评定。

当鉴定评级中需要考虑明显振动对上部承重结构整体或局部的影响时，可按《工业建筑可靠性鉴定标准》中振动对上部承重结构影响的鉴定方法进行评定。评定结果对结构的安全性有影响时，应在上部承重结构承载功能的评定等级中予以考虑；评定结果对结构的正常使用性有影响时，则应在上部结构使用状况的评定等级中予以考虑。

6.3.5.3　维护结构系统

1. 安全性鉴定

围护结构系统的安全性等级,应按围护结构的承载功能和构造连接两个项目进行评定,并取两个项目中较低的评定等级作为该围护结构系统的安全性等级。围护结构承载功能的评定等级,应根据其结构类别按上部承重结构评级规定评定。围护结构构造连接项目的评定等级,可按表 6-45 的规定评定,并取其中最低等级作为该项目的安全性等级。

表 6-45　围护结构构造连接评定等级

项目	A 级或 B 级	C 级或 D 级
构造	构造合理,符合或基本符合国家现行标准规定,无变形或无损坏	构造不合理,不符合或严重不符合国家现行标准规定,有明显变形或损坏
连接	连接方式正确,连接构造符合或基本符合国家现行标准规定,无缺陷或仅有局部的表面缺陷或损伤,工作无异常	连接方式不当,不符合或严重不符合国家现行标准规定,连接构造有缺陷或有严重缺陷,已有明显变形、松动、局部脱落、裂缝或损坏
对主体结构安全的影响	构件选型及布置合理,对主体结构的安全没有或有较轻的不利影响	构件选型及布置不合理,对主体结构的安全有较大或严重的不利影响

注:1. 表中的构造指围护系统自身的构造,如砌体围护墙的高厚比、墙板的配筋、防水层的构造等;连接指系统本身的连接及其与主体结构的连接;对主体结构安全的影响主要指围护结构是否对主体结构的安全造成不利影响或使其受力方式发生改变等。

2. 对表中的各项目评定时,可根据其实际完好程度评为 A 级或 B 级,根据其实际严重程度评为 C 级或 D 级。

2. 使用性鉴定

围护结构系统的使用性等级,应根据围护结构的使用状况、围护结构系统的使用功能两个项目评定,并取两个项目中较低评定等级作为该围护结构系统的使用性等级。

围护结构使用状况的评定等级,应根据其结构类别按上部承重结构评级规定评定。

围护结构系统使用功能的评定等级宜根据表 6-46 中各项目对建筑物使用寿命和生产的影响程度确定出主要项目和次要项目逐项评定,并应按下列原则确定:一般情况下,围护结构系统的使用功能等级可取主要项目的最低等级;主要项目为 A 级或 B 级,次要项目有一个以上为 C 级时,宜根据需要的维修量大小将使用功能等级降为 B 级或 C 级。

表 6-46　围护结构系统使用功能评定等级

项目		A 级	B 级	C 级
屋面系统	混凝土结构屋面	构造层、防水层完好,排水畅通	构造基本完好,防水层有个别老化、鼓泡、开裂或轻微损坏,排水有个别堵塞现象,但不漏水	构造层有损坏,防水层多处老化、鼓泡、开裂、腐蚀或局部损坏、穿孔,排水有局部严重堵塞或漏水现象
	金属围护结构屋面	挡风揭性能、防腐性能和防水性能均满足国家现行相关标准规定	抗风揭性能、防腐性能和防水性能至少有一项略低于国家现行相关标准规定,尚不明显影响正常使用	抗风揭性能、防腐性能和防水性能至少有一项略低于国家现行相关标准规定,对正常使用有明显影响
墙体		完好,无开裂、变形或渗水现象	轻微开裂、变形、局部破损或轻微渗水,但不明显影响使用功能	已开裂、变形、渗水,明显影响使用功能
门窗		完好	门窗完好,连接或玻璃等轻微损坏	连接局部破坏,已影响使用功能
地下防水		完好	基本完好,虽有较大潮湿现象,但无明显渗漏	局部损坏或有渗漏现象
其他防护设施		完好	有轻微损坏,但不影响防护功能	局部损坏已影响防护功能

注:1. 表中的墙体指非承重墙体。

　　2. 其他防护设施系指为了隔热、隔冷、隔尘,防湿、防腐、防撞、防爆和安全而设置的各种设施及爬梯、顶棚吊顶等。

6.3.6　工业建筑物的鉴定评级

6.3.6.1　可靠性鉴定

工业建筑物可按所划分的鉴定单元进行可靠性等级评定。鉴定单元的可靠性等级应根据地基基础、上部承重结构和围护结构系统的可靠性等级按下列原则评定:

(1) 当围护结构系统与地基基础和上部承重结构的可靠性等级相差不大于一级时,可按地基基础和上部承重结构中的较低等级作为该鉴定单元的可靠性等级。

(2) 当围护结构系统比地基基础和上部承重结构中的较低可靠性等级低两级时,可按地基基础和上部承重结构中的较低等级降一级作为该鉴定单元的可靠性等级。

(3) 当围护结构系统比地基基础和上部承重结构中的较低可靠性等级低三级时,可根据实际情况按地基基础和上部承重结构中的较低等级降一级或降两级作为该鉴定单元的可靠性等级。

6.3.6.2　安全性鉴定

工业建筑物可按所划分的鉴定单元进行安全性等级评定。鉴定单元的安全性等级应根据地基基础、上部承重结构和围护结构系统的安全性等级按下列原则评定：

（1）当围护结构系统与地基基础和上部承重结构的安全性等级相差不大于一级时，可按地基基础和上部承重结构中的较低等级作为该鉴定单元的安全性等级。

（2）当围护结构系统比地基基础和上部承重结构中的较低安全性等级低两级时，可按地基基础和上部承重结构中的较低等级降一级作为该鉴定单元的安全性等级。

（3）当围护结构系统比地基基础和上部承重结构中的较低安全性等级低三级时，可根据实际情况按地基基础和上部承重结构中的较低等级降一级或降两级作为该鉴定单元的安全性等级。

6.3.6.3　使用性鉴定

工业建筑物可按所划分的鉴定单元进行使用性等级评定。鉴定单元的使用性等级应根据地基基础、上部承重结构和围护结构系统的使用性等级进行评定，可按三个结构系统中最低的等级确定。

6.3.7　鉴定报告

工业建筑可靠性鉴定报告应包括下列内容：

（1）工程概况。

（2）鉴定的目的、内容、范围及依据。

（3）调查、检测、分析结果。

（4）评定等级或评定结果。

（5）结论与建议。

鉴定报告编写应符合下列规定：

（1）鉴定报告中宜根据需要明确目标使用年限，指出被鉴定工业建筑各鉴定单元所存在的问题并分析其产生的原因。

（2）鉴定报告中应明确总体鉴定结论，指明被鉴定工业建筑各鉴定单元的最终评定等级或评定结果。

（3）鉴定报告中应对各鉴定单元安全性评为 c 级或 d 级构件和 C 级或 D 级结构系统、正常使用性评为 c 级构件和 C 级结构系统的数量和所处位置做出详细说明，并应提出处理措施建议。

第 7 章　耐久性评定

7.1　耐久性评定概述

混凝土结构的耐久性问题十分复杂,涉及的破坏因素包括大气和近海环境的钢筋腐蚀、冻融循环、化学腐蚀、淡水溶蚀、物理磨损及各种因素的综合作用。随着时间的推移,既有混凝土结构存在许多耐久性隐患。在既有建筑物的检测和鉴定过程中,越来越多的业主提出耐久性评估和剩余使用寿命预测的要求。如何科学评估既有混凝土结构的耐久性能,合理预测其剩余使用年限,以选择对其正确的处理方法,确保结构在目标使用年限内安全和合理使用,为结构的维修、加固提供决策依据,是混凝土结构耐久性研究最主要的内容之一。

原则上讲,结构的耐久性评估实际上是一个结构再设计的过程。理论上如果通过结构检测能获取相关参数的实际特征值和统计分布,根据以性能和可靠度理论为基础的混凝土结构使用寿命设计方法对既有结构进行再设计(既有结构的评估),就可确定出结构相关性能的可靠指标,并对其剩余使用寿命作出判断。但是,按照上述先进方法对既有结构进行再设计还需要有个发展过程,目前大量的工程问题还是通过规范加经验的方法来解决。因此,本章主要依据我国现行的规范和标准《既有混凝土结构耐久性评定标准》(GB/T 51355—2019)、《混凝土结构耐久性评定标准》(CECS 220:2007),对既有结构的评估进行说明。

7.1.1　耐久性评定时机

对于混凝土结构进行耐久性评定的时机,国外有些国家的规范或法律有明确的规定,如新加坡的建筑物管理法规定,居住建筑在建造后每隔 10 年须进行强制鉴定,公共、工业建筑则为建造后每隔 5 年进行一次鉴定。日本通常要求建筑物服役 20 年后才进行一次鉴定。英国等只对体育场馆等人员密集的公共建筑,做强制定期鉴定的规定。

我国虽没有给出具体的时间限制,但在《既有混凝土结构耐久性评定标准》(GB/T 51355—2019)中规定在以下情况下需要进行耐久性评定:

(1)达到设计使用年限,拟继续使用时。

(2)使用功能或环境明显改变时。

(3)已出现耐久性损伤时。

(4)考虑结构性能随时间劣化进行可靠性鉴定时。

对于重要工程或设计使用年限为 100 年及以上的工程,应定期进行耐久性评定。根据我国以往的工程经验,在良好使用环境下民用建筑的室内构件一般可使用 50 年以上,而处于潮湿环境下的室内外构件往往使用 20~30 年就需要维修。冶金、化工等使用环境较恶劣的工业建筑使用 25~30 年即需大修;处于严酷环境下的工程结构甚至不足 10 年即出现严重的耐性损伤。因此,在保证建筑物安全性的前提下,民用建筑使用 30~40 年、工业建筑及露天结构使用 20 年左右宜进行耐久性鉴定。其他特殊情况的工程结构应根据具体情况设置检测周期。

7.1.2　耐久性评定的基本准则

　　既有结构的耐久性评定,是依据结构所处的环境条件和评定结构的技术状况预测结构的剩余寿命,即对结构下一目标使用年限内仍能满足各项功能的时间做出预测。由于环境作用的复杂性和不确定性,实际上很难准确预测结构的剩余使用年限。过去处理这类问题时,只能依据专家经验做出粗略、保守的判断,而依据耐久性评定标准则有可能对混凝土结构的剩余使用年限做出比较全面、合理的估算。

　　混凝土结构的耐久性损伤主要表现为环境作用下的钢筋腐蚀和混凝土腐蚀及损伤,包括大气环境及氯盐侵蚀环境下的钢筋腐蚀、冻融损伤、碱骨料反应、化学腐蚀、疲劳、物理磨损等。国内外工程调查资料都表明,钢筋腐蚀是混凝土结构最普遍、危害最大的耐久性损伤,在环境相对恶劣的条件下,钢筋严重腐蚀使结构往往达不到预期的使用寿命;在严寒或寒冷地区,冻融破坏也是常见的耐久性损伤。因此,《既有混凝土结构耐久性评定标准》(GB/T 51355—2019)中所介绍的耐久性评定方法适用于一般大气环境、氯盐侵蚀环境、硫酸盐侵蚀环境、冻融损伤、混凝土碱骨料反应引起的损伤(见表 7-1、表 7-2)。而对于化学腐蚀、疲劳荷载、火灾等,可参照专门的标准规范进行评定。

表 7-1　环境类别

环境类别	环境类型	腐蚀机制
I	一般环境	混凝土碳化及其引起的钢筋腐蚀
II	冻融环境	反复冻融导致混凝土损伤
III	海洋氯化物环境	氯盐引起钢筋腐蚀
IV	除冰盐等其他氯化物环境	除冰盐引起混凝土表面剥落损伤以及氯盐引起钢筋腐蚀
V	化学腐蚀环境	硫酸盐等化学物质对混凝土的腐蚀

表 7-2　环境作用等级

作用等级	轻微	轻度	中度	严重	非常严重	极端严重
I	I-A	I-B	I-C	I-D	—	—
II	—	—	II-C	II-D	II-E	—
III	III-A	III-B	III-C	III-D	III-E	III-F
IV	—	—	IV-C	IV-D	IV-E	—
V	—	—	V-C	V-D	V-E	V-F

7.1.3　耐久性极限状态

耐久性极限状态可以表述为:结构或构件由耐久性损伤造成某项性能丧失而不能满足使用要求的临界状态。造成结构耐久性损伤的因素很多,引起结构性能丧失而影响适用性也是多方面的。因此,需要根据结构的具体性能要求确定相应的耐久性极限状态。因为耐久性问题较多体现在对沿钢筋锈胀裂缝的控制等适用性要求上,这里采用《既有混凝土结构耐久性评定标准》(GB/T 51355—2019)中的分类方法,即:

(1)钢筋开始腐蚀。

(2)混凝土保护层锈胀开裂。

(3)混凝土表面出现可接受的最大外观损伤。

7.1.4　耐久性评价指标

在混凝土耐久性损伤中,有一些能够预测其剩余使用年限,有一些则不能或当前没有条件预测。如在氯盐侵蚀混凝土的情况下,以钢筋开始腐蚀作为耐久性失效标准时,对于在制备时掺入氯盐的混凝土,仅能根据混凝土中的氯离子含量和引起钢筋腐蚀的临界含量比值,判断钢筋是否发生腐蚀,据此判断耐久性能的好坏,此时是没有时间参数介入的;又如碱骨料反应引起的破坏,也只能借助某些参数评价其耐久性状态的优劣。

因此,根据耐久性评定方法不同,结构耐久性按其剩余使用年限或耐久性状态两种方法评定。

7.1.5　评定程序和内容

混凝土结构耐久性评定程序如图 7-1 所示。

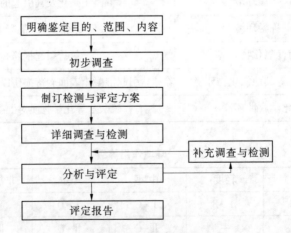

图 7-1　耐久性评定程序

初步调查应包括下列内容:

(1)历史资料:结构类型、用途、已使用年限、使用历史等;结构设计、施工、维修加固、改扩建、维护检测、事故及其处理等。

(2)结构的环境作用和各种防护设施。

(3)结构的使用状况。

根据调查结果制订检测方案,检测方案应包括下列内容:调查与检测目的、要求;调查与检测的范围、检测项目、检测方法;检测抽样方法、检测数量;检测仪器设备等。

7.1.6　耐久性评定的层次与等级划分

混凝土结构耐久性评定应根据结构的复杂程度分构件、评定单元两个层次,或构件、子单元、评定单元三个层次,按三个等级进行评定,评定单元应根据结构所处环境条件、结构使用功能、结构布置等情况划分(见表7-3)。构件、评定单元的耐久性应按下列规定评定等级。

表 7-3　耐久性等级评定

耐久性裕度系数 ξ_d	≥1.8	1.8~1.0	≤1.0
构件耐久性等级	a 级	b 级	c 级
评定单元耐久性等级	A 级	B 级	C 级

7.1.6.1　构件

构件的耐久性等级应根据耐久性裕度系数 ξ_d 或耐久性损伤状态评定,主要分为以下三个等级。

a 级:在目标使用年限内,构件耐久性满足要求,可不采取修复、防护或其他提高耐久性的措施。

b 级:在目标使用年限内,构件耐久性基本满足要求,可不采取或部分采取修复、防护或其他提高耐久性的措施。

c 级:在目标使用年限内,构件耐久性不满足要求,应及时采取修复、防护或其他提高耐久性的措施。

7.1.6.2　评定单元

评定单元的耐久性等级应根据耐久性裕度系数 ξ_d 确定,主要分为以下三个等级。

A 级:在目标使用年限内,评定单元耐久性满足要求,可不采取修复、防护或其他提高耐久性的措施。

B 级:在目标使用年限内,评定单元耐久性基本满足要求,可不采取或部分采取修复、防护或其他提高耐久性的措施。

C 级:在目标使用年限内,评定单元耐久性不满足要求,应及时采取修复、防护或其他提高耐久性的措施。

上述的目标使用年限一般由业主与评定人员根据使用要求和结构当前的技术状况协商确定。

7.2　一般环境混凝土结构耐久性评定

一般环境混凝土结构的损伤机制即指混凝土处于一般大气环境下,由中性化作用引起的混凝土结构出现钢筋腐蚀、保护层开裂等损伤情况。钢筋腐蚀三个阶段的发展过程，即开始腐蚀、保护层锈胀开裂、裂缝开展到某一宽度，取决于环境条件、保护层厚度、混凝土密实性等因素，有的可持续到几十年甚至上百年的时间，但环境恶劣，保护层过小、混凝土密实性很差时，也可能仅需要几年或十几年的时间经历这一过程。对于外观要求不高的室外构件和一些重工业厂房混凝土构件，一般可用混凝土表面出现可接受最大外观损伤的时间确定其剩余使用年限，相应锈胀裂缝宽度为 2~3 mm，而一般室内构件宜用保护层锈胀开裂作为耐久性失效的标准。因此，一般环境混凝土结构耐久性极限状态可按下列评定确定：

（1）对下一目标使用年限内不允许钢筋腐蚀或严格不允许保护层锈胀开裂的构件（如预应力混凝土构件），可将钢筋开始腐蚀作为耐久性极限状态。

（2）对下一目标使用年限内一般不允许出现锈胀裂缝的构件，可将保护层锈胀开裂作为耐久性极限状态。

（3）对下一目标使用年限内允许出现锈胀裂缝或局部破损的构件，可将混凝土表面出现可接受最大外观损伤作为耐久性极限状态。

钢筋开始腐蚀极限状态应为混凝土中性化诱发钢筋脱钝的状态；混凝土保护层锈胀开裂极限状态应为钢筋腐蚀产物引起混凝土保护层开裂的状态；混凝土保护层锈胀裂缝宽度极限状态应为混凝土保护层锈胀裂缝宽度达到限值时对应的状态。

一般环境混凝土结构耐久性评定时，应考虑局部环境的影响，并应按表 7-4 确定局部环境系数。

表 7-4　局部环境系数 m

环境作用等级		结构构件示例	m
Ⅰ-A	一般室内环境； 一般室外不淋雨环境无污染源的工业厂房	常年干燥，低湿度环境中的室内构件； 不接触或偶尔接触雨水的室外构件； 机修、仪表等工业厂房	1.0~1.2
Ⅰ-B	室内潮湿环境； 室内干湿交替环境； 大气轻微污染的工业厂房	中、高湿度环境中的室内构件； 与冷凝水、露水或蒸汽频繁接触的室内构件； 炼钢、轧钢等工业厂房	1.2~2.5
Ⅰ-C	室外淋雨环境； 酸雨环境； 一般冻融环境； 大气重度污染的工业厂房	淋雨或频繁与水接触的室外构件； 酸雨地区露天环境； 考虑冻融循环对碳化影响的一般室外环境； 焦化、化工等工业厂房	2.5~4.0
Ⅰ-D	湿热地区室外淋雨环境	湿热地区频繁淋雨或频繁与水接触的室外构件	4.0~4.5

注：1. 混凝土结构耐久性评定时，宜根据检测时构件的技术状况推断局部环境系数合理取值。

2. 工业大气环境条件复杂，局部环境系数尚应考虑有无干湿交替、有害介质含量等具体情况合理取用。

7.2.1　钢筋开始腐蚀耐久性评定

过去一般都将碳化深度达到钢筋表面作为钢筋开始腐蚀的条件,但试验和工程检测表明,碳化深度尚未到达钢筋表面时钢筋也有可能发生腐蚀。碳化前沿到钢筋表面的距离称为碳化残量,碳化残量值是确定钢筋开始腐蚀时间的重要参数。日本学者通过试验得出了碳化残量值为 2~10 mm,我国工程检测数据一般为 −20~25 mm,正值多在室外环境,负值多在室内环境。工程经验表明,碳化残量主要与保护层厚度、钢筋脱钝速率及碳化系数有关,而脱钝速率受构件局部环境影响最大。因此,一般环境混凝土结构钢筋开始腐蚀耐久年限应考虑碳化系数、保护层厚度和局部环境影响,并应按下式确定:

$$t_i = 15.2 K_k K_c K_m \tag{7-1}$$

式中　t_i——钢筋开始腐蚀耐久年限,a;

K_k——碳化系数对钢筋开始腐蚀耐久年限的影响系数,见表 7-5;

K_c——保护层厚度对钢筋开始腐蚀耐久年限的影响系数;

K_m——局部环境对钢筋开始腐蚀耐久年限的影响系数。

表 7-5　碳化系数对钢筋开始腐蚀耐久年限的影响系数 K_k

碳化系数 $k/(\mathrm{mm}/\sqrt{a})$	1.0	2.0	3.0	4.5	6.0	7.5	9.0
K_k	2.27	1.54	1.20	0.94	0.80	0.71	0.64

注:当碳化系数介于表中数值之间时,可按线性插值确定。

反应混凝土碳化速率指标的碳化系数 k,与周围大气中 CO_2 浓度、环境温湿度、混凝土密实性等因素有关,由实测碳化深度按照式(7-2)来确定碳化系数,可以避开这些不确定性因素的影响,得到较为可靠的结果。

$$k = \frac{X_c}{\sqrt{t_0}} \tag{7-2}$$

式中　X_c——实测混凝土碳化深度,mm,当碳化测区不在构件角部时,构件角部的碳化深度可取实测碳化深度的 1.4 倍;

t_0——结构建成至检测时的时间,a。

混凝土保护层厚度对钢筋开始腐蚀耐久年限的影响系数 K_c,按表 7-6 确定。

表 7-6　保护层厚度对钢筋开始腐蚀耐久年限的影响系数 K_c

混凝土保护层厚度 c/mm	5	10	15	20	25	30	40
K_c	0.54	0.75	1.00	1.29	1.62	1.96	2.67

注:当混凝土保护层厚度介于表中数据之间时,可按线性插值确定。

局部环境对钢筋开始腐蚀耐久年限的影响系数 K_m 由表 7-7 确定。

表 7-7　局部环境对钢筋开始腐蚀耐久年限的影响系数 K_m

局部环境系数 m	1.0	1.5	2.0	2.5	3.0	3.5	4.5
K_m	1.51	1.24	1.06	0.94	0.85	0.78	0.68

因此,将钢筋混凝土内部钢筋开始腐蚀作为耐久性极限时,钢筋混凝土结构的耐久性裕度系数应按式(7-3)计算:

$$\xi_d = \frac{t_i - t_0}{\gamma_0 t_e} \tag{7-3}$$

式中　ξ_d——耐久性裕度系数;

　　　t_i——钢筋开始腐蚀耐久年限,a;

　　　t_0——结构建成至检测时的时间,a;

　　　γ_0——结构重要性系数;

　　　t_e——目标使用年限,a。

7.2.2　混凝土保护层锈胀开裂耐久性评定

一般环境下钢筋混凝土保护层锈胀开裂的时间受钢筋腐蚀速率、保护层厚度、钢筋直径、混凝土强度、环境温度、环境湿度及局部环境等因素的影响,国内外理论研究与试验分析成果很多,根据《既有混凝土结构耐久性评定标准》(GB/T 51355—2019)的规定,按式(7-4)、式(7-5)确定:

$$t_{cr} = t_i + t_c \tag{7-4}$$

$$t_c = H_e H_f H_d H_T H_{RH} H_m t_r \tag{7-5}$$

式中　t_{cr}——混凝土保护层锈胀开裂耐久年限,a;

　　　t_c——钢筋开始腐蚀至混凝土保护层锈胀开裂所需的时间,a;

　　　t_r——各项影响系数为1.0时构件自钢筋开始腐蚀到保护层锈胀开裂的时间,a,对室外环境,梁、柱取1.9,墙、板取4.9;对室内环境,梁、柱取3.8,墙、板取11.0;

　　　H_e——保护层厚度对混凝土保护层锈胀开裂耐久年限的影响系数,见表7-8;

　　　H_f——混凝土强度对混凝土保护层锈胀开裂耐久年限的影响系数,见表7-9;

　　　H_d——钢筋直径对混凝上保护层锈胀开裂耐久年限的影响系数,见表7-10;

　　　H_T——环境温度对混凝土保护层锈胀开裂耐久年限的影响系数,见表7-11;

　　　H_{RH}——环境湿度对混凝土保护层锈胀开裂耐久年限的影响系数,见表7-12;

　　　H_m——局部环境对混凝土保护层锈胀开裂耐久年限的影响系数,见表7-13。

表 7-8　保护层厚度对混凝土保护层锈胀开裂耐久年限的影响系数 H_e

保护层厚度 c/mm		5	10	15	20	25	30	40
室外	梁、柱	0.38	0.68	1.00	1.34	1.70	2.09	2.93
	墙、板	0.33	0.62	1.00	1.48	2.07	2.79	4.62
室内	梁、柱	0.37	0.68	1.00	1.35	1.73	2.13	3.02
	墙、板	0.31	0.61	1.00	1.51	2.14	2.92	4.91

注:当混凝土保护层厚度介于表中数值之间时,可按线性插值确定。

表 7-9　混凝土强度对混凝土保护层锈胀开裂耐久年限的影响系数 H_f

混凝土抗压强度推定值 $f_{cu,e}$/MPa		10	15	20	25	30	35	40
室外	梁、柱	0.21	0.47	0.86	1.39	2.08	2.94	3.99
	墙、板	0.17	0.41	0.76	1.26	1.92	2.76	3.79
室内	梁、柱	0.21	0.48	0.89	1.44	2.15	3.04	4.13
	墙、板	0.17	0.41	0.77	1.27	1.94	2.79	3.83

注:当混凝土强度推定值介于表中数值之间时,可按线性插值确定。

表 7-10　钢筋直径对混凝土保护层锈胀开裂耐久年限的影响系数 H_d

钢筋直径 d/mm		4	8	12	16	20	25	28	32
室外	梁、柱	2.43	1.66	1.40	1.27	1.19	1.13	1.10	1.05
	墙、板	4.65	2.11	1.50	1.25	1.12	1.02	0.99	0.97
室内	梁、柱	2.23	1.52	1.29	1.17	1.10	1.04	1.02	0.99
	墙、板	4.10	1.87	1.34	1.11	1.00	0.92	0 88	0.85

表 7-11　环境温度对混凝土保护层锈胀开裂耐久年限的影响系数 H_T

环境温度 T/℃		4	8	12	16	20	24	28
室外	梁、柱	1.50	1.42	1.34	1.27	1.20	1.15	1.09
	墙、板	1.39	1.31	1.24	1.17	1.11	1.06	1.01
室内	梁、柱	1.39	1.31	1.24	1.17	1.11	1.06	1.01
	墙、板	1.25	1.19	1.11	1.05	1.00	0.95	0.91

注:当环境温度介于表中数值之间时,可按线性插值确定。

表 7-12　环境湿度对混凝土保护层锈胀开裂耐久年限的影响系数 H_{RH}

环境湿度 RH/%		55	60	65	70	75	80	85
室外	梁、柱	2.40	1.83	1.51	1.30	1.15	1.041	1.041
	墙、板	2.23	1.70	1.40	1.21	1.07	0.97	0.97
室内	梁、柱	3.04	1.91	1.46	1.21	1.04	0.92	0.92
	墙、板	2.75	1.73	1.32	1.09	0.94	0.83	0.83

注:当环境湿度介于表中数值之间时,可按线性插值确定。

表 7-13　局部环境对混凝土保护层锈胀开裂耐久年限的影响系数 H_m

局部环境系数 m		1.0	1.5	2.0	2.5	3.0	3.5	4.5
室外	梁、柱	3.74	2.49	1.87	1.50	1.25	1.07	0.83
	墙、板	3.50	2.33	1.75	1.40	1.17	1.00	0.78
室内	梁、柱	3.40	2.27	1.70	1.36	1.13	0.97	0.76
	墙、板	3.09	2.06	1.55	1.24	1.03	0.88	0.69

注:当局部环境系数介于表中数值之间时,按线性插值确定。

因此,将混凝土保护层锈胀开裂作为耐久性极限状态时,钢筋混凝土结构的耐久性裕度系数应按式(7-6)计算:

$$\xi_d = \frac{t_{cr} - t_0}{\gamma_0 t_e} \tag{7-6}$$

式中　ξ_d——耐久性裕度系数;

t_{cr}——混凝土保护层锈胀开裂耐久年限,a;

t_0——结构建成至检测时的时间,a;

γ_0——结构重要性系数;

t_e——目标使用年限,a。

7.2.3　混凝土保护层锈胀裂缝宽度限值耐久性评定

保护层开裂后钢筋腐蚀机制异常复杂,钢筋腐蚀量预测模型国内外研究较少,根据《既有混凝土结构耐久性评定标准》(GB/T 51355—2019)的规定,一般环境混凝土保护层锈胀裂缝宽度限值耐久年限应考虑保护层厚度、混凝土强度、钢筋直径、环境温度、环境湿度及局部环境的影响,按式(7-7)、式(7-8)确定:

$$t_d = t_i + t_{cl} \tag{7-7}$$

$$t_{cl} = H_e H_f H_d H_T H_{RH} H_m t_{d0} \tag{7-8}$$

式中　t_d——混凝土保护层锈胀裂缝宽度限值耐久年限,a;

t_i——结构建成至钢筋开始腐蚀的时间,a;

t_{cl}——钢筋开始腐蚀至混凝土保护层锈胀裂缝宽度达到限值所需时间,a;

t_{d0}——各项影响系数为 1.0 时钢筋开始腐蚀到保护层锈胀裂缝宽度达到限值的年限,a,对室外环境,梁、柱取 7.04,墙、板取 8.09;对室内环境,梁、柱取 8.84,墙、板取 14.48;

H_e——保护层厚度对混凝土保护层锈胀裂缝宽度限值耐久年限的影响系数,见表 7-14;

H_f——混凝土强度对混凝土保护层锈胀裂缝宽度限值耐久年限的影响系数,见表 7-15;

H_d——钢筋直径对混凝土保护层锈胀裂缝宽度限值耐久年限的影响系数,见表 7-16;

H_{T}——环境温度对混凝土保护层锈胀裂缝宽度限值耐久年限的影响系数,见表 7-17;

H_{RH}——环境湿度对混凝土保护层锈胀裂缝宽度限值耐久年限的影响系数,见表 7-18;

H_{m}——局部环境对混凝土保护层锈胀裂缝宽度限值耐久年限的影响系数,表 7-19。

表 7-14 保护层厚度对混凝土保护层锈胀裂缝宽度限值耐久年限的影响系数 H_{c}

保护层厚度 c/mm		5	10	15	20	25	30	40
室外	梁、柱	0.57	0.87	1.00	1.17	1.36	1.54	1.91
	墙、板	0.58	0.77	1.00	1.24	1.49	1.76	2.35
室内	梁、柱	0.59	0.78	1.00	1.23	1.48	1.69	2.13
	墙、板	0.47	0.74	1.00	1.26	1.53	1.82	2.45

注:当保护层厚度介于表中数值之间时,可按线性插值确定。

表 7-15 混凝土强度对混凝土保护层锈胀裂缝宽度限值耐久年限的影响系数 H_{f}

混凝土抗压强度推定值 $f_{\mathrm{cu,e}}/\mathrm{MPa}$		10	15	20	25	30	35	40
室外	梁、柱	0.29	0.60	0.92	1.25	1.64	2.16	2.78
	墙、板	0.31	0.59	0.89	1.29	1.81	2.46	3.24
室内	梁、柱	0.34	0.62	0.93	1.33	1.85	2.49	3.24
	墙、板	0.31	0.56	0.89	1.35	1.94	2.66	3.52

注:当混凝土强度推定值介于表中数值之间时,可按线性插值确定。

表 7-16 钢筋直径对混凝土保护层锈胀裂缝宽度限值耐久年限的影响系数 H_{d}

钢筋直径 d/mm		4	8	12	16	20	25	28	32
室外	梁、柱	0.86	1.11	1.33	1.29	1.26	1.23	1.22	1.21
	墙、板	0.91	1.44	1.47	1.36	1.30	1.26	1.24	1.22
室内	梁、柱	0.94	1.14	1.32	1.27	1.24	1.21	1.20	1.19
	墙、板	0.92	1.40	1.41	1.29	1.23	1.19	1.17	1.15

表 7-17 环境温度对混凝土保护层锈胀裂缝宽度限值耐久年限的影响系数 H_{T}

环境温度 $T/℃$		4	8	12	16	20	24	28
室外	梁、柱	1.39	1.33	1.27	1.22	1.18	1.13	1.10
	墙、板	1.48	1.41	1.34	1.27	1.22	1.16	1.12
室内	梁、柱	1.42	1.34	1.28	1.22	1.16	1.12	1.07
	墙、板	1.43	1.35	1.28	1.22	1.16	1.11	1.06

注:当环境温度介于表中数值之间时,可按线性插值确定。

表 7-18　环境湿度对混凝土保护层锈胀裂缝宽度限值耐久年限的影响系数 H_{RH}

环境湿度 $RH/\%$		55	60	65	70	75	80	85
室外	梁、柱	2.07	1.64	1.40	1.24	1.13	1.06	1.06
	墙、板	2.30	1.79	1.50	1.31	1.18	1.08	1.08
室内	梁、柱	2.95	1.91	1.49	1.26	1.11	1.00	1.00
	墙、板	3.08	1.96	1.51	1.26	1.10	0.98	0.98

注:当环境湿度介于表中数值之间时,可按线性插值确定。

表 7-19　局部环境对混凝土保护层锈胀裂缝宽度限值耐久年限的影响系数 H_m

局部环境系数 m		1.0	1.5	2.0	2.5	3.0	3.5	4.5
室外	梁、柱	3.10	2.14	1.67	1.38	1.20	1.06	0.88
	墙、板	3.53	2.39	1.82	1.49	1.26	1.10	0.89
室内	梁、柱	3.27	2.23	1.71	1.40	1.19	1.05	0.85
	墙、板	3.43	2.30	1.75	1.41	1.19	1.03	0.82

因此,将混凝土表面出现可接受最大钢筋锈胀裂缝宽度作为耐久性极限状态时,钢筋混凝土结构的耐久性裕度系数应按式(7-9)计算:

$$\xi_d = \frac{t_d - t_0}{\gamma_0 t_e} \tag{7-9}$$

式中　ξ_d——耐久性裕度系数;

　　　t_d——混凝土保护层锈胀裂缝宽度限值耐久年限,a;

　　　t_0——结构建成至检测时的时间,a;

　　　γ_0——结构重要性系数;

　　　t_e——目标使用年限,a。

7.3　氯盐侵蚀环境混凝土结构耐久性评定

氯离子掺入混凝土或通过外界渗入混凝土中,由于氯离子穿透力极强,到达钢筋表面后迅速破坏钝化膜形成腐蚀电池,氯离子与铁离子反应,生成 $FeCl_2$,在孔隙溶液中遇到 OH^- 立即生成 $Fe(OH)_2$,氯离子被释放出来,游离的氯离子再与铁离子结合,如此循环。因此,在钢筋腐蚀过程中氯离子不会因腐蚀反应而减少,氯离子起的是催化作用、去极化作用、导电作用,使电化学反应加快,因此氯盐侵蚀环境下的钢筋腐蚀速率比碳化引起的钢筋腐蚀要快。其腐蚀过程与碳化腐蚀一样经历开始腐蚀、保护层锈胀开裂、混凝土表面出现可接受最大外观损伤三个阶段,从保护层锈胀开裂到混凝土表面出现可接受最大外观损伤时间较快。因此,在氯盐侵蚀环境下,混凝土结构的耐久性通常按下列两种极限状态评定:

（1）钢筋开始腐蚀极限状态；

（2）混凝土保护层锈胀开裂极限状态。

钢筋开始腐蚀极限状态应为钢筋表面氯离子浓度达到钢筋脱钝临界氯离子浓度的状态；混凝土保护层锈胀开裂极限状态应为钢筋腐蚀产物引起混凝土保护层开裂的状态。

氯盐侵蚀环境混凝土结构耐久性等级应根据不同极限状态对应的耐久性裕度系数评定。当保护层脱落、表面外观损伤已造成混凝土构件不满足使用功能时，混凝土构件耐久性等级应直接评为 c 级。

7.3.1　氯盐侵蚀环境等级

环境等级的设定依赖氯盐侵蚀的严重程度，由于近海大气中存在盐雾，使氯离子逐渐在混凝土内聚集，尤其是在无遮挡、海风直接吹到的部位，混凝土表面氯离子浓度可达到一个稳定的最大值。而除冰盐环境下混凝土内部氯离子浓度高于海洋环境下混凝土内部氯离子浓度几倍甚至几十倍。氯离子浓度对钢筋腐蚀有很大影响，特别是处于频繁干湿交替环境的构件，钢筋腐蚀速率最快。因此，侵入性氯盐侵蚀环境等级及参数按表 7-20 确定。根据实际情况，近海大气环境、浪溅区、除冰盐环境的环境等级不同，对应的表面氯离子达到稳定值的累积时间以及局部环境系数也不同。

表 7-20　氯盐侵蚀环境等级及参数

环境类别	环境等级	环境状况	混凝土表面氯离子达到稳定值的累积时间 t_1/a	局部环境系数 m_{cl}	
				室外	室内
近海大气环境	Ⅲa	离海岸 1.0 km 以内	20~30	4.0~4.5	2.0~2.5
	Ⅲb	离海岸 0.5 km 以内	15~20		
	Ⅲc	离海岸 0.25 km 以内	10~15		
	Ⅲd	离海岸 0.1 km 以内	10		
浪溅区	Ⅲe	水位变化区和浪溅区	瞬时	4.5~5.5	
除冰盐环境	Ⅲf	除冰盐环境	检测结果确定	4.5~5.5	

7.3.2　氯离子扩散系数

氯离子扩散系数与混凝土组分、水胶比、养护、饱水程度、温度等因素密切相关。当氯离子从混凝土表面渗透到钢筋表面，在传输过程中不断与水泥水化产物反应生成 Fridel 盐、与水泥水化产物产生物理吸附，形成结合氯离子，仅孔隙水中的自由氯离子继续向里扩散，因此随着时间增加，氯离子扩散系数逐渐减小。但是，对高水灰比（$W/C \geq 0.55$）的混凝土，由于毛细孔隙不随距表面深度增加而明显减少，氯离子扩散系数并不随时间减小。另外，当结构使用年限较长，扩散系数已趋于稳定或偏保守估算，也可不考虑扩散系数的时间依赖性。

由于影响氯离子扩散系数的因素太多，渗透过程十分复杂，实际上难以准确确定氯离子扩散系数。因此,通过实测混凝土内部氯离子浓度分布,用扩散方程反推氯离子扩散系数是最有效的途径。通常确定氯离子扩散系数有以下两类方法。

7.3.2.1　自然扩散法

将试件长期浸泡在盐溶液中,或直接从现场混凝土中取样,通过测定氯离子侵入混凝土内部不同深度处的浓度分布,用 Fick 第二定律,根据最小二乘法,拟合求出氯离子扩散系数。通过实测混凝土内部氯离子浓度分布,用扩散方程反推氯离子扩散系数是最有效的途径。

(1)优先根据混凝土中氯离子分布检测结果由式(7-10)推算:

$$D_0 = \frac{x^2 \times 10^{-6}}{4t_0 \left[erf^{-1} (1 - M(x, t_0)/M_s) \right]^2} \tag{7-10}$$

式中　D_0——氯离子扩散系数,m^2/a;

　　　x——氯离子扩散深度,mm;

　　　t_0——结构建成至检测时的时间,a;

　　　erf——误差函数;

　　　$M(x, t_0)$——检测时 x 深度处的氯离子浓度,kg/m^3;

　　　M_s——实测混凝土表面氯离子浓度,kg/m^3。

当不考虑扩散系数的时间依赖性时,取 $D = D_0$。

(2)需要考虑氯离子扩散系数的时间依赖性时,采用国际通用的表达式估算:

$$D = D_0 (t_0/t)^n \tag{7-11}$$

式中　n——混凝土龄期系数,用每隔 2~3 年实测数据推算的 D 值确定。

7.3.2.2　加速扩散法

通过施加电场,加速氯离子在混凝土中的迁徙,然后结合化学分析,通过测定氯离子浓度-距离-时间曲线,利用理论公式计算氯离子扩散系数。

7.3.3　钢筋腐蚀临界氯离子浓度

钢筋腐蚀临界氯离子浓度受胶凝材料品种与掺量、混凝土含水量、孔隙率、孔隙结构及环境条件等多种因素的影响。一般水灰比小,混凝土碱度高,水泥中 C_3A 含量高、钝化膜厚,临界浓度大。而干湿交替环境钝化膜易遭受破坏,临界浓度相对较低。在评估过程中,混凝土中钢筋腐蚀临界氯离子浓度宜根据建筑物所处实际环境条件和既有工程调查确定。当缺乏可靠资料时,可按表 7-21 取用。

表 7-21　钢筋腐蚀临界氯离子浓度 C_{cr}　　　　　　　　单位:kg/m^3

混凝土抗压强度推定值 $f_{cu,e}$/MPa	≥40	35	≤30
近海大气与海洋盐雾区 (Ⅲ-A、Ⅲ-B、Ⅲ-C、Ⅲ-D、Ⅲ-E)	2.10		
浪溅区(Ⅲ-F)	1.70	1.50	1.30
水位变动区(Ⅲ-F)	2.10		
除冰盐环境及其他氯化物环境	1.30~2.10		

7.3.4 混凝土表面氯离子浓度

氯离子向混凝土内部渗透与受雨水冲刷等因素产生的表面流失相平衡时,混凝土表面氯离子浓度达到稳定的最大值。潮汐区、浪溅区混凝土表面氯离子浓度直接与海水接触或受浪花拍打,可以认为瞬时即可达到最大值,同在浪溅区,构件所处的位置、朝向、相对最高潮位的高度不同,混凝土表面氯离子含量也会不同。近海大气区混凝土表面氯离子浓度受各种不确定因素的影响,其累积速率可在每年 0.004% ~ 0.1%(混凝土质量比)范围内变化。

由于构件所处环境条件不同及混凝土的密实性变异很大,在进行评定时应优先采用实测值确定氯离子聚集系数(检测时间 t_0 小于聚集时间 t_1),或确定混凝土表面氯离子浓度最终稳定值(检测时间 t_0 大于聚集时间 t_1),再由氯离子聚集系数推测混凝土表面氯离子浓度。当缺乏有效的实测数据时,可参照表 7-22 中数据取用。

$$C_s = k_s \sqrt{t_1} \tag{7-12}$$

$$k_s = C_{se} / \sqrt{t_0} \tag{7-13}$$

式中 k_s——混凝土表面氯离子聚集系数;

t_1——混凝土表面氯离子浓度达到稳定值的时间,a,按表 7-23 取值;

t_0——结构建成至检测时的时间,a,$t_0 > t_1$ 时,取 $t_0 = t_1$;

C_{se}——实测的混凝土表面氯离子浓度,kg/m³。

表 7-22　混凝土表面氯离子浓度 C_s　　　　单位:kg/m³

水位变动区 (Ⅲ-F)	浪溅区 (Ⅲ-F)	大气盐雾区 (Ⅲ-E)	近海大气区(离海岸距离)			
			0.1 km (Ⅲ-D)	0.25 km (Ⅲ-C)	0.5 km (Ⅲ-B)	1.0 km (Ⅲ-A)
19	17.0	11.5	5.87	3.83	2.57	1.28

表 7-23　氯盐侵蚀环境混凝土表面氯离子浓度达到稳定值的时间 t_1

环境	环境作用等级	环境状况	t_1/a
近海大气环境	Ⅲ-A	0.5 km ≤ d < 1.0 km	20 ~ 30
	Ⅲ-B	0.25 km ≤ d < 0.5 km	15 ~ 20
	Ⅲ-C	0.1 km ≤ d < 0.25 km	10 ~ 15
	Ⅲ-D	d < 0.1 km	10
海洋环境	Ⅲ-E	大气盐雾区	0 ~ 10
	Ⅲ-F	水位变动区、浪溅区	0

注:1. 近海大气环境指空旷无遮挡的环境。

2. d 为离海岸的距离。

7.3.5　钢筋开始腐蚀耐久性评定

7.3.5.1　钢筋开始腐蚀耐久年限

氯盐侵蚀环境混凝土结构钢筋开始腐蚀耐久年限,应考虑混凝土表面氯离子沉积过程和混凝土保护层氯离子扩散过程的影响,按式(7-14)、式(7-15)确定:

$$t_i = \left(\frac{c}{K}\right)^2 \times 10^{-6} + 0.2t_1 \tag{7-14}$$

$$K = 2\sqrt{D}\, erf^{-1}\left(1 - \frac{C_{cr}}{C_s}\right) \tag{7-15}$$

式中　t_i——钢筋开始腐蚀耐久年限,a;

c——混凝土保护层厚度,mm;

K——氯盐侵蚀系数,$m/\sqrt{a}$,可按表7-24取值;

D——氯离子扩散系数,m^2/a;

erf——误差函数;

C_{cr}——钢筋腐蚀临界氯离子浓度,kg/m^3,按单位体积混凝土中总氯离子浓度计算;

C_s——混凝土表面氯离子浓度,kg/m^3,按单位体积混凝土中总氯离子浓度计算;

t_1——混凝土表面氯离子浓度达到稳定值的时间,a,见表7-23。

表 7-24　氯盐侵蚀系数 K　　　　　　　　$\times 10^{-2}$ $m/\sqrt{a}$

$\dfrac{C_{cr}}{C_s}$	$D\times 10^{-4}$								
	0.60	1.00	1.40	1.80	2.20	2.60	3.00	3.40	3.80
0.05	2.15	2.77	3.28	3.72	4.11	4.47	4.80	7.01	5.40
0.06	2.06	2.66	3.15	3.57	3.95	4.29	4.61	6.73	5.19
0.07	1.98	2.56	3.03	3.44	3.80	4.13	4.44	6.48	5.00
0.08	1.92	2.48	2.93	3.32	3.67	3.99	4.29	6.26	4.83
0.09	1.86	2.40	2.84	3.22	3.56	3.87	4.15	6.07	4.67
0.10	1.80	2.33	2.75	3.12	3.45	3.75	4.03	4.27	4.53
0.12	1.70	2.20	2.60	2.95	3.26	3.55	3.81	5.56	4.29
0.15	1.57	2.04	2.41	2.73	3.02	3.28	3.52	3.75	3.97
0.18	1.47	1.90	2.24	2.54	2.81	3.06	3.28	4.80	3.70
0.20	1.40	1.81	2.14	2.43	2.69	2.92	3.14	3.34	3.54
0.25	1.26	1.63	1.92	2.18	2.41	2.62	2.82	3.00	3.17
0.30	1.14	1.47	1.73	1.97	2 17	2.36	2.54	2.70	2.86

续表 7-24

$\dfrac{C_{cr}}{C_s}$	$D \times 10^{-4}$								
	0.60	1.00	1.40	1.80	2.20	2.60	3.00	3.40	3.80
0.35	1.02	1.32	1.56	1.77	1.96	2.13	2.29	2.44	2.58
0.40	0.92	1.19	1.41	1.60	1.77	1.92	2.06	2.19	2.32
0.45	0.83	1.07	1.26	1.43	1.58	1.72	1.85	1.97	2.08
0.50	0.74	0.95	1.13	1.28	1.41	1.54	1.65	1.76	1.86
0.55	0.66	0.85	1.00	1.13	1.25	1.36	1.46	1.56	1.65
0.60	0.57	0.74	0.88	1.00	1.10	1.20	1.28	1.37	1.45
0.65	0.50	0.64	0.75	0.86	0.95	1.04	1.11	1.18	1.25
0.70	0.42	0.55	0.65	0.73	0.81	0.88	0.94	1.01	1.06
0.75	0.35	0.45	0.53	0.61	0.67	0.73	0.78	0.83	0.88
0.80	0.28	0.36	0.42	0.48	0.53	0.58	0.62	0.66	0.70
0.85	0.21	0.27	0.36	0.36	0.40	0.43	0.46	0.49	0.52
0.90	0.14	0.18	0.21	0.24	0.26	0.27	0.31	0.33	0.35

注：混凝土在制备时已含有氯离子时，应以 $C_{cr} - C_0$、$C_s - C_0$ 分别替代 C_{cr}、C_s，其中 C_0 为混凝土在制备时掺入的氯离子浓度。

7.3.5.2　钢筋开始腐蚀耐久性评定

将钢筋开始腐蚀作为耐久性极限状态时,侵入型氯盐侵蚀环境下钢筋混凝土结构的耐久性裕度系数应按式(7-16)计算:

$$\xi_d = \frac{t_i - t_0}{\gamma_0 t_e} \qquad (7\text{-}16)$$

式中　ξ_d——耐久性裕度系数;

t_i——钢筋开始腐蚀耐久年限,a;

t_0——结构建成至检测时的时间,a;

γ_0——结构重要性系数;

t_e——目标使用年限,a。

掺入型氯盐侵蚀混凝土结构钢筋开始腐蚀耐久性等级应根据式(7-17)计算其耐久性裕度系数:

$$\xi_d = \frac{C_{cr}}{\gamma_0 C_0} \qquad (7\text{-}17)$$

式中　C_{cr}——钢筋腐蚀临界氯离子浓度,kg/m³;

C_0——混凝土制备时掺入的氯离子浓度,kg/m³;

γ_0——结构重要性系数。

7.3.6　混凝土保护层锈胀开裂耐久性评定

7.3.6.1　混凝土保护层锈胀开裂耐久年限

氯盐侵蚀环境混凝土保护层锈胀开裂耐久年限应考虑腐蚀产物向锈坑周围区域迁移及向混凝土孔隙、微裂缝中扩散的过程,按式(7-18)、式(7-19)确定:

$$t_{cr} = t_i + t_c \tag{7-18}$$

$$t_c = \beta_1 \beta_2 t_{c,0} \tag{7-19}$$

式中　t_{cr}——混凝土保护层锈胀开裂耐久年限,a;

t_i——钢筋开始腐蚀耐久年限,a;

t_c——钢筋开始腐蚀至混凝土保护层锈胀开裂所需的时间,a;

$t_{c,0}$——未考虑腐蚀产物渗透迁移及锈坑位置修正的钢筋开始腐蚀至混凝土保护层锈胀开裂的时间,a,见表7-25;

β_1——考虑腐蚀产物向锈坑周围迁移及向混凝土孔隙、微裂缝扩散对混凝土保护层锈胀开裂时间的修正系数,见表7-26;

β_2——考虑多个锈坑及分布对混凝土保护层锈胀开裂时间的修正系数,非角部钢筋取1.3,角部钢筋取1.2。

表7-25　浪溅区普通混凝土中未考虑腐蚀产物渗透迁移及锈坑位置
修正的钢筋开始腐蚀至混凝土保护层锈胀开裂的时间 $t_{c,0}$　　　　单位:a

地区	混凝土抗压强度推定值 $f_{cu,e}$/MPa		构件类型	混凝土保护层厚度 c/mm					
				20	30	40	50	60	70
南方	25		梁、柱	1.6	2.1	2.5	3.1	3.5	3.9
			墙、板	2.0	2.7	3.6	4.5	5.5	6.6
	30		梁、柱	1.8	2.4	2.9	3.4	3.9	4.4
			墙、板	2.3	3.1	4.0	5.0	6.1	7.2
	35		梁、柱	2.0	2.6	3.1	3.5	4.1	4.6
			墙、板	2.6	3.4	4.3	5.4	6.5	7.7
	40		梁、柱	2.3	2.9	3.4	4.0	4.4	4.9
			墙、板	2.9	3.8	4.9	5.9	7.1	8.2
北方	25		梁、柱	2.8	3.6	4.4	5.2	6.0	6.8
			墙、板	3.4	4.7	6.1	7.7	9.5	11.0
	30		梁、柱	3.1	4.0	4.9	5.8	6.6	7.4
			墙、板	3.9	5.3	6.8	8.5	10.4	12.3
	35		梁、柱	3.4	4.4	5.3	6.2	7.0	7.7
			墙、板	4.4	5.8	7.4	9.2	11.1	13.1
	40		梁、柱	3.9	4.9	5.8	6.7	7.5	8.4
			墙、板	5.0	6.6	8.3	10.1	12.1	14.3

近海大气区普通混凝土中未考虑腐蚀产物渗透迁移及锈坑位置修正的钢筋开始腐蚀至混凝土保护层锈胀开裂时间 $t_{c,0}$，可取表 7-25 中数值的 $\sqrt{10/C_s}$ 倍。

表 7-26　混凝土保护层锈胀开裂时间修正系数 β_1

环境类型	混凝土抗压强度推定值 $f_{cu,e}$/MPa			
	40	35	30	25
近海大气环境	1.05	1.10	1.15	1.25
海洋环境、除冰盐环境	1.10	1.15	1.25	1.35

注：混凝土抗压强度推定值介于表中所列数值之间时，可按插值法确定。

7.3.6.2　混凝土保护层锈胀开裂耐久性评定

将钢筋保护层锈胀开裂作为耐久性极限状态时，侵入型氯盐侵蚀环境下钢筋混凝土结构的耐久性裕度系数应按式(7-20)计算：

$$\xi_d = \frac{t_{cr} - t_0}{\gamma_0 t_e} \tag{7-20}$$

式中　ξ_d——耐久性裕度系数；

　　　t_{cr}——钢筋保护层锈胀开裂耐久年限，a；

　　　t_0——结构建成至检测时的时间，a；

　　　γ_0——结构重要性系数；

　　　t_e——目标使用年限，a。

掺入型氯盐侵蚀环境下保护层锈胀开裂时间可按式(7-21)、式(7-22)估算：

$$t_{cr} = t_i + t_c \tag{7-21}$$

$$t_c = \delta_{cr}/\lambda_0 \tag{7-22}$$

式中　t_{cr}——保护层锈胀开裂耐久年限，a；

　　　t_i——结构建成至钢筋开始腐蚀的时间，a；

　　　t_c——钢筋开始腐蚀至保护层锈胀开裂的时间，a；

　　　δ_{cr}——保护层开裂时的钢筋临界腐蚀深度，mm；

　　　λ_0——氯盐侵蚀环境保护层开裂前钢筋年平均腐蚀速率，mm/a。

因此，掺入型氯盐侵蚀环境下混凝土保护层锈胀开裂耐久性裕度系数为：

$$\xi_d = \frac{t_{cr} - t_0}{\gamma_0 t_e} \tag{7-23}$$

式中　ξ_d——耐久性裕度系数；

　　　t_{cr}——混凝土保护层锈胀开裂耐久年限，a；

　　　t_0——结构建成至检测时的时间，a；

　　　t_e——目标使用年限，a。

7.4　冻融环境混凝土结构耐久性评定

混凝土在冻融过程中由冻融前的堆积状密实状态逐渐转变成疏松状态，微裂缝逐渐增多和加宽,导致混凝土强度下降的同时,内部钢筋的腐蚀加速。因此,冻融环境下除按混凝土冻融损伤评定外,还应考虑冻融损伤对钢筋腐蚀的加速效应。冻融环境混凝土耐久性评定需按照以下原则:以明显冻融损伤(构件表层水泥砂浆脱落、粗骨料外露)作为混凝土耐久性极限状态;考虑冻融损伤加速钢筋腐蚀对钢筋腐蚀耐久性评定的影响。因此,冻融环境混凝土结构耐久性应按下列极限状态评定:

(1)混凝土构件表面剥落极限状态。

(2)钢筋腐蚀极限状态。

混凝土构件表面剥落极限状态应为冻融循环作用引起混凝土构件表层水泥砂浆脱落、粗骨料外露。构件表面剥落达到剥落率限值、剥落深度限值的状态;钢筋腐蚀极限状态应包括钢筋开始腐蚀极限状态、混凝土保护层锈胀开裂极限状态。

冻融环境混凝土结构钢筋腐蚀耐久性应根据引起钢筋腐蚀的原因,分一般冻融环境、寒冷地区海洋环境、除冰盐环境进行评定。

长期使用中未发生冻融破坏的构件,混凝土结构耐久性等级可评为 a 级,出现粗骨料剥落的构件应评为 c 级。

7.4.1　混凝土构件表面剥落耐久性评定

冻融环境混凝土构件表面剥落耐久性等级应根据混凝土构件表面剥落率、平均剥落深度、最大剥落深度进行评定。对同一冻融环境,表面剥落率 α_{FT} 应取表面剥落面积/构件测试面的表面积之比,平均剥落深度 d_{FT} 应取所有测试表面剥落深度平均值的最大值,最大剥落深度 $d_{FT,max}$ 应为所有测试表面剥落深度的最大值。

表 7-27　冻融环境混凝土构件表面剥落耐久性等级

耐久性等级	a 级	b 级	c 级
一般构件	$\alpha_{FT}<1\%$ 且 $d_{FT}/c<10\%$ 且 $d_{FT,max}/c<15\%$	$1\%\leqslant\alpha_{FT}\leqslant5\%$ 或 $10\%\leqslant d_{FT}/c\leqslant50\%$ 或 $15\%\leqslant d_{FT,max}/c\leqslant75\%$	$\alpha_{FT}>5\%$ 或 $d_{FT}/c>50\%$ 或 $d_{FT,max}/c>75\%$
薄壁构件	$\alpha_{FT}<1\%$ 且 $d_{FT}/c<10\%$ 且 $d_{FT,max}/c<10\%$	$1\%<\alpha_{FT}<5\%$ 且 $d_{FT}/c<10\%$ 且 $d_{FT,max}/c<10\%$	$\alpha_{FT}\geqslant5\%$ 或 $d_{FT}/c\geqslant10\%$ 或 $d_{FT,max}/c\geqslant10\%$

注:α_{FT} 为混凝土表面剥落率,%;d_{FT} 为平均剥落深度,mm;$d_{FT,max}$ 为最大剥落深度,mm;c 为混凝土保护层厚度,mm。

7.4.2　钢筋腐蚀耐久性评定

7.4.2.1　一般冻融环境

一般冻融环境宜考虑冻融损伤对混凝土中性化的影响,按一般环境确定局部环境系数,按一般大气环境下钢筋开始腐蚀耐久性评定和混凝土保护层锈胀开裂耐久性评定。

7.4.2.2 寒冷地区海洋环境

寒冷地区海洋环境宜考虑冻融损伤对氯离子扩散系数的影响,按不考虑时间依赖性的氯离子扩散系数,进行氯离子侵蚀环境下钢筋开始腐蚀耐久性评定和混凝土保护层锈胀开裂耐久性评定。

7.4.2.3 除冰盐环境

除冰盐环境应根据实测确定钢筋表面氯离子浓度,按氯离子侵蚀环境下钢筋开始腐蚀耐久性评定和混凝土保护层锈胀开裂耐久性评定。

7.5 硫酸盐侵蚀混凝土结构耐久性评定

硫酸盐侵蚀环境混凝土结构耐久性应按混凝土构件腐蚀损伤极限状态评定。混凝土构件腐蚀损伤极限状态应为混凝土腐蚀损伤深度达到限值的状态。混凝土腐蚀损伤深度限值对钢筋混凝土构件取混凝土保护层厚度,对素混凝土构件应取截面最小尺寸的5%与70 mm 二者中的较小值。

当保护层脱落、表面外观损伤已造成混凝土构件不满足相应的使用功能时,混凝土构件耐久性等级应评为 c 级。

7.5.1 剩余使用年限

混凝土结构遭受硫酸盐腐蚀损伤剩余使用年限应按下式确定:

$$t_{re} = \frac{[X] - X}{R} \qquad (7-24)$$

式中　t_{re}——结构剩余使用年限,a;

　　　$[X]$——混凝土腐蚀损伤深度限值,mm;

　　　X——混凝土构件腐蚀损伤深度,mm,为混凝土构件剥落深度 X_s 与硫酸根离子浓度达到4%对应的深度 x_d 之和,见《既有混凝土结构耐久性评定标准》(GB/T 51355—2019)附录 E。

　　　R——混凝土硫酸盐腐蚀速率,mm/a,见《既有混凝土结构耐久性评定标准》(GB/T 51355—2019)附录 E。

7.5.2 耐久性评定

混凝土结构遭受硫酸盐腐蚀结构耐久性裕度系数按式(7-25)计算:

$$\xi_d = \frac{t_{re}}{\gamma_0 t_e} \qquad (7-25)$$

式中　t_{re}——结构剩余使用年限,a;

　　　t_e——目标使用年限,a;

　　　γ_0——建筑重要性系数。

对硫酸钠、硫酸镁、氯盐等多种盐共同作用环境,或存在明显干湿循环作用,混凝土硫酸盐腐蚀主要表现为盐结晶物理破坏情况时,混凝土结构耐久性评定应根据专项论证进行。

7.6　混凝土碱骨料反应耐久性评定

混凝土碱骨料反应耐久性等级可根据混凝土含碱量(见表 7-28)、骨料活性、混凝土表面状况和服役环境进行评定。服役环境可划分为干燥环境、潮湿环境和含碱环境。干燥环境下可不进行混凝土碱骨料反应耐久性评定。混凝土碱骨料反应耐久性可根据现场检测和室内试验结果评定。

表 7-28　混凝土含碱量限值　　　　　　　　　　　　　　　　单位:kg/m³

反应类型	环境	一般结构	重要结构	特殊重要结构
碱骨料反应	干燥	不限	不限	3.0
	潮湿	3.5	3.0	2.0
	含碱环境	3.0	非活性骨料	

混凝土碱骨料反应耐久性等级应根据是否具备反应条件、碱骨料反应发生风险(见表 7-29)及反应严重程度(见表 7-30),按表 7-31 进行评定,并取最低等级为评定等级。

表 7-29　碱骨料反应风险评定

检测项目	反应风险		
	低	中	高
混凝土表面污染	无	轻微污染伴随裂缝	裂缝两边混凝土颜色深浅区别大
表面团状沉积物	无	少量	多
表面挤出物	无	裂缝处可见少量白色挤出物	裂缝处多见发黏的挤出物
结构所处环境	干燥,有防护	外露,但不潮湿	构件长期接触水

表 7-30　碱骨料反应严重程度评定

碱骨料反应严重程度	特征描述
低	没有凝胶,未见膨胀性反应
中	有活性骨料裂开,或已知反应骨料周边有反应环
高	骨料中有典型的凝胶向周边扩散,裂缝及空隙中有凝胶堆积

注:碱骨料反应产物的测定,应在结构典型部位钻取芯样,密封后带回实验室用带能谱的电子显微镜分析确定。

表 7-31 混凝土碱骨料反应耐久性评定

评定指标	评定等级		
	a	b	c
碱含量	≤限值	>限值	
骨料活性	无	有	
碱骨料反应风险	—	低	中	高
碱骨料反应程度	—	低	中	高
膨胀率	—	<400 με	≥400 με	

7.7 结构耐久性综合评定

结构耐久性应按评定单元的耐久性等级评定,评定单元耐久性等级应根据评定单元的耐久性裕度系数确定。

当既有混凝土结构形式简单时,评定单元的耐久性裕度系数应取受检构件耐久性裕度系数的算术平均值。

当结构复杂时,评定单元可根据结构布置按层或单榀排架划分为若干子单元;评定单元耐久性裕度系数应取各子单元耐久性裕度系数的算术平均值。

子单元耐久性裕度系数应根据构件耐久性裕度系数按下列规定确定:

(1)当 $\xi_{d,min} > 0.85\overline{\xi_d}$ 时,按式(7-26)确定:

$$\xi_{d,u} = \overline{\xi_d} \tag{7-26}$$

(2)当 $\xi_{d,min} \leqslant 0.85\overline{\xi_d}$ 时,按式(7-27)确定:

$$\xi_{d,u} = k\overline{\xi_d} \tag{7-27}$$

式中　$\xi_{d,min}$——n 个受检构件耐久性裕度系数的最小值;

$\overline{\xi_d}$——n 个受检构件耐久性裕度系数的算术平均值;

$\xi_{d,u}$——子单元的耐久性裕度系数;

k——折减系数,当 $n \leqslant 10$ 时,取 0.90;当 $10 < n \leqslant 30$ 时,取 0.95;当 $n > 30$ 时,取 1.00。

构件耐久性裕度系数应取各环境类别耐久性裕度系数的最小值。当按耐久性损伤状态评定时,构件耐久性裕度系数可根据构件耐久性评定等级进行赋值,耐久性评定等级为 a 级可赋值 2.2,b 级可赋值 1.4,c 级可赋值 0.6。

构件耐久性等级应按各环境类别、各耐久性极限状态评定的最低等级确定。结构耐久性评定结论中应指明构件所对应的耐久性极限状态。

第 8 章　混凝土结构修复及防护技术

混凝土结构的修复及防护指的是当混凝土结构或构件受到周围环境的影响,有发生劣化的趋势或已经发生了劣化,影响结构整体或局部构件的使用性能或安全性能,为了保护其不会继续受外界破坏因素的影响或抑制其劣化的进一步发展速度,提高其耐久性能、使用性能、美观性能,在一定程度上恢复耐荷性能所进行的对策。通过采取一定的修复及防护措施,达到以下目的:

(1)抑制或降低劣化的进展速度。

(2)恢复结构物的美观。

(3)恢复结构物的使用性能。

(4)改善结构物的耐荷能力。

常用的修补工法有表面涂层工法、裂缝修补工法、断面修复工法、电化学防护工法、电化学修复工法等。

8.1　表面涂层工法

混凝土表面涂层工法的原理,是通过在混凝土结构表面涂刷树脂类、聚氨酯类或水泥砂浆类材料,切断外部诸如氧气、水分、二氧化碳、氯离子等有害介质侵入混凝土内部的通道,从而改善混凝土结构的环境条件,提高其耐久性能及使用性能。

根据涂层的厚薄及组分,通常有薄涂层、厚涂层、复合型涂层、渗透型涂层等。

根据涂层的材料属性,通常有无机材料涂层和有机材料涂层。

8.1.1　无机材料涂层

常用的无机材料覆盖层,如水泥砂浆、石膏等,可以延缓混凝土碳化,其机制是这些无机材料本身含有可碳化物质,能消耗掉一部分扩散进入的二氧化碳、水分等,使二氧化碳接触混凝土表面的时间得以延迟,二氧化碳穿过覆盖层后浓度降低,使混凝土表面的二氧化碳浓度低于大气环境中的二氧化碳浓度,且覆盖层干燥硬化后在基层上形成连续坚韧的保护膜层,能封闭混凝土表面部分开口孔道,阻止二氧化碳的渗透,从而延缓混凝土的碳化速度。

通过理论计算分析和对比试验结果表明,在混凝土表面增加一层无机材料覆盖层比无覆盖层的混凝土的碳化深度要小;混凝土碳化深度会随覆盖层厚度增大而减小;覆盖层的水泥用量对试件混凝土的碳化影响不是很大,仅延缓了混凝土初始碳化时间;覆盖层的水灰比对碳化影响比水泥用量的影响要大,水灰比的影响在混凝土碳化初期相对突出。因此,增大无机材料覆盖层的厚度和提高覆盖层的密实度是延缓构件混凝土碳化的有效手段。

8.1.2　有机材料涂层

混凝土表面的涂层效果,不仅取决于其隔断外部水分向内部渗透和扩散的能力,还与混凝土内部的含水量有关。采用丙烯酸树脂类乳浊剂、强弹性丙烯酸橡胶和强弹性聚合物等防水材料与有机聚合物系列、硅烷系列特殊改性树脂等制成的混凝土涂层,既能阻止水向混凝土内部渗透和扩散,又有利于混凝土内部的水向外消散,具有很好的防护作用。试验表明,以聚硅烷和聚丙烯酸制成的复合涂层防护效果最为理想。

在使用硅烷和防水材料时还可根据情况进行保护性的预处理,如进行电化学氯化物萃取、再碱化或阻锈剂处理后再使用,以提高混凝土的耐久性能,防止钢筋的进一步腐蚀。

以环氧树脂、聚氨酯为基的复合型厚涂层,一般可用于上部结构。以沥青、环氧沥青、环氧煤焦油为基的复合型厚涂层,一般用于地下、水下部分混凝土结构的防护。复合型涂层或厚涂层与混凝土的黏结力不小于 1.5 MPa,自身的耐久性和对混凝土有效防护时间不应低于 20 a。

复合型涂层或厚涂层在腐蚀环境中,可选用薄层涂料作为保护混凝土中钢筋的措施。涂层系统应能与混凝土表面的强碱性相适应,与混凝土的黏结力不小于 1.5 MPa,涂层系统自身的耐久性和对混凝土的有效保护时间不应低于 10 a。

薄层涂料能够渗透到混凝土内的硅烷类涂料,可作为保护混凝土中钢筋的措施,对混凝土的有效防护时间不应低于 10 a。

渗透型涂层在结构和施工条件允许的情况下,可选用水泥基聚合物砂浆层作为保护混凝土和钢筋的措施。水泥基聚合物砂浆层的使用寿命可与混凝土相当,对混凝土的防护能力取决于水泥基聚合物砂浆的密实性和覆层厚度。水泥基聚合物砂浆层的厚度不应小于 5 mm。水泥基聚合物砂浆层受环境严重腐蚀作用的混凝土结构或部位,可选用玻璃钢或耐腐蚀板、砖砌筑(有效防护时间不应低于 20 a)作为保护混凝土和钢筋的隔离措施。

8.1.3　涂层材料选取

表面涂层材料在选取时应结合混凝土结构的使用环境及使用目的,在不同的使用环境下应选择满足要求的涂层材料,并应考虑材料的寿命、经济性等指标。通常情况下可按以下指标进行选材:

(1)防止碱骨料反应的混凝土:应选用具有防水性、柔软性、遮盐性、透湿性的涂料。

(2)防止盐害的混凝土:应选用具有防水性、柔软性、遮盐性的涂料。

(3)防止碳化的混凝土:应选用具有防水性、气体遮断性的涂料。

(4)防止冻害的混凝土:应选用具有防水性、柔软性的涂料。

(5)防止化学侵蚀的混凝土:应选用具有耐化学腐蚀性的涂料。

(6)涂层系统应能与混凝土表面的强碱性相适应,与混凝土的黏结力不小于 1.5 MPa,涂层系统自身的耐久性和对混凝土的有效防护时间不应低于 10 a。

8.1.4　施工工序

在涂层工法施工中,无论采用的是有机材料还是无机材料,无论涂层厚度如何,最重要的一点是要保证涂层材料与底基层材料的黏合问题,否则,无法实现涂层对结构的保护效果,因此在涂层工法施工中应按下列施工工序,保证涂层的质量:

(1)通过对底基层进行拉毛、冲洗等处理,保证底基层的清洁。

(2)对底基层进行整平调整。

(3)涂刷涂层材料,可根据需要涂刷底层、中层和上层。

(4)根据涂层材料类型进行适当养护。

8.2　裂缝修补工法

8.2.1　裂缝类型及修补作用

混凝土结构的裂缝根据其形成可以分成以下三类:

(1)静止裂缝。形态、尺寸和数量均已稳定不再发展的裂缝,修补时,仅需依裂缝宽窄选择修补材料和方法即可,不用考虑修补材料的弹性问题。

(2)活动裂缝。宽度在现行环境和工作条件下始终不能保持稳定、易随着结构构件的受力、变形或环境温度、湿度的变化而张开或者闭合的裂缝称为活动裂缝。在对其进行修补时,应先消除其裂缝产生的成因,并观察一段时间,确认已稳定后,再依据静止裂缝的处理方法修补;若不能完全消除其成因,但确认对结构、构件的安全性不构成危害时,可使用具有弹性和柔韧性的材料进行修补。

(3)发展中的裂缝。长度、宽度或数量尚在发展,但经历一段时间后将会终止的裂缝。对此类裂缝,应当待其停止发展后,再进行修补。

裂缝的修补,主要是为了隔绝环境影响,保护钢筋不被腐蚀,以提高结构的耐久性能。单纯的裂缝修补不能恢复构件的承载功能,因此对承载力不足引起的裂缝,除应对裂缝修补外,还应采取其他加固方法对其进行加固。裂缝的修补必须以结构可靠性鉴定或耐久性评定结果为依据。通过现场调查、检测和分析,对裂缝起因、属性和类别做出判断,并根据裂缝的发展程度、所处的位置与环境,对受检裂缝可能造成的危害做出鉴定。据此,才能有针对地选择适用的修补方法进行防治。经可靠性鉴定确认为必须修补的裂缝,应根据裂缝的种类进行修补设计,确定其修补材料、修补方法和修补时间。通过裂缝的修补,可以达到以下效果,由此可以界定裂缝修补技术的适用范围及其可以收到的实效。

(1)抵御诱发钢筋腐蚀的侵蚀介质的侵入,延长结构实际使用年数。

(2)保持构件、结构的完整性。

(3)恢复结构的使用功能,提高其防水、防渗能力。

(4)消除裂缝对人们形成的心理压力。

(5)改善结构外观。

8.2.2　修补工法

经可靠性鉴定或耐久性评定认为必须修补的裂缝,应根据裂缝产生的主要原因,判定裂缝的类型,结合裂缝维修的目的,确定合理的修补工法,选用合适的修补材料。常用的裂缝修补工法有表面封闭工法、注入工法、填充工法、闭合工法、钉合工法等。

8.2.2.1　表面封闭工法

当混凝土表面具有较多细微网状裂缝,且裂缝宽度 $a \leqslant 0.2$ mm 时,可采用表面封闭工法对裂缝进行修补,此工法是利用混凝土表层微细网状裂纹的毛细作用,吸收低黏度且具有良好渗透性的修补胶液,从而达到封闭裂缝通道的作用(见图 8-1)。对楼板、桥面板或其他需要防渗的部位,尚应在混凝土表面粘贴纤维复合材料,以增强封护作用。

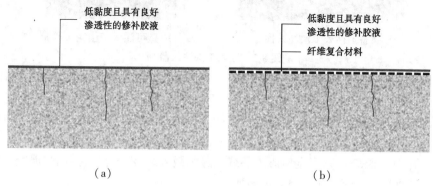

（a）　　　　　　　　　　　　　　（b）

图 8-1　表面封闭工法示意图

8.2.2.2　注入工法

注入工法指的是,以一定的压力将注入材料注入裂缝腔内,提高其防水性能及耐久性能,并能恢复结构躯体的完整性。对于混凝土结构整体出现裂缝的情况,施工法是使用最普遍的一种修补方法,适合于宽度 0.05~1.5 mm 的裂缝修补,常用的注入材料有树脂类、水泥浆类、聚合物水泥浆类等。

树脂类注入材料与混凝土具有优越的黏结性能,能够恢复并保持结构的整体性能,并且种类丰富,有低黏度类、高弹性具有裂缝追踪流变性类等,其耐久使用年限可高达 30 年。而且在施工时,如果注入裂缝处出现漏水等湿润状态,会造成黏结不良,因此在选用注入材料时应根据情况选用湿性注入材料。

水泥浆类或聚合物水泥浆类注入材料,具有价格低、热膨胀率与混凝土接近、适用于潮湿地方、对钢筋具有防腐功效等优点。施工时,如果裂缝处于干燥状态,泥浆注入过程中会发生堵塞的现象,因此水泥浆注入前,应通过注水等举措使目标区域处于湿润状态。

常用的注入工法有普通注入工法[见图 8-2(a)]和近年来利用较多的壁可注入工法[见图 8-2(b)]。普通注入工法是利用类似医用注入器工具,通过手力或用橡皮筋或弹簧产生的压力推动胶液向裂缝中注入,因此普通注入工法对操作人员的技术水平要求较高,工作量较大,裂缝修补质量受到限制。

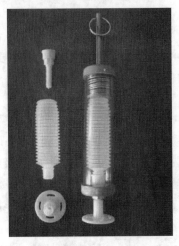

（a）普通注入工法注入器　　　　　（b）壁可注入工法注入器

图 8-2　注入工法注入器

　　壁可注入工法是近年来被广泛使用的一种方法,利用橡胶注入器自身内部产生的 300 kPa 左右的恒定自然弹性压力,将特殊树脂注入材料缓慢地注入到混凝土裂缝中并达到裂缝的微细末端,橡胶注入器能自动保持低压匀速的持续注入工作,对裂缝中的任何凹槽和角落都能进行可靠的注入,借助注入器的内部压力,注入过程可持续较长时间而无需人力干预,注入材料可以完全地渗入裂缝的最细微末端,甚至包括钢筋与混凝土间的空隙。利用此种方法进行裂缝修补的步骤如下:

　　（1）表面处理,使用砂轮、钢丝刷或类似工具除去混凝土表面裂缝两边宽约 5 cm 范围内的污物、灰尘等。

　　（2）粘接注入座,使用专用密封胶先将注入座粘在裂缝的中心。由于注入座的间距根据裂缝的宽度和深度变化,所以要预先勘查裂缝的状态。

　　（3）密封裂缝、养护,使用专用密封胶将注入座周围的区域,并沿裂缝走向按 5 cm 宽、3 mm 厚进行密封。密封后对专用密封胶进行养护直到凝固硬化。

　　（4）安装注入器,将注入器的连接端牢固地安装在注入座上。

　　（5）注入,按照要求将特殊树脂注入材料注入到注入器,当注入器的外径增加至要求时停止注入。

　　（6）自动完成注胶后进行养护直至凝固硬化,可通过用手捏注入管剩余胶液的硬化情况间接了解注入材料的凝固情况。

　　（7）表面清理、作业完成,养护固化完成后,用锤子、凿子敲掉注入器,用砂轮将作业面打磨光洁平整,完成施工。

　　这种工法的特点是:①可以控制注入材料的量;②对于裂缝深部宽度哪怕只有 0.05 mm 的细微裂缝,也能注入;③大幅缩短人工注入作业时间,并且注入作业只是用泵将注入材料灌入注入器的简单短时间操作,对作业人员无技术上的要求;④施工管理和工艺控制得到了简单而精确的保证。

8.2.2.3　填充工法

　　填充工法是适用于宽度在 0.5 mm 以上的较大裂缝的修补工法（见图 8-3）。在构件表面沿裂缝走向骑缝凿出槽深和槽宽分别不小于 20 mm 和 15 mm 的 U 形或 V 形沟槽,如果是静止裂缝,多用聚合物水泥砂浆进行填充;如果是活动裂缝,多用环氧树脂、聚氨酯树脂、硅胶树脂等弹性填缝材料填充。填充完毕后,其表面应做防护层,通常采用粘贴纤维复合材料来封闭其表面。这种方法只能对裂缝起密封作用,不能恢复结构一体性,并且费时费工,如果采用环氧砂浆等脆性的填充材料,修复后易起皮脱落。

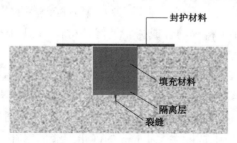

图 8-3　填充工法示意图

8.2.2.4　闭合工法

常用的闭合工法有外部预应力闭合工法和自闭合工法。另外,还有尚处于试验研究阶段的仿生自愈合工法。

外部预应力闭合工法是通过在结构构件上采用后张法施加应力,通过施加外力达到封闭裂缝的目的。

自闭合工法主要用于修补潮湿环境的结构,例如屋盖、地下室墙等混凝土中的静止裂缝,并且裂缝宽度不能太大,无流动水或压力水存在,在潮湿环境并且没有拉应力作用时混凝土依靠自身合拢的一种现象。混凝土内部的主要水化产物氢氧化钙易溶解在孔隙溶液中,结合周围空气中的二氧化碳使水泥石发生碳化作用,碳化后产生的碳酸钙晶体在裂缝内析出并生长,随着晶体组合交织产生机械黏结作用,使裂缝闭合并使其抗拉强度得到一定的恢复。

仿生自愈合工法是目前正在研究的一种新型裂缝修复工法,它模仿生物组织对创伤部位的恢复功能,通过在混凝土的传统组分中加入某些特殊组分,如含黏结剂的液芯纤维或胶囊,在混凝土内部形成智能型仿生自愈合神经网络系统。当混凝土出现裂缝时,裂缝部位破裂的纤维或胶囊能够流淌出黏合胶液,对裂缝进行修补,使裂缝重新愈合。

8.2.2.5　钉合工法

对尚处于发展期的宽大且不稳定的裂缝,为了避免裂缝继续延伸和发展加宽,可以跨裂缝采用扒钉的方式加以控制(见图 8-4)。首先需要采用裂缝填充法对裂缝进行填充修补,然后沿着裂缝两边以一定间距和跨度预先钻孔,然后用缝 U 形扒钉跨过裂缝嵌入孔中,并采用无收缩砂浆或者环氧树脂基黏合剂填充钻孔,固定扒钉以稳定裂缝,达到裂缝闭合的目的,并能使修复后的裂缝承受一定的抗拉强度。

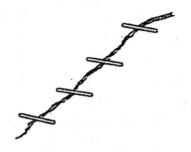

图 8-4　钉合工法

这种方法可以增强裂缝区域的抗力，但可能会使混凝土在裂缝附近区域产生次应力，从而引起新的裂缝，因此应采取措施对相邻区域的混凝土进行监测或处理。

8.2.3　修补材料的选用

裂缝修补材料的选用应符合下列要求：

（1）改性环氧树脂类、改性丙烯酸酯类、改性聚氨酯类等的修补胶液，包括配套的打底胶和修补胶及聚合物注浆料等的合成树脂类修补材料，适用于裂缝的封闭或补强，可采用表面封闭法、普通注入法或压力注浆法进行修补。

（2）无流动性的有机硅酮、聚硫橡胶、改性丙烯酸酯、聚氨酯等柔性的嵌缝密封胶类修补材料，适用于活动裂缝的修补，以及混凝土与其他材料接缝界面干缩性裂隙的封堵。

（3）超细无收缩水泥注浆料、改性聚合物水泥注浆料及不回缩微膨胀水泥等的无机胶凝材料类修补材料，适用于宽度大于 1 mm 的静止裂缝的修补。

（4）无碱玻璃纤维、耐碱玻璃纤维或高强度玻璃纤维织物、碳纤维织物或芳纶纤维等的纤维复合材与其适配的胶粘剂，适用于裂缝表面的封护与增强。

8.2.4　注意事项

（1）若裂缝的修补目的只是封闭，可仅做外观质量检验；但若裂缝的修补有补强、恢复构件整体性或防渗的要求时，应取芯检查其修补效果。

（2）对于尚在发展的裂缝，应待其停止发展后，再进行修补或加固。

（3）对于活动裂缝，应先消除其成因，并观察一段时间，确认已稳定后，再依静止裂缝的处理方法修补；若不能完全消除其成因，但确认对结构、构件的安全性不构成危害时，可使用具有弹性和柔韧性的材料进行修补。

8.3　断面修复工法

8.3.1　适用条件

断面修复工法指的是，当混凝土构件由于严重风化、冻融破坏或有严重缺陷导致耐久性低下，或由于中性化、氯离子等有害介质侵蚀导致内部钢筋发生严重腐蚀时，通过对破坏断面采取钢筋腐蚀防护以及混凝土的剔除更换措施，恢复其耐久性能的方法。

另外，断面修复工法在承重结构中主要适用于受压区混凝土强度偏低或有严重缺陷的梁、柱、墙、板等承重构件的断面修复，包括新建工程混凝土质量不合格的返工处理，以及已有混凝土承重结构受腐蚀、冻害、火灾烧损以及地震、强风和人为破坏后的修复。

当采用断面修复工法对梁、板等受弯构件进行修复时，为了确保施工全过程中原结构、构件的安全，必须采取有效的支顶措施，使修复工作在完全卸荷的状态下进行。当对柱、墙等受压构件进行修复时，如对构件完全支顶有困难，应对原结构、构件在施工全过程中的承载状态进行验算、观测和控制，若控制有困难，应采取支顶等措施进行卸荷。

8.3.2　断面修复材料

对于断面修复材料,根据原构件部材、环境条件、施工方法的不同,要求的性能也不尽相同,但一般都要满足以下条件,应根据修复断面的尺寸、振捣方向、施工方法、对早期强度是否有要求等的不同,选择合适的材料。常用的材料有聚合物水泥浆、聚合物砂浆、混凝土等。

(1)强度等级不能低于原构件混凝土的强度等级。

(2)热膨胀系数、弹性模量、泊松比应与原构件混凝土大致相同。

(3)干燥收缩要小,与原构件混凝土黏结性能要好。

另外,为了增加新旧混凝土的黏结性能,通常使用溶剂型环氧树脂、融水型丙烯树脂、苯乙烯树脂、聚丙烯酸酯等聚合物水泥浆涂刷界面,并根据情况适当添加钢筋防锈剂、氯离子或碱金属离子吸收材料等,以防止钢筋的腐蚀。

8.3.3　断面修复工法

根据修复断面的尺寸、施工条件等的不同,常用的断面修复工法有涂灰泥法、砂浆注入法、混凝土填充法、喷射法等。

(1)涂灰泥法(见图 8-5),适用于修补面积较小的场合,用抹刀将聚合物砂浆涂抹压填于损坏部位即可。

(2)砂浆注入法(见图 8-6),适用于修补面积较大的场合,用模板支挡后注入流动性较大的聚合物水泥砂浆进行填充。

(3)混凝土填充法(见图 8-7),适用于大面积修补的场合,用大流动性混凝土进行填充。

(4)喷射法(见图 8-8),适用于结构或构件表面的大范围修补,采用喷射施工法将混凝土喷射于构件表面。

特别注意的是,对于盐害或中性化引起的破坏断面,应将有害介质侵蚀部位全部凿除后进行修补,否则容易造成修补与未修补部分之间形成腐蚀电流,引起未修补部分钢筋的加速腐蚀(见图 8-9)。

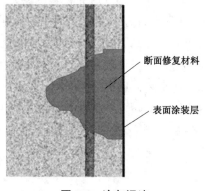

图 8-5　涂灰泥法

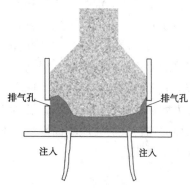

图 8-6　砂浆注入法

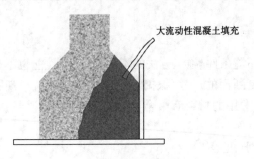

图 8-7 混凝土填充法

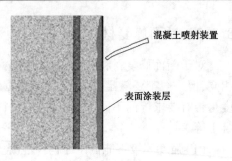

图 8-8 喷射法

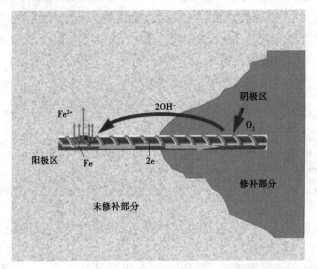

图 8-9 修补与未修补之间形成腐蚀电流示意图

8.3.4 构造要求

为考虑新旧材料的协调工作,并避免在局部置换的部位产生销栓效应,要求新置换的砂浆或混凝土强度等级不宜过高,一般以提高一级为宜。理想的置换修复是在零应力或低应力状态下的置换修复,需要完全卸荷,而卸荷方法有直接卸荷和支顶卸荷。在卸荷状态下将质量低劣的混凝土或缺陷混凝土彻底剔凿干净,并保证修复填充材料的密实性。

替换修复部分应位于构件截面受压区内,且应根据受力方向,将有缺陷的混凝土剔除;剔除位置应在沿构件整个宽度的一侧或对称的两侧;考虑到替换部分的砂浆或混凝土强度等级要比原构件混凝土提高一级。在这种情况下,若不对称地剔除和置换混凝土,可能造成截面受力不均匀或传力偏心,因此规定不允许仅剔除截面的一隅。

为增强修补材料与原基材混凝土的结合能力,结合面应涂刷一层环氧树脂等界面剂,并在界面剂初凝前完成断面修复。对于要求较高或剪应力较大的结合面,应置入一定的 L 形或 U 形锚筋。

8.4　电化学防护工法

　　钢筋混凝土中的钢筋主要发生电化学腐蚀,钢筋极易失去电子,在电化学腐蚀中充当阳极,如果通过外加电流或外加阳极,使钢筋被迫成为阴极的话,钢筋就不会再失去电子,那么钢筋的腐蚀反应将被迫停止。因此,电化学防护工法也称为钢筋的阴极保护法,从20 世纪七八十年代以来,随着金属表面处理技术、电子技术、计算机控制技术、通信技术等高新技术的不断发展,其逐渐完善和成熟起来,成为最先进、最长期有效的钢筋腐蚀预防技术。

8.4.1　外加电流阴极保护法

　　外加电流阴极保护技术属于主动预防,可对钢筋混凝土中钢筋腐蚀环境情况进行实时监测,对钢筋所需的保护电流、保护电位进行 24 h 远程计算机自动控制和调节,达到主动预防效果。目前,国内外的重要建筑,或者严重环境作用(如可能遭受严重氯离子侵蚀)中的建筑物,部分采用了阴极保护作为钢筋腐蚀的预防措施。

　　这种保护方法由一个阳极系统、一个电源装置和探测器及导线组成(见图 8-10)。阴极保护技术中最重要的是阳极的选择。目前,常用的阳极材料系统包括覆盖于混凝土表面的导电涂层,放于混凝土覆盖层中的用混合金属氧化物涂覆的网片、导电砂浆覆盖层,及放在长缝中带涂层的钛金属带或放在混凝土孔洞中的各种导电材料。电流密度通常控制在 $10 \sim 30 \ \mathrm{mA/m^2}$ 左右。

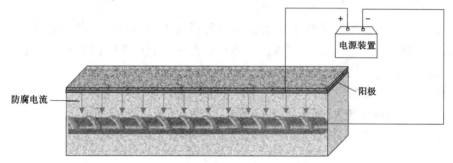

图 8-10　外加电流阴极保护法示意图

8.4.2　牺牲阳极阴极保护法

　　牺牲阳极阴极保护法的原理与外加电流阴极保护相同,但比外加电流阴极保护法更简便。该系统(见图 8-11)通常由置于混凝土表面并且与钢筋直接相连的锌片组成,亦可使用铝锌合金或其他金属作为阳极,所用的阳极是比钢筋更有活性的金属,因此被优先消耗,产生阴极保护电源。阳极和阴极之间的电势差与环境以及阴、阳极材料的相对电势差有关,电流取决于电势差和电阻,因为电流和电势差不可控制,因此不能保证系统发挥有效的保护作用,而且需要低电阻的使用环境。为提高系统效能,可在阳极周围使用某些化学物质作为湿润剂,使系统保持较好的电流水平。

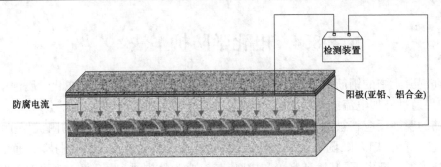

图 8-11　牺牲阳极阴极保护法示意图

8.4.3　注意事项

电化学防护工法虽然能有效中断钢筋的电化学腐蚀,有效地保护钢筋不会发生腐蚀,并且施工过程中不需要类似断面修复工法之类的大规模作业,但为防止电路发生短路,需要对混凝土构件上产生的裂缝或混凝土块剥离状况修复之后再实施。

另外,混凝土构造物供用期间需要不间断地供给外部电流,因此需要定期点检,保证外部电源系统的长期耐久性能。

8.5　电化学修复工法

8.5.1　电化学脱盐工法

该技术是使用一个临时阳极,向混凝土内部通入 $1 \sim 2\ A/m^2$ 的直流电流 $4 \sim 8$ 周,将氯离子从混凝土内部萃取出来,使内部钢筋在很大程度上重新钝化的工法。通过这种方法,可以将混凝土内部 $50\% \sim 90\%$ 的氯离子从混凝土中除掉。

电化学脱盐工法所使用的电解质溶液为饱和石灰水(氢氧化钙)或自来水。当使用饱和石灰水时,阳极附近的酸化会引起电解质溶液 pH 的降低,因此应及时补充或更换溶液或使用 pH 缓冲剂。另外,除阳极和电源为临时性外,其装置与外加电流阴极保护系统相同,如图 8-12 所示。

电化学氯化物萃取可在许多应用阴极保护的场合使用。在混凝土中钢筋分布较密、氯离子穿过第一层钢筋但未渗透很深且以后不会再次被氯离子污染的情况下,使用电化学氯化物萃取会取得最好的效果。

8.5.2　电化学再碱化工法

电化学再碱化工法,是在混凝土外部设置一个临时阳极,向混凝土内部通入 $1 \sim 2\ A/m^2$ 的直流电流 $1 \sim 2$ 周,向混凝土内部强制渗透碱性溶液,使混凝土碱性得到恢复,使内部钢筋在很大程度上重新钝化的电化学工法。通常使用的碱性溶液为 $0.5 \sim 1\ mol/L$ 的碳酸钠溶液,如图 8-13 所示。

该方法主要用于对由碳化引发钢筋腐蚀的建筑结构的保护,并且结构至少具有适当的钢筋保护层厚度(大于 10 mm)。该方法已在英国、德国、北欧、北美及日本和中东约 20 个国家和地区得到推广使用。挪威已于 1995 年将该技术列为混凝土修补的国家标准。

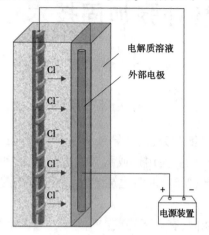

图 8-12　电化学脱盐工法

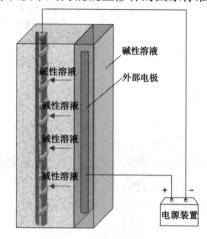

图 8-13　电化学再碱化工法

8.5.3　电化学附着工法

如图 8-14 所示,电化学附着工法主要适用于海中构造物,在构造物附近海水中设置临时阳极,将混凝土中的钢筋设置为阴极,向混凝土内通入 $0.5 \sim 2 \ A/m^2$ 的直流电流 $3 \sim 6$ 个月,海水中的 Ca^{2+}、Mg^{2+} 等,在混凝土的裂缝、表层等以碳酸钙、碳酸镁等安定化合物的形式析出,填充、密封混凝土表面,增加混凝土的密实性,降低其透水系数的工法。该方法目前仅处于试验阶段,尚未应用到工程实例中。

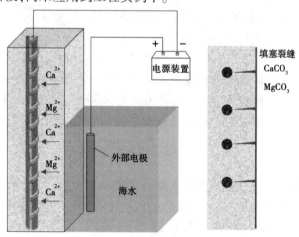

图 8-14　电化学附着工法

所有的电化学修复工法中,混凝土内部钢筋都是作为阴极通入电流,正价碱金属电子聚集在钢筋周围,容易引发混凝土的碱骨料反应,因此在使用电化学修复工法前,需要确认混凝土的碱骨料反应性。

第9章　混凝土结构补强加固技术

9.1　概　述

对于既有建筑结构,设计错误、施工或材料质量低劣、改造导致结构荷载增大或者遭受灾害及结构耐久性损伤等,可能导致结构的安全性、使用性或耐久性能降低,在可靠性鉴定或耐久性评估中,如果鉴定或评估结果等级较低时,说明建筑结构不能满足预期的要求,需要对其进行维修加固处理。

建筑结构加固设计和施工与新建工程不尽相同,有以下特点:

(1)加固工程是针对已建的工程,受客观条件所约束,针对具体现存条件进行加固设计与施工。

(2)加固工程往往在不停产或尽量少停产的条件下施工,要求施工速度快、工期短。

(3)施工现场狭窄、拥挤,常受生产设备、管道和原有结构、构件的制约,大型施工机械难以发挥作用。

(4)施工往往对原有的结构、构件有不良影响。

(5)施工常分段、分期进行,还会因各种干扰而中断。

(6)清理、拆除工作量往往较大,工程较繁琐复杂,并常常存在许多不安全因素。

(7)设计包括原结构的验算和加固结构的设计计算,要求考虑新、旧结构强度、刚度、使用寿命的均衡,以及新、旧结构的协调工作。

因此,建筑结构的加固质量不易控制,近年来,我国在结构加固补强领域做了大量的研究与实践工作,取得了丰富的研究成果和工程经验,颁布了《混凝土结构加固设计规范》(GB 50367—2013)。目前常用的加固技术包括增大截面加固法、外包型钢加固法、粘贴钢板加固法、体外预应力加固法、粘贴纤维复合材加固法、置换混凝土加固法等。

9.1.1　加固程序

结构加固程序要在可靠性鉴定或耐久性评估的基础上进行,根据可靠性鉴定或耐久性评估等级制订合理的加固方案,选用适宜的方法进行加固设计,并在施工组织设计基础上进行施工并验收。结构加固程序见图9-1。

9.1.2　加固原则

结构构件加固方法有多种且各不相同,但是却共同遵守以下主要原则:

(1)先鉴定后加固的原则。根据鉴定结果选择适宜的方法进行加固。

(2)结构体系总体效应原则。在制订加固方案时,除考虑可靠性鉴定结论和加固内容及项目外,还应考虑加固后建筑物的总体效应。例如,对房屋的某一层柱子或墙体的加

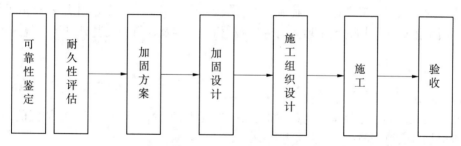

图 9-1　结构加固程序

固,有时会改变整个结构的动力特性,从而产生薄弱层,给抗震带来很不利的影响。因此,在制订加固方案时,应全面详细分析整个建筑结构的受力情况,不能采用"头痛医头,脚痛医脚"的办法。

(3)加固方案的优化原则。加固方案不止一种,应根据加固构件的实际受力状况、周围环境等因素从技术经济方面分析,选择最合适的一种。

(4)尽量利用的原则。尽量不损伤原有结构,并保留有利用价值的结构构件,避免不必要的拆除或更换,在原有结构的基础上进行加固。

(5)与抗震设防结合的原则。我国是一个多地震的国家,Ⅵ度以上地震区几乎遍及全国各地。1976 年以前建造的建筑物,大多没有考虑抗震设防,1989 年以前的抗震规范也只规定了Ⅶ度以上地震区的设防。为了使这些建筑物遇地震时具有相应的安全储备,在对它们做承载能力和耐久性加固、处理方案时,应按照现行的抗震规范与抗震加固方案综合考虑。

(6)材料的选用和取值原则。当原结构的材料种类和性能与原设计一致,按原设计(或规范)值取用;当原结构无材料强度资料时,应按实测材料强度等级根据现行规范取值。加固材料应尽量选用轻质高强,且与原结构材料共同工作性能好的材料。钢材一般选用Ⅰ级或Ⅱ级钢;水泥宜选取强度等级不低于 42.5 的普通硅酸盐水泥;加固用混凝土,应比原结构的混凝土强度等级提高一级;加固混凝土中不应掺入粉煤灰、高炉矿渣等混合材料;黏结材料及化学灌浆材料的黏结强度,应高于被黏结结构混凝土的抗拉强度和抗剪强度;黏结材料及化学灌浆材料一般宜采用成品或半成品,当自行配制时,应进行试配,并检验其与被黏结材料间的黏结强度。

(7)荷载取值原则。对加固结构承受的荷载,应做实地调查和取值。一般情况下,若原结构按《工业与民用建筑结构荷载规范》取值,在鉴定阶段,对结构验算仍按原规范取值;当需加固时,则加固验算应按新《建筑结构荷载规范》规定取值。对于现行荷载规范中未做规定的永久荷载,可根据情况进行抽样实测确定。抽样数不得少于 5 个,以其平均值的 1.1 倍作为其荷载标准值。工艺荷载和吊车荷载等,应根据使用单位提供的数据取值。

(8)承载力验算原则。进行承载力验算时,结构的计算简图应根据结构的实际受力状况和结构的实际尺寸确定,构件的截面面积应采用实际有效截面面积,即应考虑结构的损伤、缺陷、锈位等不利影响。验算时,应考虑结构在加固时的实际受力程度及加固部分的应力滞后特点,以及加固部分与原结构协同工作的程度,对加固部分的材料强度设计值进行适当的折减。还应考虑实际荷载偏心、结构变形、局部损伤、温度作用等造成的附加内力。当加固后使结构的重量增大时,尚应对相关结构及建筑物的基础进行验算。

9.1.3　受力特征

(1)原结构为二次受力结构。

原结构在加固前已经承受荷载,称为第一次受力,加固后承受的荷载在加固前的基础上有所增加,因此原结构为二次受力结构。

(2)新增部分的应力、应变滞后现象。

原结构在加固前已经产生应力、应变,存在一定的变形,同时原结构混凝土的收缩变形已经完成,而加固工作一般是在未卸除或部分卸除已承受荷载的情况下进行的,加固时新增加的结构部分只有在荷载变化时才开始受力,因此新增加部分的应力应变滞后于原结构,新旧结构不能同时达到应力峰值。结构破坏时,新加部分可能达不到自身的承载能力极限,如果原结构构件的应力和变形较大,则新加部分的应力处于较低水平,承载潜力不能充分发挥,起不到应有的加固效果。

(3)新旧混凝土接合面的抗剪强度一般远低于一次整浇混凝土的抗剪强度。

加固结构属于新、旧二次组合结构,新、旧部分能否成为整体共同工作,关键取决于结合面能否充分的传递剪力。实际工程中,加固结构新旧混凝土的结合面是一个薄弱的地方,其抗剪强度一般远远低于一次整浇混凝土的抗剪强度(见表 9-1),仅为一次整浇混凝土抗剪强度的 15% ~ 20%。加固结构的这些受力特征,决定了混凝土结构加固设计计算、构造及施工不同于新建混凝土结构。

表 9-1　混凝土抗剪强度与黏结抗剪强度　　　　　单位:N/mm²

混凝土强度等级		C10	C15	C20	C25	C30	C35	C40	C45	C50	C60
黏结抗剪	标准值	0.25	0.32	0.39	0.44	0.50	0.54	0.58	0.62	0.66	0.73
	设计值	0.19	0.24	0.29	0.33	0.37	0.40	0.43	0.46	0.49	0.54
整体抗剪	标准值	1.25	1.70	2.10	2.50	2.85	3.20	3.50	3.80	3.90	4.10
	设计值	0.90	1.25	1.75	1.80	2.10	2.35	2.60	2.80	2.90	3.10

为了提高结合面的黏结抗剪强度,可采取对结合面进行处理及选择合适的加固混凝土强度等措施,工程中常采用的方法如下:

(1)旧混凝土表面的抹灰层均应铲除。

(2)当旧混凝土表面已风化、变质、严重损坏时,一般应将损坏层全部凿除,露出坚实混凝土层。

(3)当旧混凝土质量较好时,应将结合面进行凿毛处理,露出石子,或做一般刷糙处理。

(4)在凿毛的结合面上涂刷界面剂、水泥净浆、108 胶水或铝粉水泥净浆。

(5)新增加部分混凝土强度应比原结构混凝土强度等级提高一级,且不低于 C20,当原混凝土强度等级高于 C40 时,可采用与原结构相同的强度等级。

（6）在结合面配置贯通剪切摩擦钢筋，来提高黏结抗剪强度。根据中国建筑科学研究院的试验研究，配置贯通剪切摩擦钢筋的新旧混凝土结合面的黏结抗剪强度可按式（9-1）、式（9-2）进行验算：

$$\tau \leqslant f_v + 0.56\rho_{sv}f_y \tag{9-1}$$

$$\rho_{sv} = \frac{A_{sv}}{bs} \tag{9-2}$$

式中　τ ——结合面切应力设计值；

　　　　f_v ——结合面混凝土抗剪强度设计值，按表 9-1 取用；

　　　　ρ_{sv} ——贯穿结合面的剪切摩擦钢筋配筋率；

　　　　A_{sv} ——配置在同一截面内贯通钢筋的横截面面积；

　　　　b ——截面宽度；

　　　　s ——贯通钢筋间距；

　　　　f_y ——贯通钢筋抗拉强度设计值。

试验表明，加固前已有纵向裂缝的轴心受压柱，加固后进行试验，虽然结合面满足抗剪要求，但破坏总是最先出现在结合面上，新旧混凝土分离，加固柱破坏荷载低于整体浇筑柱。因此，在加固设计中，对此采用共同工作系数予以考虑。共同工作系数一般为 0.8~1，并根据构件受力性质、构造处理、施工方法等因素取值。

9.1.4　加固结构的计算假定

混凝土结构无论采用哪一种加固方法，加固后结构的承载力都不是新旧两部分的简单叠加，加固结构的承载力与原结构的应力、应变水平相关，与原结构的极限变形能力相关，与两部分材料的应力应变关系相关。但为了从理论上分析计算加固结构的承载力，参照混凝土结构设计规范的规定，对混凝土加固结构计算做如下假定：

（1）截面变形保持平面。

（2）不考虑混凝土的抗拉强度。

（3）混凝土轴压应力 σ_c -应变 ε_c 关系为抛物线，如图 9-2（a）所示，混凝土轴心受压极限应变值 $\varepsilon_{co} = 0.002$。

（4）混凝土非均匀受压应力 σ_c -应变 ε_c 关系为抛物线和水平段组合，如图 9-2（b）所示，混凝土弯曲抗压极限应变值 $\varepsilon_{cu} = 0.0033$。

（5）钢筋的应力 σ_c -应变 ε_c 关系简化为直线和水平线组合，如图 9-3 所示，受拉钢筋极限应变值 $\varepsilon_{su} = 0.01$。

9.1.5　混凝土结构加固方法及选择

混凝土结构加固的方法很多，常用的有增大截面加固法、外包型钢加固法、粘贴钢板加固法、体外预应力加固法、粘贴纤维复合材加固法、改变传力途径加固法等，通常会配合使用第 8 章介绍的修复及防护技术，保证结构整体的安全性及耐久性。

在进行加固方案选择时，应根据被加固结构的承载力、刚度、裂缝或耐久性等方面的不足，以及周围环境等因素来综合确定，尽可能根据实际条件和使用要求进行多方案比

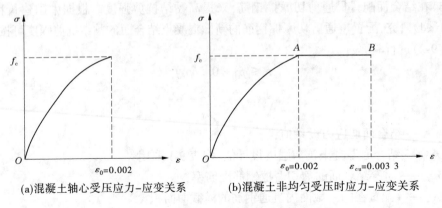

(a)混凝土轴心受压应力-应变关系　　(b)混凝土非均匀受压时应力-应变关系

图 9-2　混凝土应力-应变关系曲线

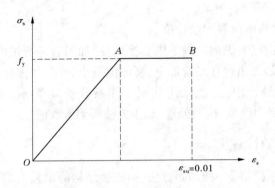

图 9-3　钢筋应力-应变关系曲线

较,按技术先进可靠、经济合理的原则,选择适宜的加固方法。例如,对于裂缝过大而承载力满足要求的构件,采用增加配筋的加固方法是不可取的,有效的方法是采用预应力加固;对于构件一般的刚度不足,可选择增设支点,或加大截面加固法;对于构件承载力不足,而配筋已达到超筋的构件,不能采用在受拉区增加钢筋的方法。

确定加固方案时,除了要研究加固范围的局部效果,还应考虑与之相关的整体效应,避免因局部加固导致整体刚度失衡或破坏原结构强柱弱梁、强剪弱弯的合理性,并结合加固方法的特点和适用范围、施工可行性等对其进行技术经济指标的比较,选择最为合适的加固方案。

9.2　增大截面加固法

增大截面加固法,也称外包混凝土加固法,是传统的加固方法,是通过在原混凝土构件外叠浇新的钢筋混凝土,增大构件的截面面积和配筋(见图9-4),达到提高构件的承载力和刚度、降低柱子长细比等目的。

该方法适用于梁、板、柱、墙、基础、屋架等所有的受弯及受压构件的加固。该方法虽然具有工艺简单、受力可靠、加固费用低廉等优点,但湿作业工作量大、养护期长、占用建筑空间较多等,使得其应用有一定限制。

(a)　　　　　　　(b)

图 9-4　增大截面加固法示例

在实际工程中如果对混凝土强度等级非常低的构件用增大截面法进行加固,新旧混凝土界面的黏结强度往往很难得到保证,而且根据新增加部分应力滞后的现象,新增加部分很难发挥其承载力水平,达不到加固效果。因此,当原构件的混凝土强度等级低于C10,而且密实性差,甚至还有蜂窝、空洞等缺陷时,不应直接采取增大截面法进行加固,而应先置换有局部缺陷或密实性太差的混凝土,然后进行加固。

增大截面法的加固形式,应根据构件的受力特点、薄弱环节、几何尺寸及方便施工等因素选择四周外包、三侧外包、双侧加厚或单侧加厚等形式,如图 9-5 所示。

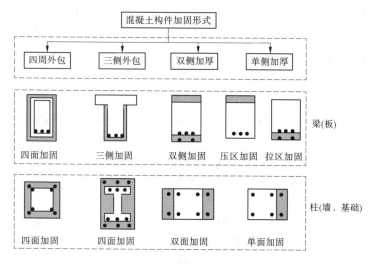

图 9-5　混凝土构件加固形式

当采用增大截面加固梁、板等受弯构件时,应根据原结构构造和受力的实际情况,选用在受压区或受拉区增设现浇钢筋混凝土外加层的加固方式。而在混凝土受压区增设现浇钢筋混凝土层的做法,主要用于楼板的加固。对梁而言,仅在楼层或屋面允许梁顶面突出时才能使用。

当采用增大截面法加固柱、墙、基础等受压构件时,应根据原构件是轴压、偏压以及偏心的方向等信息,选择合适的加固形式。

加固用新浇筑的混凝土及新配置的钢筋,与原构件相比,存在着应力应变滞后的现象,其滞后程度与加固施工时原构件的负荷水平有关,加固时原构件应力水平越高,其新增加固部分的应力应变滞后越大,利用率就低;反之,加固时原构件应力水平越低,其新增加固部分的应力应变滞后越小,利用率就高。因此,应根据实际情况对加固构件进行减荷。另外,应根据加固原构件的实际应力水平对补加的混凝土和钢筋的强度进行折减。

对加固之后新旧钢筋混凝土结合构件,根据现行《混凝土结构加固设计规范》(GB 50367—2013),按承载能力极限状态进行验算,加固后的构件的承载力作用效应不应大于结构抗力,并应考虑结构重要性系数。

$$S \leqslant R/\gamma_0 \tag{9-3}$$

式中　S——承载力作用效应;

　　　R——结构抗力;

　　　γ_0——结构重要性系数。

9.2.1　受压构件正截面加固

9.2.1.1　轴心受压构件加固

采用增大截面法加固钢筋混凝土轴心受压构件时,其受力示意图如图9-6所示,正截面受压承载力应按式(9-4)进行验算。

$$N \leqslant 0.9\varphi\left[f_{c0}A_{c0} + f'_{y0}A'_{s0} + \alpha_{cs}(f_cA_c + f'_yA'_s)\right]$$
$$\tag{9-4}$$

式中　N——构件加固后的轴向压力设计值,kN;

　　　φ——构件稳定系数,根据加固后的截面尺寸,按现行国家标准《混凝土结构设计规范》(GB 50010—2010)的规定值采用,见表9-2;

　　　A_{c0}、A_c——构件加固前混凝土截面面积和加固后新增部分混凝土截面面积,mm²;

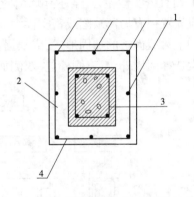

1—新增纵向受力钢筋;2—新增截面;
3—原柱截面;4—新加箍筋。
图9-6　轴心受压构件增大截面法加固

　　　f'_y、f'_{y0}——新增纵向钢筋和原纵向钢筋的抗压强度设计值,N/mm²;

　　　A'_s——新增纵向受压钢筋的截面面积,mm²;

　　　α_{cs}——综合考虑新增混凝土和钢筋强度利用程度的降低系数,取α_{cs}值为0.8。

轴心受压构件的破坏,首先是原构件混凝土达到极限压应变,退出工作,全部荷载转移到新加部分,一般新加部分的承载力有限,不足以单独承载全部荷载,导致加固构件的承载力被各个击破。因此,原构件混凝土达到极限压应变,便是加固柱的受压承载力极限状态,此时,原柱混凝土和钢筋的强度均达到设计值,而新加混凝土和钢筋的强度未达到设计值。新加部分强度利用系数与原构件应力水平指标的关系如式(9-5)~式(9-7)、图9-7所示。

表 9-2　钢筋混凝土轴心受压构件的稳定系数

l_0/b	≤8	10	12	14	16	18	20	22	24	26	28
l_0/d	≤7	8.5	10.5	12	14	15.5	17	19	21	22.5	24
l_0/i	≤28	35	42	48	55	62	69	76	83	90	97
φ	1.00	0.98	0.95	0.92	0.87	0.81	0.75	0.70	0.65	0.60	0.56
l_0/b	30	32	34	36	38	40	42	44	46	48	50
l_0/d	26	28	29.5	31	33	34.5	36.5	38	40	41.5	43
l_0/i	104	111	118	125	132	139	146	153	160	167	174
φ	0.52	0.48	0.44	0.40	0.36	0.32	0.29	0.26	0.23	0.21	0.19

注：l_0 为构件的计算长度,对钢筋混凝土柱可按《混凝土结构设计规范》(GB 50010—2010)第 6.2.20 条的规定取用；b 为矩形截面的短边尺寸,d 为圆形截面的直径,i 为截面的最小回转半径。

$$\alpha_c = 2\sqrt{1-\beta} - (1-\beta) \tag{9-5}$$

$$\alpha_s = \frac{E_s\varepsilon_0}{f'_y}\sqrt{1-\beta} \tag{9-6}$$

$$\beta = \frac{\sigma_{c1}}{f_c} = \frac{\sigma_{c1}(A_{c0}+\alpha_E A'_{s0})}{f_c(A_{c0}+\alpha_E A'_{s0})} = \frac{N_1}{f_c(A_{c0}+\alpha_E A'_{s0})} \leqslant 0.75 \tag{9-7}$$

式中　α_c——新加混凝土强度利用系数；

α_s——新加钢筋强度利用系数；

β——原构件应力水平指标；

E_s——新加钢筋弹性模量；

ε_0——新加钢筋应变值；

f'_y——新加钢筋抗压强度设计值；

σ_{c1}——原构件压应力；

N_1——原构件轴向压力；

f_c——原构件混凝土轴向抗压强度设计值；

A_{c0}——原构件混凝土截面面积；

A'_{s0}——原构件纵向受压钢筋截面面积；

α_E——钢筋弹性模量与混凝土弹性模量的比值。

由上述关系可以发现,当 β 在 0~1 由小变大时,α_c 及 α_s 在 1~0 由大变小。新增加混凝土的强度利用系数见表 9-3。可见,在加固施工时,进行卸荷或顶撑施工,是提高新加部分强度利用率的重要手段。

表 9-3　新加混凝土强度利用系数

β	0.1	0.2	0.3	0.4	0.5	0.6	0.7	0.8	0.9
α_c	0.99	0.98	0.97	0.95	0.91	0.86	0.79	0.69	0.5

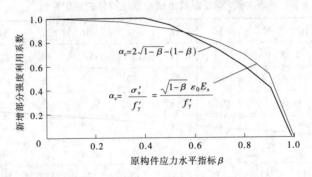

图 9-7　新增部分强度利用系数 α_c 与原构件应力水平指标 β 的关系

9.2.1.2　偏心受压构件加固

采用增大截面法加固钢筋混凝土偏心受压构件时(见图 9-8),其矩形截面正截面承载力应按式(9-8)~式(9-11)确定。

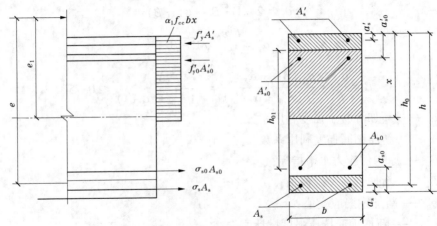

图 9-8　矩形截面偏心受压构件加固的计算

$$N \leqslant \alpha_1 f_{cc}bx + 0.9f'_yA'_s + f'_{y0}A'_{s0} - \sigma_sA_s - \sigma_{s0}A_{s0} \tag{9-8}$$

$$Ne \leqslant \alpha_1 f_{cc}bx\left(h_0 - \frac{x}{2}\right) + 0.9f'_yA'_s(h_0 - a'_s) + f'_{y0}A'_{s0}(h_0 - a'_{s0}) - \sigma_{s0}A_{s0}(a_{s0} - a_s) \tag{9-9}$$

$$\sigma_{s0} = \left(\frac{0.8h_{01}}{x} - 1\right)E_{s0}\varepsilon_{cu} \leqslant f_{y0} \tag{9-10}$$

$$\sigma_s = \left(\frac{0.8h_0}{x} - 1\right)E_s\varepsilon_{cu} \leqslant f_y \tag{9-11}$$

式中　f_{cc}——新旧混凝土组合截面的混凝土轴心抗压强度设计值,N/mm²,可近似按 $f_{cc} = \frac{1}{2}(f_{c0} + 0.9f_c)$ 确定,若有可靠试验数据,也可按试验结果确定;

f_c、f_{c0}——新、旧混凝土轴心抗压强度设计值,N/mm²;

σ_{s0}——原构件受拉边或受压较小边纵向钢筋应力,当为小偏心受压构件时,图中

σ_{s0} 可能变向,当计算得 $\sigma_{s0}>f_{y0}$ 时,取 $\sigma_{s0}=f_{y0}$;

σ_s ——受拉边或受压较小边的新增纵向钢筋应力,N/mm^2,当计算得 $\sigma_s>f_y$ 时,取 $\sigma_s=f_y$;

A_{s0} ——原构件受拉边或受压较小边纵向钢筋截面面积,mm^2;

A'_{s0} ——原构件受压较大边纵向钢筋截面面积,mm^2;

e ——偏心距,为轴向压力设计值 N 的作用点至纵向受拉钢筋合力点的距离,mm;

a_{s0} ——原构件受拉边或受压较小边纵向钢筋合力点到加固后截面近边的距离, mm;

a'_{s0} ——原构件受压较大边纵向钢筋合力点到加固后截面近边的距离,mm;

a_s ——受拉边或受压较小边新增纵向钢筋合力点至加固后截面近边的距离,mm;

a'_s ——受压较大边新增纵向钢筋合力点至加固后截面近边的距离,mm;

h_0 ——受拉边或受压较小边新增纵向钢筋合力点至加固后截面受压较大边边缘的距离,mm;

h_{01} ——原构件截面有效高度,mm。

轴向压力作用点至纵向受拉钢筋合力作用点的距离(偏心距)e,应按下列规定确定:

$$e = e_i + \frac{h}{2} - a \tag{9-12}$$

$$e_i = e_0 + e_a \tag{9-13}$$

式中　e_i ——初始偏心距;

a ——纵向受拉钢筋的合力点至截面近边缘的距离;

e_0 ——轴向压力对截面重心的偏心距,取为 M/N,M 为构件加固后弯矩设计值,N 为构件加固后轴向力设计值,当需要考虑二阶效应时,M 应按国家标准《混凝土结构设计规范》(GB 50010—2010)第 6.2.4 条规定的 $C_m\eta_{ns}M_2$,乘以修正系数 φ 确定,即取 M 为 $\varphi C_m\eta_{ns}M_2$;φ 为修正系数,当为对称形式加固时,取 φ 为 1.2,当为非对称加固时,取 φ 为 1.3;

e_a ——附加偏心距,按偏心方向截面最大尺寸 h 确定,当 $h\leqslant600$ mm 时,取 e_a 为 20 mm,当 $h>600$ mm 时,取 $e_a=h/30$。

9.2.2　受弯构件正截面加固

采用增大截面法加固受弯构件时,应根据原结构构造和受力的实际情况,选用在受压区或受拉区增设现浇钢筋混凝土外加层的加固方式。

9.2.2.1　受弯构件受压区加固

当仅在受压区加固受弯构件时,其承载力、抗裂度、钢筋应力、裂缝宽度及挠度的计算和验算,可按现行国家标准《混凝土结构设计规范》(GB 50010—2010)关于叠合式受弯构件的规定进行。当验算结果表明仅需增设混凝土叠合层即可满足承载力要求时,也应按构造要求配置受压区钢筋和分布钢筋。

受压区加固的梁、板承载力计算,可能有两种情况,一种是新旧混凝土协同工作,另一种是新、旧混凝土独立工作。

1. 新、旧混凝土独立工作

当梁、板表面未做适当的处理,达不到构造要求,结合面的强度得不到保证时,应按新、旧混凝土构件独立工作计算。当新、旧混凝土独立工作时,受弯构件正截面新、旧混凝土各部分承受的弯矩按新、旧混凝土截面的刚度比进行分配,按分配后承担的弯矩,再按规范进行承载力验算。

原构件(旧混凝土)截面承受的弯矩为:

$$M_1 = \frac{\alpha h_1^3}{\alpha h_1^3 + \alpha h_2^3} M \tag{9-14}$$

新混凝土截面承受的弯矩为:

$$M_2 = \frac{h_2^3}{\alpha h_1^3 + \alpha h_2^3} M \tag{9-15}$$

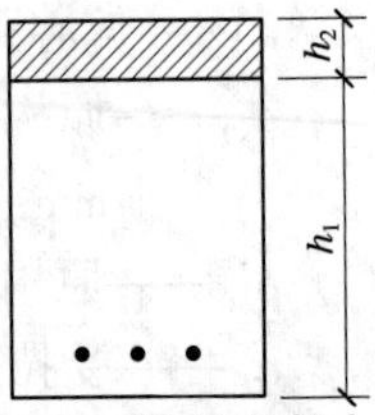

图 9-9　新、旧混凝土独
立工作截面示意图

式中　M ——构件加固后弯矩设计值;

　　　α ——刚度折减系数,考虑到原构件已产生一定的变形,加

　　　　　固后的总变形增大,较早进入弹塑性的变形而使刚度有所降低,一般可取

　　　　　0.8~0.9;

　　　h_1 ——原构件厚度;

　　　h_2 ——新增加混凝土厚度。

2. 新、旧混凝土协同工作

当新、旧混凝土协同工作时,由于叠合构件中钢筋应力的超前,有可能使梁的挠度和裂缝在使用阶段就超过允许值,也可能使构件的受拉钢筋在使用阶段就处于高应力状态,甚至达到流值,因此验算使用阶段的钢筋应力,使其不超过允许的应力,是叠合构件计算中的一个很重要的内容。在使用阶段,叠合构件受拉钢筋应力 σ_s 可按如下方法计算。

$$\sigma_s = \sigma_{s1} + \sigma_{s2} \leq 0.9 f_y \tag{9-16}$$

$$\sigma_{s1} = \frac{M_1}{A_s \eta_1 h_{01}} \tag{9-17}$$

$$\sigma_{s2} = \frac{M_2(1 - \beta)}{A_s \eta_2 h_{02}} \tag{9-18}$$

$$\beta = 0.5\left(1 - \frac{h_1}{h_2}\right) \tag{9-19}$$

式中　σ_s ——使用阶段叠合构件受拉钢筋应力;

　　　σ_{s1} ——第一阶段(后浇混凝土参与工作之前)在弯矩 M_1 作用下的钢筋应力;

　　　σ_{s2} ——第二阶段(后浇混凝土达到强度后)在弯矩 M_2 作用下的钢筋应力;

　　　A_s ——受拉钢筋截面面积;

　　　η_1、η_2 ——裂缝截面的内力臂系数,均可近似取 0.87;

　　　β ——反映荷载预应力影响的叠合特征系数;

　　　f_y ——受拉钢筋的设计强度;

　　　h_1、h_{01} ——原构件的截面高度及其有效高度;

　　　h_2、h_{02} ——加固后构件的截面高度及其有效高度。

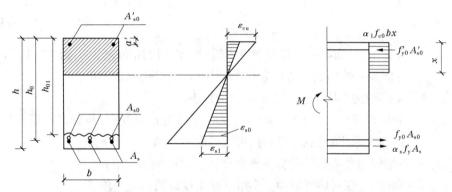

图 9-10　矩形截面受弯构件正截面加固计算简图

9.2.2.2　受弯构件受拉区加固

当在受拉区加固矩形截面受弯构件时,其正截面受弯承载力应按式(9-20)~式(9-22)确定:

$$M \leqslant \alpha_s f_y A_s \left(h_0 - \frac{x}{2} \right) + f_{y0} A_{s0} \left(h_{01} - \frac{x}{2} \right) + f'_{y0} A'_{s0} \left(\frac{x}{2} - a' \right) \tag{9-20}$$

$$\alpha_1 f_{c0} b x = f_{y0} A_{s0} + \alpha_s f_y A_s - f'_{y0} A'_{s0} \tag{9-21}$$

$$2a' \leqslant x \leqslant \xi_b h_0 \tag{9-22}$$

式中　M ——构件加固后弯矩设计值,kN·m;

α_s ——新增钢筋强度利用系数,取 $\alpha_s = 0.9$;

f_y ——新增钢筋的抗拉强度设计值,N/mm^2;

A_s ——新增受拉钢筋的截面面积,mm^2;

h_0、h_{01} ——构件加固后和加固前的截面有效高度,mm;

x ——混凝土受压区高度,mm;

f_{y0}、f'_{y0} ——原钢筋的抗拉、抗压强度设计值,N/mm^2;

A_{s0}、A'_{s0} ——原受拉钢筋和原受压钢筋的截面面积,mm^2;

a' ——纵向受压钢筋合力点至混凝土受压区边缘的距离,mm;

α_1 ——受压区混凝土矩形应力图的应力值与混凝土轴心抗压强度设计值的比值;
当混凝土强度等级不超过 C50 时,取 $\alpha_1 = 1.0$,当混凝土强度等级为 C80 时,取 $\alpha_1 = 0.94$,其间按线性内插法确定;

f_{c0} ——原构件混凝土轴心抗压强度设计值,N/mm^2;

b ——矩形截面宽度,mm;

ξ_b ——构件增大截面加固后的相对界限受压区高度,应按下列公式确定:

$$\xi_b = \frac{\beta_1}{1 + \dfrac{\alpha_s f_y}{\varepsilon_{cu} E_s} + \dfrac{\varepsilon_{s1}}{\varepsilon_{cu}}} \tag{9-23}$$

$$\varepsilon_{s1} = \left(1.6 \frac{h_0}{h_1} - 0.6 \right) \varepsilon_{s0} \tag{9-24}$$

$$\varepsilon_{s0} = \frac{M_{0k}}{0.85 h_{01} A_{s0} E_{s0}} \tag{9-25}$$

式中　β_1——计算系数,当混凝土强度等级不超过 C50 时,β_1 值取为 0.80,当混凝土强度等级为 C80 时,β_1 值取为 0.74,其间按线性内插法确定;

　　　　ε_{cu}——混凝土极限压应变,取 $\varepsilon_{cu} = 0.0033$;

　　　　ε_{s1}——新增钢筋位置处,按平截面假设确定的初始应变值,当新增主筋与原主筋的连接采用短钢筋焊接时,可近似取 $h_{01} = h_0$,$\varepsilon_{s1} = \varepsilon_{s0}$;

　　　　M_{0k}——加固前受弯构件验算截面上原作用的弯矩标准值;

　　　　ε_{s0}——加固前,在初始弯矩 M_{0k} 作用下原受拉钢筋的应变值。

当按式(9-20)及式(9-21)算得的加固后混凝土受压区高度 x 与加固前原截面有效高度 h_{01} 之比 x/h_{01} 大于原截面相对界限受压区高度 ξ_{b0} 时,应考虑原纵向受拉钢筋应力 σ_{s0} 尚达不到 f_{y0} 的情况。此时,应将上述两公式中的 f_{y0} 改为 σ_{s0},并重新进行验算。验算时,σ_{s0} 值可按式(9-26)确定:

$$\sigma_{s0} = \left(\frac{0.8 h_{01}}{x} - 1\right) \varepsilon_{cu} E_s \leq f_{y0} \tag{9-26}$$

对翼缘位于受压区的 T 形截面受弯构件,其受拉区增设现浇配筋混凝土层的正截面受弯承载力,应按《混凝土结构加固设计规范》(GB 50367—2013)的计算原则和《混凝土结构设计规范》(GB 50010—2010)关于 T 形截面受弯承载力的规定进行计算。

9.2.3　受弯构件斜截面加固

对受弯构件的斜截面进行加固时,加固后的斜截面应符合下列条件:

(1)当 $h_w/b \leq 4$ 时

$$V \leq 0.25 \beta_c f_c b h_0 \tag{9-27}$$

(2)当 $h_w/b \geq 6$ 时

$$V \leq 0.20 \beta_c f_c b h_0 \tag{9-28}$$

(3)当 $4 < h_w/b < 6$ 时,按线性内插法确定。

式中　V——构件加固后剪力设计值,kN;

　　　　β_c——混凝土强度影响系数;按现行国家标准《混凝土结构设计规范》(GB 50010—2010)的规定值采用;

　　　　b——矩形截面的宽度或 T 形、I 形截面的腹板宽度,mm;

　　　　h_w——截面的腹板高度,mm,对矩形截面,取有效高度,对 T 形截面,取有效高度减去翼缘高度,对 I 形截面,取腹板净高。

采用增大截面法加固受弯构件时,其斜截面受剪承载力应符合下列规定:

(1)当受拉区增设配筋混凝土层,并采用 U 形箍与原箍筋逐个焊接时:

$$V \leq \alpha_{cv} [f_{t0} b h_{01} + \alpha_c f_t b (h_0 - h_{01})] + f_{yv0} \frac{A_{sv0}}{s_0} h_0 \tag{9-29}$$

(2)当增设钢筋混凝土三面围套,并采用加锚式或胶锚式箍筋时:

$$V \leqslant \alpha_{cv}(f_{t0}bh_{01} + \alpha_c f_t A_c) + \alpha_s f_{yv}\frac{A_{sv}}{s}h_0 + f_{yv0}\frac{A_{sv0}}{s_0}h_{01} \tag{9-30}$$

式中　α_{cv}——斜截面混凝土受剪承载力系数,对一般受弯构件取 0.7,对集中荷载作用下(包括作用有多种荷载,其中集中荷载对支座截面或节点边缘所产生的剪力值占总剪力的 75% 以上的情况)的独立梁,取 α_{cv} 为 $\frac{1.75}{\lambda+1}$,λ 为计算截面的剪跨比,可取 λ 等于 a/h_0,当 λ 小于 1.5 时,取 1.5,当 λ 大于 3 时,取 3,a 为集中荷载作用点至支座截面或节点边缘的距离;

　　　α_c——新增混凝土强度利用系数,取 $\alpha_c = 0.7$;

　　　f_t、f_{t0}——新、旧混凝土轴心抗拉强度设计值,N/mm^2;

　　　A_c——三面围套新增混凝土截面面积,mm^2;

　　　α_s——新增箍筋强度利用系数,取 $\alpha_s = 0.9$;

　　　f_{yv}、f_{yv0}——新箍筋、原箍筋的抗拉强度设计值,N/mm^2;

　　　A_{sv}、A_{sv0}——同一截面内新箍筋各肢截面面积之和、原箍筋各肢截面面积之和,mm^2;

　　　s、s_0——新增箍筋、原箍筋沿构件长度方向的间距,mm。

9.2.4　构造及施工要求

采用增大截面加固法时,新增截面部分,可用现浇混凝土、自密实混凝土或喷射混凝土浇筑而成。也可用掺有细石混凝土的水泥基灌浆料灌注而成。原构件混凝土表面应经处理,一般情况下,除混凝土表面应予打毛外,尚应采取涂刷结构界面胶、种植剪切销钉或增设剪力键等措施,以保证新旧混凝土共同工作。新增混凝土层的最小厚度,板不应小于 40 mm;梁、柱,采用现浇混凝土、自密实混凝土或灌浆料施工时,不应小于 60 mm,采用喷射混凝土施工时,不应小于 50 mm。

加固用的钢筋,应采用热轧钢筋,板的受力钢筋直径不应小于 8 mm,梁的受力钢筋直径不应小于 12 mm,柱的受力钢筋直径不应小于 14 mm,加锚式箍筋直径不应小于 8 mm,U 形箍直径应与原箍筋直径相同,分布筋直径不应小于 6 mm。梁的新增纵向受力钢筋,其两端应可靠锚固,柱的新增纵向受力钢筋的下端应伸入基础并应满足锚固要求,上端应穿过楼板与上层柱脚连接或在屋面板处封顶锚固。新增受力钢筋与原受力钢筋的净间距不应小于 25 mm,并应采用短筋或箍筋与原钢筋焊接,其构造应符合下列规定:

(1)当新增受力钢筋与原受力钢筋的连接采用短筋[见图 9-11(a)]焊接时,短筋的直径不应小于 25 mm,长度不应小于其直径的 5 倍,各短筋的中距不应大于 500 mm。

(2)当截面受拉区一侧加固时,应设置 U 形箍筋[见图 9-11(b)],U 形箍筋应焊在原有箍筋上,单面焊的焊缝长度应≥箍筋直径的 10 倍,双面焊的焊缝长度应≥箍筋直径的 5 倍。

(3)当用混凝土围套加固时,应设置加锚式箍筋或胶锚式箍筋[见图 9-11(d)、(e)]。

(4)当受构造条件限制而需采用植筋方式埋设 U 形箍[见图 9-11(c)]时,应采用锚固型结构胶种植,不得采用未改性的环氧类胶粘剂和不饱和聚酯类的胶粘剂种植,也不得采用无机锚固剂(包括水泥基灌浆料)种植。

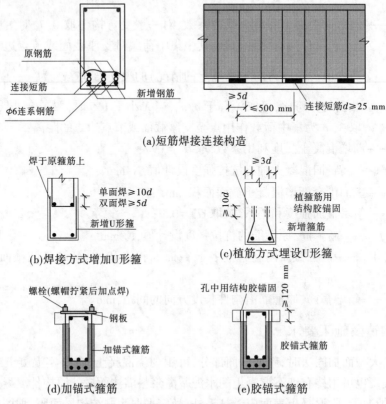

(a)短筋焊接连接构造

(b)焊接方式增加U形箍

(c)植筋方式埋设U形箍

(d)加锚式箍筋

(e)胶锚式箍筋

图 9-11　增大截面配置新增箍筋的连接构造

9.3　外包型钢加固法

外包型钢加固法,是在原混凝土构件四周或两个角部外包角钢或槽钢系列型钢,从而大幅度提高构件承载力的一种加固方法(见图 9-12)。由于此加固方法具有受力可靠、施工简便、现场工作量小、工期较短等优点,使用范围很广,但用钢量较大,加固费用较高。为了取得最佳技术经济效果,一般用于使用上不允许显著增加原构件截面尺寸,但又要求大幅度提高承载力和抗震能力的钢筋混凝土梁、柱结构的加固,注意不宜在无防护情况下用于 60 ℃以上高温场所。

该加固方法多用于柱子的加固,也可用于梁的加固。对于矩形截面柱,一般采用四角粘贴型钢,横向用缀板焊接成整体[见图 9-13(a)];而对于圆形截面柱,多采用扁钢加箍套的形式焊接成整体[见图 9-13(b)];对于矩形截面梁,可采用仅在受拉边外包角钢加固,也可采用在受拉边外包型钢和受压边粘贴钢板加固[见图 9-13(c)]。无论是单面加固还是双面加固,均需设置横向箍套,箍套可用扁钢、角钢或钢筋焊接成。另外,在型钢与原构件之间留有一定空隙,并在其间灌填乳胶水泥浆、环氧砂浆或细石混凝土,使二者黏结成整体,协同工作。外包型钢加固,使原柱子混凝土的横向变形受到型钢骨架的约束,同时型

图 9-12　外包型钢加固示例

钢受到混凝土横向变形时的侧向挤压,使型钢处于压弯状态,导致型钢受压承载力降低。同增大截面加固法一样,型钢也存在着应力滞后问题,影响型钢承载力的充分发挥。

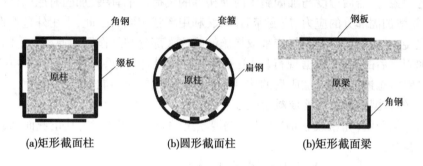

(a)矩形截面柱　　　　　(b)圆形截面柱　　　　　(b)矩形截面梁

图 9-13　外包型钢加固示意图

9.3.1　加固计算

外包型钢加固法,按其与原构件连接方式分为外粘型钢加固法和无黏结外包型钢加固法,均适用于需要大幅度提高截面承载能力和抗震能力的钢筋混凝土柱及梁的加固。

当工程要求不使用结构胶粘剂时,宜选用无黏结外包型钢加固法,也称干式外包型钢加固法。其设计应符合下列规定:

(1)当原柱完好,但需提高其设计荷载时,可按原柱与型钢构架共同承担荷载进行计算。此时,型钢构架与原柱所承受的外力,可按各自截面刚度比例进行分配。柱加固后的总承载力为型钢构架承载力与原柱承载力之和。

(2)当原柱尚能工作,但需降低原设计承载力时,原柱承载力降低程度应由可靠性鉴定结果进行确定;其不足部分由型钢构架承担。

(3)当原柱存在不适于继续承载的损伤或严重缺陷时,可不考虑原柱的作用,其全部荷载由型钢骨架承担。

(4)型钢构架承载力应按现行国家标准《钢结构设计规范》(GB 50017—2017)规定的格构式柱进行计算,并乘以与原柱协同工作的折减系数 0.9。

当工程允许使用结构胶粘剂,且原柱状况适于采取加固措施时,宜选用外粘型钢加固法。该方法属复合截面加固法,其加固后的承载力和截面刚度可按整截面计算,其截面刚度 EI 的近似值可按式(9-31)计算:

$$EI = E_{c0}I_{c0} + 0.5E_aA_aa_a^2 \qquad (9-31)$$

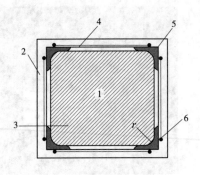

1—原柱;2—防护层;3—注胶;
4—缀板;5—角钢;6—缀板与角钢焊缝。

图 9-14　外粘型钢加固

式中　E_{c0}、E_a ——原构件混凝土、加固型钢的弹性模量,MPa;

I_{c0} ——原构件截面惯性矩,mm^4;

A_a ——加固构件一侧外粘型钢截面面积, mm^2;

a_a ——受拉与受压两侧型钢截面形心间的距离,mm。

加固用型钢与原构件相比,存在着应力、应变滞后的现象,其滞后程度与加固施工时原构件的负荷水平有关,加固时原构件应力水平越高,其新增加固部分的应力、应变滞后越大,利用率就越低。因此,采用外包型钢加固法对钢筋混凝土结构进行加固时,应采取措施卸除或大部分卸除作用在原构件上的活荷载。

对加固之后的构件,根据现行《混凝土结构加固设计规范》(GB 50367—2013),按承载能力极限状态进行验算,加固后的构件其承载力作用效应不能大于结构抗力。

9.3.1.1　外粘型钢加固钢筋混凝土轴心受压构件

采用外粘型钢(角钢或扁钢)加固钢筋混凝土轴心受压构件时,其正截面承载力应按式(9-32)验算:

$$N \le 0.9\varphi(\phi_{sc}f_{c0}A_{c0} + f'_{y0}A'_{s0} + \alpha_a f'_a A'_a) \qquad (9-32)$$

式中　N ——构件加固后轴向压力设计值,kN;

φ ——轴心受压构件的稳定系数,应根据加固后的截面尺寸,按现行国家标准《混凝土结构设计规范》(GB 50010—2010)采用,或见表9-2;

ϕ_{sc} ——考虑型钢构架对混凝土约束作用引入的混凝土承载力提高系数,对圆形截面柱,取 1.15,对截面高宽比 $h/b \le 1.5$、截面高度 $h \le 600$ mm 的矩形截面柱,取 1.1,对不符合上述规定的矩形截面柱,取 1.0;

α_a ——新增型钢强度利用系数,除抗震计算取 1.0 外,其他计算均取 0.9;

f'_a ——新增型钢抗压强度设计值,N/mm^2,应按现行国家标准《钢结构设计标准》(GB 50017—2017)的规定采用;

A'_a ——全部受压肢型钢的截面面积,mm^2;

其他符号意义同前。

9.3.1.2　受弯构件斜截面加固

采用外粘型钢加固钢筋混凝土偏心受压构件时(见图9-15),其矩形截面正截面承载力应按下列公式确定:

$$N \le \alpha_1 f_{c0}bx + f'_{y0}A'_{s0} - \sigma_{s0}A_{s0} + \alpha_a f'_a A'_a - \sigma_a A_a \qquad (9-33)$$

$$Ne \le \alpha_1 f_{c0}bx\left(h_0 - \frac{x}{2}\right) + f'_{y0}A'_{s0}(h_0 - a'_{s0}) - \sigma_{s0}A_{s0}(a_{s0} - a_a) + \alpha_a f'_a A'_a(h_0 - a'_a)$$

$$(9-34)$$

$$\sigma_{s0} = \left(\frac{0.8h_{01}}{x} - 1 \right) E_{s0} \varepsilon_{cu} \tag{9-35}$$

$$\sigma_{a} = \left(\frac{0.8h_{0}}{x} - 1 \right) E_{a} \varepsilon_{cu} \tag{9-36}$$

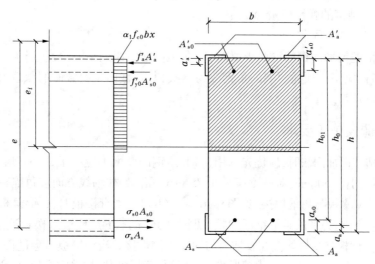

图 9-15　外粘型钢加固偏心受压柱的截面计算简图

式中　　N ——构件加固后轴向压力设计值,kN;

b ——原构件截面宽度,mm;

x ——混凝土受压区高度,mm;

f_{c0} ——原构件混凝土轴心抗压强度设计值,N/mm^2;

f_{y0}' ——原构件受压区纵向钢筋抗压强度设计值,N/mm^2;

A_{s0}' ——原构件受压较大边纵向钢筋截面面积,mm^2;

σ_{s0} ——原构件受拉边或受压较小边纵向钢筋应力,N/mm^2,当为小偏心受压构件时,图中 σ_{s0} 可能变号,当 $\sigma_{s0} > f_{y0}$ 时,应取 $\sigma_{s0} = f_{y0}$;

A_{s0} ——原构件受拉边或受压较小边纵向钢筋截面面积,mm^2;

α_{a} ——新增型钢强度利用系数,除抗震设计取 $\alpha_{a} = 1.0$ 外,其他取 $\alpha_{a} = 0.9$;

f_{a}' ——型钢抗压强度设计值,N/mm^2;

A_{a}' ——全部受压肢型钢截面面积,mm^2;

σ_{a} ——受拉肢或受压较小肢型钢的应力,N/mm^2,可按式(9-36)计算,也可近似取 $\sigma_{a} = \sigma_{s0}$;

A_{a} ——全部受拉肢型钢截面面积,mm^2;

e ——偏心距,mm,为轴向压力设计值作用点至受拉区型钢形心的距离;

h_{01} ——加固前原截面有效高度,mm;

h_{0} ——加固后受拉肢或受压较小肢型钢的截面形心至原构件截面受压较大边的距离,mm;

a'_{s0}——原截面受压较大边纵向钢筋合力点至原构件截面近边的距离,mm;

a'_a——受压较大肢型钢截面形心至原构件截面近边的距离,mm;

a_{s0}——原构件受拉边或受压较小边纵向钢筋合力点至原截面近边的距离,mm;

a_a——受拉肢或受压较小肢型钢截面形心至原构件截面近边的距离,mm;

E_a——型钢的弹性模量,MPa;

其他符号意义同前。

采用外粘型钢加固钢筋混凝土梁时,应在梁截面的四隅粘贴角钢,当梁的受压区有翼缘或有楼板时,应将梁顶面两隅的角钢改为钢板,其正截面及斜截面的承载力可按粘贴钢板加固法进行计算。

9.3.2　构造及施工要求

采用外粘型钢加固法时,应优先选用角钢,角钢的厚度不应小于 5 mm,角钢的边长,对梁和桁架,不应小于 50 mm,对柱不应小于 75 mm。沿梁、柱轴线方向应每隔一定距离用扁钢制作的箍板或缀板与角钢焊接[见图 9-16(a)、(b)]。当有楼板时,U 形箍板或其附加的螺杆应穿过楼板,与另加的条形钢板焊接[见图 9-16(a)、(b)]或嵌入楼板后予以胶锚[见图 9-16(c)]。箍板与缀板均应在胶粘前与加固角钢焊接。当钢箍板需穿过楼板或胶锚时,可采用半重叠钻孔法,将圆孔扩成矩形扁孔,待箍板穿插安装、焊接完毕后,再用结构胶注入孔中予以封闭、锚固。箍板或缀板截面不应小于 40 mm×4 mm,其间距不应大于 $20r$(r 为单根角钢截面的最小回转半径),且不应大于 500 mm,在节点区,其间距应适当加密。

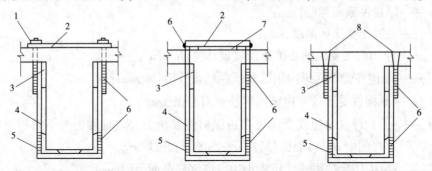

(a)端部栓焊连接加锚式箍板　(b)端部焊缝连接加锚式箍板　(c)端部胶锚连接加锚式箍板

1—与钢板点焊;2—条形钢板;3—钢垫板;4—箍板;5—加固角钢;

6—焊缝;7—加固钢板;8—嵌入箍板后胶锚。

图 9-16　加锚式箍板

外粘型钢的两端应有可靠的连接和锚固(见图 9-17)。对柱的加固,角钢下端应锚固于基础,中间应穿过各层楼板,上端应伸至加固层的上一层楼板底或屋面板底。当相邻两层柱的尺寸不同时,可将上下柱外粘型钢交汇于楼面,并利用其内外间隔嵌入厚度不小于 10 mm 的钢板焊成水平钢框,与上下柱角钢及上柱钢箍相互焊接固定。对梁的加固,梁角钢(或钢板)应与柱角钢相互焊接。必要时,可加焊扁钢带或钢筋条,使柱两侧的梁相互连接[见图 9-17(c)]。对桁架的加固,角钢应伸过该杆件两端的节点,或设置节点板将角钢焊在节点板上。

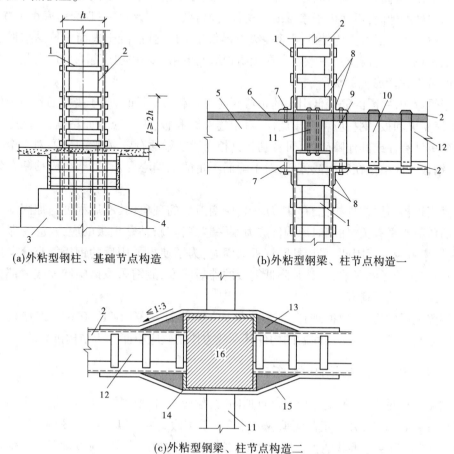

(a)外粘型钢柱、基础节点构造　　　(b)外粘型钢梁、柱节点构造一

(c)外粘型钢梁、柱节点构造二

1—缀板;2—加固角钢;3—原基础;4—植筋;5—不加固主梁;6—楼板;7—胶锚螺栓;
8—柱加强角钢箍;9—梁加强扁钢箍;10—箍板;11—次梁;12—加固主梁;
13—环氧砂浆填实;14—角钢;15—扁钢带;16—柱;l—缀板加密区长度。

图 9-17 外粘型钢梁、柱、基础节点构造

外粘型钢加固梁、柱时,应将原构件截面的棱角打磨成半径 r 大于等于 7 mm 的圆角。外粘型钢的注胶应在型钢构架焊接完成后进行。外粘型钢的胶缝厚度宜控制在 3~5 mm,局部允许有长度不大于 300 mm、厚度不大于 8 mm 的胶缝,但不得出现在角钢端部 600 mm 范围内。

采用外包型钢加固钢筋混凝土构件时,型钢表面(包括混凝土表面)应抹厚度不小于 25 mm 的高强度等级水泥砂浆(应加钢丝网防裂)作防护层,也可采用其他具有防腐蚀和防火性能的饰面材料加以保护。

9.4 粘贴钢板加固法

粘贴钢板加固法是指用胶粘剂把薄钢板粘贴在混凝土构件表面,使薄钢板与混凝土整体协同工作,提高其承载力的一种加固方法。此方法适用于钢筋混凝土受弯、受拉、大偏心受压构件的加固,不适用于素混凝土构件,包括纵向受力钢筋一侧配筋率小于 0.2% 的构件。被加固的混凝土构件的强度等级不得低于 C15,且混凝土表面正拉黏结强度不得低于 1.5 MPa 的混凝土。注意不宜在无防护情况下用于环境温度超过 60 ℃、相对湿度大于 70% 及有化学腐蚀的场所。

对于受弯构件,因配筋偏低引起的正截面受弯承载力不足时,应于受拉面粘贴钢板补强;对于简支梁和板,钢板应粘贴于底面;对于连续梁和板,钢板应双面粘贴,若支座部位梁顶负弯矩处有柱或其他障碍时,可齐柱将钢板布置在梁的有效翼缘范围内;对于桁架下弦拉杆,钢板一般粘贴在底面或侧面;对于配筋不足的大偏心受压柱,钢板应粘贴在欠筋的受拉面。

加固用钢板与原构件相比,存在着应力、应变滞后的现象,其滞后程度与加固施工时原构件的负荷水平有关,加固时原构件应力水平越高,其新粘贴钢板的应力、应变滞后就越大,利用率就越低。因此,采用粘贴钢板加固时,为了使得加固后的钢板能充分发挥强度,应减少二次受力的影响,也就是降低钢板的滞后应变,故需采取措施卸除或大部分卸除作用在结构上的活荷载。

对加固之后的构件,根据现行《混凝土结构加固设计规范》(GB 50367—2013),按承载能力极限状态进行验算,加固后的构件其承载力作用效应不能大于结构抗力。

9.4.1　受弯构件正截面加固计算

用粘贴钢板对梁、板等受弯构件进行加固时,除应符合现行国家标准《混凝土结构设计规范》(GB 50010—2010)正截面承载力计算的基本假定外,尚应符合下列规定:

(1)构件达到受弯承载能力极限状态时,外贴钢板的拉应变 ε_{sp} 应按截面应变保持平面的假设确定。

(2)钢板应力 σ_{sp} 等于拉应变 ε_{sp} 与弹性模量 E_{sp} 的乘积。

(3)当考虑二次受力影响时,应按构件加固前的初始受力情况,确定粘贴钢板的滞后应变。

(4)在达到受弯承载能力极限状态前,外贴钢板与混凝土之间不致出现黏结剥离破坏。

受弯构件加固后的相对界限受压区高度 $\xi_{b,sp}$ 应按加固前控制值的 0.85 倍采用,即

$$\xi_{b,sp} = 0.85\xi_b \tag{9-37}$$

式中　　ξ_b——构件加固前的相对界限受压区高度,按现行国家标准《混凝土结构设计规范》(GB 50010—2010)的规定计算。

在矩形截面受弯构件的受拉面和受压面粘贴钢板进行加固时,其正截面承载力应按式(9-38)~式(9-41)进行验算(见图 9-18):

$$M \leqslant \alpha_1 f_{c0} bx\left(h - \frac{x}{2}\right) + f'_{y0} A'_{s0}(h - a') + f'_{sp} A'_{sp} h - f_{y0} A_{s0}(h - h_0) \tag{9-38}$$

$$\alpha_1 f_{c0} bx = \phi_{sp} f_{sp} A_{sp} + f_{y0} A_{s0} - f'_{y0} A'_{s0} - f'_{sp} A'_{sp} \tag{9-39}$$

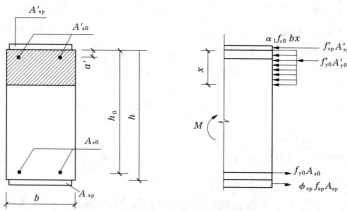

图 9-18　矩形截面正截面受弯承载力计算

$$\phi_{sp} = \frac{(0.8\varepsilon_{cu}h/x) - \varepsilon_{cu} - \varepsilon_{sp,0}}{f_{sp}/E_{sp}} \qquad (9\text{-}40)$$

$$x \geqslant 2a' \qquad (9\text{-}41)$$

式中　M ——构件加固后弯矩设计值,kN·m;

x ——混凝土受压区高度,mm;

b、h ——矩形截面宽度、高度,mm;

f_{sp}、f'_{sp} ——加固钢板的抗拉、抗压强度设计值,N/mm²;

A_{sp}、A'_{sp} ——受拉钢板、受压钢板的截面面积,mm²;

A_{s0}、A'_{s0} ——原构件受拉、受压钢筋的截面面积,mm²;

a' ——纵向受压钢筋合力点至截面近边的距离,mm;

h_0 ——构件加固前的截面有效高度,mm;

ϕ_{sp} ——考虑二次受力影响时,受拉钢板抗拉强度有可能达不到设计值而引用的折减系数,当 $\phi_{sp} > 1.0$ 时,取 $\phi_{sp} = 1.0$;

ε_{cu} ——混凝土极限压应变,取 $\varepsilon_{cu} = 0.0033$;

$\varepsilon_{sp,0}$ ——考虑二次受力影响时,受拉钢板的滞后应变,按式(9-42)计算,若不考虑二次受力影响,取 $\varepsilon_{sp,0} = 0$。

$$\varepsilon_{sp,0} = \frac{\alpha_{sp}M_{0k}}{E_s A_s h_0} \qquad (9\text{-}42)$$

式中　M_{0k} ——加固前受弯构件验算截面上作用的弯矩标准值,kN·m;

α_{sp} ——综合考虑受弯构件裂缝截面内力臂变化、钢筋拉应变不均匀及钢筋排列影响的计算系数,按表9-4取用。

表 9-4　计算系数 α_{sp} 值

ρ_{te}	≤0.007	0.010	0.020	0.030	0.040	≥0.060
单排钢筋	0.70	0.90	1.15	1.20	1.25	1.30
双排钢筋	0.75	1.00	1.25	1.30	1.35	1.40

注:1. ρ_{te} 为原有混凝土有效受拉截面的纵向受拉钢筋配筋率。

　　2. 当原构件钢筋应力 $\sigma_{s0} \leqslant 150$ MPa,且 $\rho_{te} \leqslant 0.05$ 时,表中 α_{sp} 值可乘以调整系数0.9。

当受压面没有粘贴钢板（$A'_{sp}=0$），可根据式(9-38)计算出混凝土受压区的高度 x，按式(9-40)计算出强度折减系数 ϕ_{sp}，然后代入式(9-39)，求出受拉面应粘贴的加固钢板量 A_{sp}。

对受弯构件正弯矩区的正截面加固，其受拉面沿轴向粘贴的钢板的截断位置，应从其强度充分利用的截面算起，取不小于按式(9-43)确定的粘贴延伸长度：

$$l_{sp} \geqslant \frac{f_{sp}t_{sp}}{f_{bd}} + 200 \qquad\qquad (9-43)$$

式中　l_{sp}——受拉钢板粘贴延伸长度，mm；

t_{sp}——粘贴的钢板总厚度，mm；

f_{sp}——加固钢板的抗拉强度设计值，N/mm²；

f_{bd}——钢板与混凝土之间的黏结强度设计值，N/mm²，取 $f_{bd}=0.5f_t$，f_t 为混凝土抗拉强度设计值，按现行国家标准《混凝土结构设计规范》（GB 50010—2010）的规定值采用，当 f_{bd} 计算值低于 0.5 MPa 时，取 f_{bd} 为 0.5 MPa，当 f_{bd} 计算值高于 0.8 MPa 时，取 f_{bd} 为 0.8 MPa。

对框架梁和独立梁的梁底进行正截面粘钢加固时，除满足上述计算外，受拉钢板的粘贴应延伸至支座边或柱边。当受实际条件限制钢板锚固长度不能满足计算要求时，可在钢板的端部锚固区加贴 U 形箍板（见图 9-19）。此时，U 形箍板的数量应按式(9-44)、式(9-45)确定：

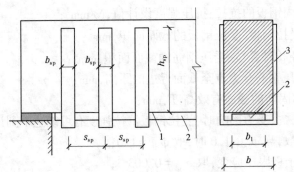

1—胶层；2—加固钢板；3—U 形箍板。

图 9-19　梁端增设 U 形箍板锚固

(1) 当 $f_{sv}b_1 \leqslant 2f_{bd}h_{sp}$ 时

$$f_{sp}A_{sp} \leqslant 0.5f_{bd}l_{sp}b_1 + 0.7nf_{sv}b_{sp}b_1 \qquad\qquad (9-44)$$

(2) 当 $f_{sv}b_1 > 2f_{bd}h_{sp}$ 时

$$f_{sp}A_{sp} \leqslant 0.5f_{bd}l_{sp}b_1 + nf_{bd}b_{sp}h_{sp} \qquad\qquad (9-45)$$

式中　f_{sv}——钢对钢黏结强度设计值，N/mm²，对 A 级胶取为 3.0 MPa，对 B 级胶取为 2.5 MPa；

A_{sp}——加固钢板的截面面积，mm²；

n——加固钢板每端加贴 U 形箍板的数量；

b_1——加固钢板的宽度，mm；

b_{sp}——U 形箍板的宽度，mm；

h_{sp}——U 形箍板单肢与梁侧面混凝土黏结的竖向高度,mm。

当钢板全部粘贴在梁底面(受拉面)有困难时,允许将部分钢板对称地粘贴在梁的两侧面。此时,侧面粘贴区域应控制在距受拉边缘 1/4 梁高范围内,且应按式(9-46)计算确定梁的两侧面实际需粘贴的钢板截面面积 $A_{sp,1}$。

$$A_{sp,1} = \eta_{sp}A_{sp,b} \tag{9-46}$$

式中　$A_{sp,b}$——按梁底面计算确定的、但需改贴到梁的两侧面的钢板截面面积;

　　　η_{sp}——考虑改贴梁侧面引起的钢板受拉合力及其力臂改变的修正系数,应按表 9-5 采用。

表 9-5　修正系数 η_{sp} 值

h_{sp}/h	0.05	0.10	0.15	0.20	0.25
η_{sp}	1.09	1.20	1.33	1.47	1.65

注:h_{sp} 为从梁受拉边缘算起的侧面粘贴高度;h 为梁截面高度。

钢筋混凝土结构构件加固后,其正截面受弯承载力的提高幅度,不应超过 40%,并应验算其受剪承载力,避免受弯承载力提高后而导致构件受剪破坏先于受弯破坏。粘贴钢板的加固量,对受拉区和受压区,分别不应超过 3 层和 2 层,且钢板总厚度不应大于 10 mm。

9.4.2　受弯构件斜截面加固计算

当受弯构件斜截面受剪承载力不足时,可采用胶粘箍板进行加固(见图 9-20),箍板宜设计成加锚封闭箍、胶锚 U 形箍或钢板锚 U 形箍的构造方式,当受力很小时,也可采用一般 U 形箍。箍板应垂直于构件轴线方向粘贴,不得采用斜向粘贴。

受弯构件加固后的斜截面应符合下列规定:

当 $h_w/b \leq 4$ 时

$$V \leq 0.25\beta_c f_{c0}bh_0 \tag{9-47}$$

当 $h_w/b \geq 6$ 时

$$V \leq 0.20\beta_c f_{c0}bh_0 \tag{9-48}$$

当 $4 < h_w/b < 6$ 时,按线性内插法确定。

式中　V——构件斜截面加固后的剪力设计值;

　　　β_c——混凝土强度影响系数,按现行国家标准《混凝土结构设计规范》(GB 50010—2010)规定值采用;

　　　b——矩形截面的宽度,T 形或 I 形截面的腹板宽度;

　　　h_w——截面的腹板高度,对矩形截面,取有效高度,对 T 形截面,取有效高度减去翼缘高度,对 I 形截面,取腹板净高。

采用加锚封闭箍或其他 U 形箍对钢筋混凝土梁进行抗剪加固时,其斜截面承载力应符合下列公式规定:

$$V \leq V_{b0} + V_{b,sp} \tag{9-49}$$

$$V_{b,sp} = \phi_{vb}f_{sp}A_{b,sp}h_{sp}/s_{sp} \tag{9-50}$$

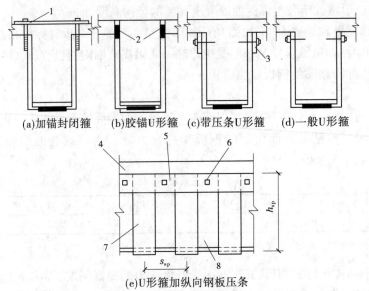

(a)加锚封闭箍　(b)胶锚U形箍　(c)带压条U形箍　(d)一般U形箍

(e)U形箍加纵向钢板压条

1—扁钢;2—胶锚;3—粘贴钢板压条;4—板;5—钢板底面空鼓处应加钢垫板;

6—钢板压条附加锚栓锚固;7—U形箍;8—梁。

图 9-20　扁钢抗剪箍及其粘贴方式

式中 　V_{b0}——加固前梁的斜截面承载力,kN,按现行国家标准《混凝土结构设计规范》
　　　　(GB 50010—2010)计算;

　　　 $V_{b,sp}$——粘贴钢板加固后,对梁斜截面承载力的提高值,kN;

　　　 ϕ_{vb}——与钢板的粘贴方式及受力条件有关的抗剪强度折减系数,按表9-6确定;

　　　 $A_{b,sp}$——配置在同一截面处箍板各肢的截面面积之和,mm^2,$A_{b,sp} = 2b_{sp}t_{sp}$,b_{sp} 和
　　　　t_{sp} 分别为箍板宽度和箍板厚度;

　　　 h_{sp}——U 形箍板单肢与梁侧面混凝土黏结的竖向高度,mm;

　　　 s_{sp}——箍板的间距(见图 9-20),mm。

表 9-6　抗剪强度折减系数 ϕ_{vb} 值

箍板构造		加锚封闭箍	胶锚或钢板锚 U 形箍	一般 U 形箍
受力条件	均布荷载或剪跨比 $\lambda \geqslant 3$	1.00	0.92	0.85
	剪跨比 $\lambda \leqslant 1.5$	0.68	0.63	0.58

注:当 λ 为中间值时,按线性内插法确定 ϕ_{vb} 值。

9.4.3　大偏心受压构件正截面加固计算

　　当采用粘贴钢板加固大偏心受压钢筋混凝土柱时,应将钢板粘贴于构件受拉区,且钢板长向应与柱的纵轴线方向一致。在矩形截面大偏心受压构件受拉边混凝土表面上粘贴钢板加固时(见图 9-21),其正截面承载力应按下列公式确定:

$$N \leqslant \alpha_1 f_{c0}bx + f'_{y0}A'_{s0} - f_{y0}A_{s0} - f_{sp}A_{sp} \tag{9-51}$$

$$Ne \leqslant \alpha_1 f_{c0}bx\left(h_0 - \frac{x}{2}\right) + f'_{y0}A'_{s0}(h_0 - a') + f_{sp}A_{sp}(h - h_0) \tag{9-52}$$

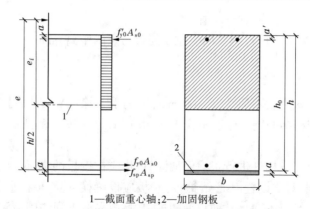

1—截面重心轴;2—加固钢板

图 9-21　矩形截面大偏心受压构件粘钢加固承载力计算

$$e = e_i + \frac{h}{2} - a \tag{9-53}$$

$$e_i = e_0 + e_a \tag{9-54}$$

式中　N——加固后轴向压力设计值,kN;

e——轴向压力作用点至纵向受拉钢筋和钢板合力作用点的距离,mm;

e_i——初始偏心距,mm;

e_0——轴向压力对截面重心的偏心距,取为 M/N,M 为构件加固后弯矩设计值,N 为构件加固后轴向力设计值,当需要考虑二阶效应时,M 应按国家标准《混凝土结构设计规范》(GB 50010—2010)第 6.2.4 条规定的 $C_m\eta_{ns}M_2$,乘以修正系数 ϕ 确定,即取 M 为 $\phi C_m\eta_{ns}M_2$;

e_a——附加偏心距,mm,按偏心方向截面最大尺寸 h 确定,当 $h \leqslant 600$ mm 时,$e_a = 20$ mm,当 $h > 600$ mm 时,$e_a = h/30$;

a、a'——纵向受拉钢筋和钢板合力点、纵向受压钢筋合力点至截面近边的距离,mm;

f_{sp}——加固钢板的抗拉强度设计值,N/mm²。

9.4.4　受拉构件正截面加固计算

当采用外贴钢板加固钢筋混凝土受拉构件时,应按原构件纵向受拉钢筋的配置方式,将钢板粘贴于相应位置的混凝土表面上,且应处理好端部的连接构造及锚固。轴心受拉构件的加固,其正截面承载力应按式(9-55)确定:

$$N \leqslant f_{y0}A_{s0} + f_{sp}A_{sp} \tag{9-55}$$

式中　N——加固后轴向拉力设计值;

f_{sp}——加固钢板的抗拉强度设计值。

矩形截面大偏心受拉构件的加固,其正截面承载力应符合下列规定:

$$N \leqslant f_{y0}A_{s0} + f_{sp}A_{sp} - \alpha_1 f_{c0}bx - f'_{y0}A'_{s0} \tag{9-56}$$

$$Ne \leqslant \alpha_1 f_{c0}bx\left(h_0 - \frac{x}{2}\right) + f'_{y0}A'_{s0}(h_0 - a') + f_{sp}A_{sp}(h - h_0) \tag{9-57}$$

式中　N ——加固后轴向拉力设计值,kN;

　　　　e ——轴向拉力作用点至纵向受拉钢筋合力点的距离,mm。

9.4.5　构造及施工要求

粘钢加固的钢板宽度不宜大于 100 mm,采用手工涂胶粘贴的钢板厚度不应大于 5 mm,采用压力注胶粘结的钢板厚度不应大于 10 mm,且应按外粘型钢加固法的焊接节点构造进行设计。

对钢筋混凝土受弯构件进行正截面加固时,均应在钢板的端部(包括截断处)及集中荷载作用点的两侧,对梁设置 U 形钢箍板,对板应设置横向钢压条进行锚固。当粘贴的钢板延伸至支座边缘仍不满足延伸长度的规定时,应采取下列锚固措施。

对于梁式构件,应在延伸长度范围内均匀设置 U 形箍(见图 9-22),且应在延伸长度的端部设置一道加强箍。U 形箍的粘贴高度应为梁的截面高度,梁有翼缘(或有现浇楼板)时,应伸至其底面。U 形箍的宽度,对端箍不应小于加固钢板宽度的 2/3,且不应小于 80 mm;对中间箍不应小于加固钢板宽度的 1/2,且不应小于 40 mm。U 形箍的厚度不应小于受弯加固钢板厚度的 1/2,且不应小于 4 mm。U 形箍的上端应设置纵向钢压条,压条下面的空隙应加胶粘钢垫块填平。

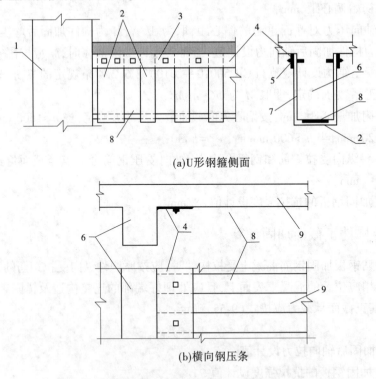

(a)U形钢箍侧面

(b)横向钢压条

1—柱;2—U 形箍;3—压条与梁之间空隙应加垫板;4—钢压条;

5—化学锚栓;6—梁;7—胶层;8—加固钢板;9—板。

图 9-22　梁粘贴钢板端部锚固措施

对于板式构件,应在延伸长度范围内通长设置垂直于受力钢板方向的钢压条。钢压条一般不宜少于3条,钢压条应在延伸长度范围内均匀布置,且应在延伸长度的端部设置一道。钢压条的宽度不应小于受弯加固钢板宽度的3/5,钢压条的厚度不应小于受弯加固钢板厚度的1/2。

当采用钢板对受弯构件负弯矩区进行正截面承载力加固,支座处无障碍时,钢板应在负弯矩包络图范围内连续粘贴,其延伸长度的截断点应满足式(9-43)的要求。在端支座无法延伸的一侧,应按图9-23进行锚固处理。

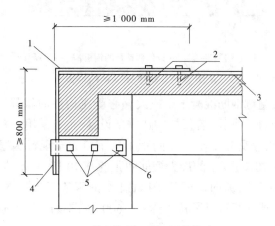

(a)柱顶加贴L形钢板的构造

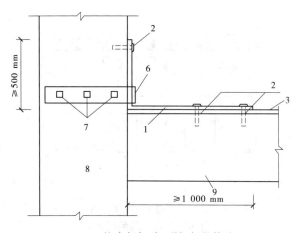

(b)柱中部加贴L形钢板的构造

1—L形钢板;2—M12锚栓;3—加固钢板;4—加焊顶板(预焊);5—$d\geqslant$M16的6.8级锚栓;
6—胶粘于柱上的U形钢箍板;7—$d\geqslant$M22的6.8级锚栓及其钢垫板;8—柱;9—梁。

图9-23 梁柱节点处粘贴钢板的机械锚固措施

支座处虽有障碍,但梁上有现浇板时,允许绕过柱位,在梁侧4倍板厚($4h_b$)范围内,将钢板粘贴于板面上(见图9-24)。

当加固的受弯构件粘贴不止一层钢板时,相邻两层钢板的截断位置应错开不小于300 mm,并应在截断处加设U形箍(对梁)或横向压条(对板)进行锚固。

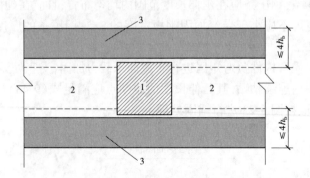

1—柱;2—梁;3—板顶面粘贴的钢板;h_b—板厚。
图 9-24　绕过柱位粘贴钢板

当采用粘贴钢板箍对钢筋混凝土梁或大偏心受压构件的斜截面承载力进行加固时,宜选用封闭箍或加锚的 U 形箍,若仅按构造需要设箍,也可采用一般 U 形箍,受力方向应与构件轴向垂直,封闭箍及 U 形箍的净间距 $s_{sp,n}$ 不应大于现行国家标准《混凝土结构设计规范》(GB 50010—2010)规定的最大箍筋间距的 0.70 倍,且不应大于梁高的 0.25 倍,一般 U 形箍的上端应粘贴纵向钢压条予以锚固,钢压条下面的空隙应加胶粘钢垫板填平,当梁的截面高度(或腹板高度)h 大于等于 600 mm 时,应在梁的腰部增设一道纵向腰间钢压条(见图 9-25)。

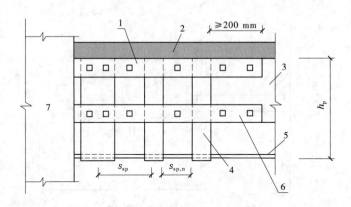

1—纵向钢压条;2—楼板;3—梁;4—U 形箍板;5—加固钢板;6—纵向腰间钢压条;7—柱。
图 9-25　纵向腰间钢压条

当采用粘贴钢板加固大偏心受压钢筋混凝土柱时,柱的两端应增设机械锚固措施,柱上端有楼板时,粘贴的钢板应穿过楼板,并应有足够的延伸长度。

9.5　体外预应力加固法

体外预应力加固法是指在构件体外补加预应力拉杆或型钢撑杆,对结构或构件进行加固的方法。主要通过对后加的拉杆或型钢撑杆施加的预应力所产生的负弯矩或应力,抵消原构件中的部分荷载弯矩或应力,改变原结构内力分布,消除加固部分的应力滞后现象,使后加部分与原结构较好地协调工作,提高原结构的承载力,减小梁板等受弯构件的弯矩、挠曲变形,缩小裂缝,或减小柱等受压构件的应力。预应力加固法具有加固、卸荷及改变原结构内力分布的三重效果,尤其适用于大跨度结构加固。

针对受弯构件和受压构件的不同,预应力加固分为预应力拉杆加固和预应力撑杆加固,预应力拉杆加固主要用于受弯构件,预应力撑杆加固主要用于受压构件。以无黏结钢绞线为预应力下撑式拉杆时,宜用于连续梁和大跨度简支梁的加固;以普通钢筋为预应力下撑式拉杆时,宜用于一般简支梁的加固;以型钢为预应力撑杆时,宜用于柱的加固。

本方法不适用于素混凝土构件,强度等级低于 C20 的混凝土构件,以及纵向受力钢筋一侧配筋率小于 0.2%的构件的加固。不宜在无防护情况下用于环境温度超过 60 ℃、相对湿度大于 70%及有化学腐蚀的场所。

采用体外预应力加固法对钢筋混凝土结构进行加固时,可不采取卸载措施。对加固之后的构件,根据现行《混凝土结构加固设计规范》(GB 50367—2013),按承载能力极限状态进行验算,加固后的构件应满足承载力作用效应不应大于结构抗力。

9.5.1　无黏结钢绞线体外预应力的加固计算

采用无黏结钢绞线预应力下撑式拉杆加固受弯构件时,除应符合现行国家标准《混凝土结构设计规范》(GB 50010—2010)正截面承载力计算的基本假定外,尚应符合下列规定:

(1)构件达到承载能力极限状态时,假定钢绞线的应力等于施加预应力时的张拉控制应力,亦即假定钢绞线的应力增量值与预应力损失值相等。

(2)当采用一端张拉,而连续跨的跨数超过两跨;或当采用两端张拉,而连续跨的跨数超过四跨时,距张拉端两跨以上的梁,其由摩擦引起的预应力损失有可能大于钢绞线的应力增量。此时可采用在跨中设置拉紧螺栓,采用横向张拉的方法补足预应力损失值;或者将钢绞线的张拉预应力提高至 $0.75f_{ptk}$,计算时仍按 $0.70f_{ptk}$ 取值。

(3)无黏结钢绞线体外预应力产生的纵向压力在计算中不予计入,仅作为安全储备。

(4)在达到受弯承载力极限状态前,无黏结钢绞线锚固可靠。

当采用无黏结钢绞线体外预应力加固矩形截面受弯构件时(见图 9-26),其正截面承载力应按下列公式确定:

$$M \leqslant \alpha_1 f_{c0} bx \left(h_p - \frac{x}{2} \right) + f'_{y0} A'_{s0} (h_p - a') - f_{y0} A_{s0} (h_p - h_0) \tag{9-58}$$

$$\alpha_1 f_{c0} bx = \sigma_p A_p + f_{y0} A_{s0} - f'_{y0} A'_{s0} \tag{9-59}$$

$$2a' \leqslant x \leqslant \xi_{pb} h_0 \tag{9-60}$$

式中　M ——弯矩(包括加固前的初始弯矩)设计值,kN·m;

α_1 ——计算系数,当混凝土强度等级不超过 C50 时,取 $\alpha_1 = 1.0$,当混凝土强度等级为 C80 时,取 $\alpha_1 = 0.94$,其间按线性内插法确定;

f_{c0} ——混凝土轴心抗压强度设计值,N/mm²;

x ——混凝土受压区高度,mm;

b、h ——矩形截面的宽度和高度,mm;

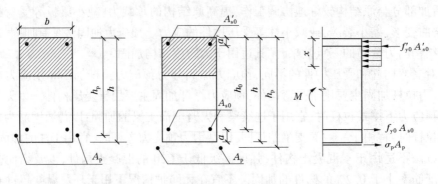

(a)钢绞线位于梁底以上　　(b)钢绞线位于梁底以下　　(c)对应于(b)的计算简图

图 9-26　矩形截面正截面受弯承载力计算

f_{y0}、f'_{y0}——原构件受拉钢筋、受压钢筋的抗拉、抗压强度设计值,N/mm^2;

A_{s0}、A'_{s0}——原构件受拉钢筋、受压钢筋的截面面积,mm^2;

a'——纵向受压钢筋合力点至混凝土受压区边缘的距离,mm;

h_0——构件加固前的截面有效高度,mm;

h_p——构件截面受压边至无黏结钢绞线合力点的距离,mm,可近似取 $h_p = h$;

σ_p——预应力钢绞线应力值,N/mm^2,取 $\sigma_p = \sigma_{p0}$;

σ_{p0}——预应力钢绞线张拉控制应力,N/mm^2;

A_p——预应力钢绞线截面面积,mm^2。

ξ_{pb}——受弯构件加固后的相对界限受压区高度 ξ_{pb} 可采用下式计算,即加固前控制值的 0.85 倍:

$$\xi_{pb} = 0.85\xi_b \tag{9-61}$$

式中　ξ_b——构件加固前的相对界限受压区高度,按现行国家标准《混凝土结构设计规范》(GB 50010—2010)的规定计算。

一般加固设计时,可根据式(9-58)计算出混凝土受压区的高度 x,然后代入式(9-59),即可求出预应力钢绞线的截面面积 A_p。

当采用无黏结钢绞线体外预应力加固矩形截面受弯构件时,其斜截面承载力应按下列公式确定:

$$V \leqslant V_{b0} + V_{bp} \tag{9-62}$$

$$V_{bp} = 0.8\sigma_p A_p \sin\alpha \tag{9-63}$$

式中　V——支座剪力设计值,kN;

V_{b0}——加固前梁的斜截面承载力,应按现行国家标准《混凝土结构设计规范》(GB 50010—2010)计算,kN;

V_{bp}——采用无黏结钢绞线体外预应力加固后,梁的斜截面承载力的提高值,kN;

α——支座区段钢绞线与梁纵向轴线的夹角,rad。

9.5.2　普通钢筋体外预应力的加固计算

采用普通钢筋预应力下撑式拉杆加固简支梁时,应按下列规定进行计算。

（1）估算预应力下撑式拉杆的截面面积 A_p：

$$A_p = \frac{\Delta M}{f_{py} \eta h_{02}}$$　　　　　　（9-64）

式中　A_p——预应力下撑式拉杆的总截面面积，mm^2；

　　　f_{py}——下撑式钢拉杆抗拉强度设计值，N/mm^2；

　　　h_{02}——下撑式拉杆中部水平段的截面形心到被加固梁上缘的垂直距离，mm；

　　　η——内力臂系数，取 0.80；

　　　ΔM——加固梁的验算点处受弯承载力须有的增量。

（2）计算新增外荷载作用下该拉杆中部水平段产生的作用效应增量 ΔN。

构件加固后，外荷载增加，由于水平拉杆与原构件形成超静定结构，水平拉杆应力将随外荷载的增加而增大，这种在新增荷载作用下水平拉杆轴力增加量称为水平拉杆产生的作用效应增量。作用效应增量 ΔN 的计算方法是将预应力拉杆和梁视为组合结构，利用结构力学分析方法，计算加固后新增外荷载在预应力拉杆中产生的作用效应增量 ΔN。

（3）确定下撑式拉杆应施加的预应力值 σ_p。

按现行国家标准《混凝土结构设计规范》（GB 50010—2010）的规定控制张拉应力并计入预应力损失值，按式（9-65）计算确定水平拉杆施加的预应力值。

$$\sigma_p + \frac{\Delta N}{A_p} < \beta_1 f_{py}$$　　　　　　（9-65）

式中　σ_p——下撑式拉杆应施加的预应力值，N/mm^2；

　　　ΔN——拉杆内的作用效应增量，kN；

　　　A_p——预应力下撑式拉杆的总截面面积，mm^2；

　　　β_1——下撑式拉杆的协同工作系数，取 0.80；

　　　f_{py}——下撑式钢拉杆抗拉强度设计值，N/mm^2。

（4）承载力验算。

钢筋混凝土受弯构件采用预应力水平拉杆加固后，由原来的受弯构件，变为偏心受压构件，按式（9-58）、式（9-59）验算被加固梁在跨中和支座截面的偏心受压承载力，式（9-62）、式（9-63）验算支座附近的斜截面受剪承载力。其中，应将水平拉杆的内力作为外力施加到梁上。如果加固后梁的承载力不能满足要求，可增加拉杆的面积或采用其他加固措施。

需要注意的是，采用预应力水平拉杆加固后，降低了跨中截面弯矩效应的同时，增加了其他截面的负弯矩效应。因此，在设计时，尚应根据构件支撑情况和受力特点验算支座等截面承载力。

（5）预应力张拉控制量的确定。

预应力张拉控制量应按所采用的施加预应力方法计算。当采用千斤顶纵向张拉时，可按张拉力 $\sigma_p A_p$ 控制；当要求按伸长率控制时，伸长率中应计入裂缝闭合的影响；当采用拉紧螺杆进行横向张拉时，横向张拉量应按式（9-66）和式（9-67）确定。

当采用两根预应力下撑式拉杆进行横向张拉时，水平拉杆没有撑棍和有撑棍的情况下，横向一点收紧的横向张拉示意图如图 9-27、图 9-28 所示，张拉量 ΔH 分别按式（9-66）、

式(9-67)确定:

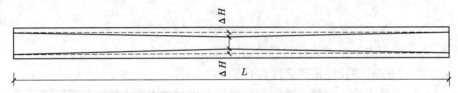

图 9-27　水平拉杆无撑棍横向一点收紧示意图

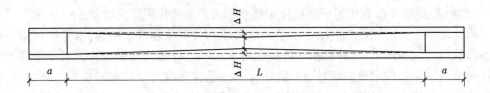

图 9-28　水平拉杆有撑棍横向一点收紧示意图

水平拉杆无撑棍横向一点收紧张拉量:

$$\Delta H = L\sqrt{\frac{\sigma_p}{2E_s}} \tag{9-66}$$

水平拉杆有撑棍横向一点收紧张拉量:

$$\Delta H = L\sqrt{\frac{\sigma_p}{2E_s}\left(1 + \frac{2a}{L}\right)} \tag{9-67}$$

式中　L——下撑式拉杆中部水平段的长度,mm;

σ_p——下撑式拉杆应施加的预应力值,N/mm²;

E_s——下撑式拉杆弹性模量,MPa;

a——撑棍至两端的距离,mm。

(6)加固后梁的挠度值验算。

加固后梁的挠度 ω 的近似值,可按式(9-68)进行计算:

$$\omega = \omega_1 - \omega_p + \omega_2 \tag{9-68}$$

式中　ω_1——加固前梁在原荷载标准值作用下产生的挠度,mm,计算时,梁的刚度 B_1 可根据原梁开裂情况,近似取 $0.35E_cI_0 \sim 0.50E_cI_0$;

ω_p——张拉预应力引起的梁的反拱,mm,计算时,梁的刚度 B_p 可近似取为 $0.75E_cI_0$;

ω_2——加固结束后,在后加荷载作用下梁所产生的挠度,mm,计算时,梁的刚度 B_2 可取 B_p;

E_c——原梁的混凝土弹性模量,MPa;

I_0——原梁的换算截面惯性矩,mm⁴。

9.5.3　型钢预应力撑杆的加固计算

9.5.3.1　采用预应力双侧撑杆加固轴心受压的钢筋混凝土柱

当采用预应力双侧撑杆加固轴心受压的钢筋混凝土柱时,应按下列步骤进行计算:

(1)确定柱加固后轴向压力设计值 N。

(2)计算原柱的轴心受压承载力设计值 N_0:

$$N_0 = 0.9\varphi(f_{c0}A_{c0} + f'_{y0}A'_{s0}) \tag{9-69}$$

式中　φ——原柱的稳定系数;

$\quad A_{c0}$——原柱的截面面积,mm^2;

$\quad f_{c0}$——原柱的混凝土抗压强度设计值,N/mm^2;

$\quad A'_{s0}$——原柱的纵向钢筋总截面面积,mm^2;

$\quad f'_{y0}$——原柱的纵向钢筋抗压强度设计值,N/mm^2。

(3)计算撑杆承受的轴向压力设计值 N_1:

$$N_1 = N - N_0 \tag{9-70}$$

式中　N——柱加固后轴向压力设计值,kN;

$\quad N_0$——原柱的轴心受压承载力设计值,kN。

(4)计算预应力撑杆的总截面面积。

根据式(9-71)计算预应力撑杆的总截面面积:

$$N_1 \leqslant \varphi\beta_2 f'_{py}A'_p \tag{9-71}$$

式中　β_2——撑杆与原柱的协同工作系数,取 0.9;

$\quad f'_{py}$——撑杆钢材的抗压强度设计值,N/mm^2;

$\quad A'_p$——预应力撑杆的总截面面积,mm^2。

(5)柱加固后轴心受压承载力设计值验算:

$$N \leqslant 0.9\varphi(f_{c0}A_{c0} + f'_{y0}A'_{s0} + \beta_3 f'_{py}A'_p) \tag{9-72}$$

式中　β_3——经验系数,取 0.75。

(6)缀板计算。

缀板按现行国家标准《钢结构设计规范》(GB 50017—2017)进行设计计算,其尺寸和间距应保证撑杆受压肢及单根角钢在施工时不致失稳。

(7)撑杆施工应施加的预应力计算。

撑杆安装时需预加的压应力值可按式(9-73)验算:

$$\sigma'_p \leqslant \varphi_1\beta_3 f'_{py} \tag{9-73}$$

式中　φ_1——撑杆的稳定系数,确定该系数所需的撑杆计算长度,当采用横向张拉方法时,取其全长的 1/2;当采用顶升法时,取其全长,按格构式压杆计算其稳定系数。

(8)施工控制量计算。

施工控制量应按采用的施加预应力方法计算:

当用千斤顶、楔子等进行竖向顶升安装撑杆时,顶升量 ΔL 可按式(9-74)计算:

$$\Delta L = \frac{L\sigma'_{\mathrm{p}}}{\beta_4 E_\mathrm{a}} + a_1 \tag{9-74}$$

式中　E_a——撑杆钢材的弹性模量；

　　　L——撑杆的全长；

　　　a_1——撑杆端顶板与混凝土间的压缩量，取 $2\sim4$ mm；

　　　β_4——经验系数，取 0.90。

当用横向张拉法（见图 9-29）安装撑杆时，横向张拉量 ΔH 按式（9-75）验算：

$$\Delta H \leqslant \frac{L}{2}\sqrt{\frac{2.2\sigma'_{\mathrm{p}}}{E_\mathrm{a}}} + a_2 \tag{9-75}$$

式中　a_2——综合考虑各种误差因素对张拉量影响的修正项，可取 $a_2 = 5\sim7$ mm。

实际弯折撑杆肢时，宜将长度中点处的横向弯折量取为 $\Delta H + (3\sim5$ mm$)$，但施工中只收紧 ΔH，使撑杆处于预压状态。

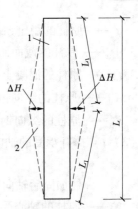

1—被加固柱；2—撑杆

图 9-29　预应力撑杆
横向张拉量计算图

9.5.3.2　单侧预应力撑杆加固弯矩不变号的偏心受压柱

当采用单侧预应力撑杆加固弯矩不变号的偏心受压柱时，应按下列步骤进行计算：

（1）确定该柱加固后轴向压力 N 和弯矩 M 的设计值。

（2）确定撑杆肢承载力。

可试用两根较小的角钢或一根槽钢作撑杆肢，其有效受压承载力为：

$$N_1 = 0.9f'_{\mathrm{py}}A'_{\mathrm{p}} \tag{9-76}$$

（3）计算原柱加固后需承受的偏心受压荷载。

应按下列公式计算：

$$N_{01} = N - N_1 \tag{9-77}$$

$$M_{01} = M - N_1 a/2 \tag{9-78}$$

（4）原柱截面偏心受压承载力验算。

$$N_{01} \leqslant \alpha_1 f_{\mathrm{c0}}bx + f'_{\mathrm{y0}}A'_{\mathrm{s0}} - \sigma_{\mathrm{s0}}A_{\mathrm{s0}} \tag{9-79}$$

$$N_{01}e \leqslant \alpha_1 f_{\mathrm{c0}}bx(h_0 - 0.5x) + f'_{\mathrm{y0}}A'_{\mathrm{s0}}(h_0 - a'_{\mathrm{s0}}) \tag{9-80}$$

$$e = e_0 + 0.5h - a'_{\mathrm{s0}} \tag{9-81}$$

$$e_0 = M_{01}/N_{01} \tag{9-82}$$

式中　b——原柱宽度，mm；

　　　x——原柱的混凝土受压区高度，mm；

　　　σ_{s0}——原柱纵向受拉钢筋的应力，N/mm^2；

　　　e——轴向力作用点至原柱纵向受拉钢筋合力点之间的距离，mm；

　　　a'_{s0}——纵向受压钢筋合力点至受压边缘的距离，mm。

当原柱偏心受压承载力不满足上述要求时，可加大撑杆截面面积，再重新验算，直至满足要求。

（5）缀板计算。

缀板的设计应符合现行国家标准《钢结构设计规范》（GB 50017—2017）的有关规定，并应保证撑杆肢或角钢在施工时不失稳。

（6）撑杆施工应施加的预应力计算。

撑杆施工时应预加的压应力值 σ'_p 宜取 50~80 MPa。

9.5.3.3　双侧预应力撑杆加固弯矩不变号的偏心受压柱

采用双侧预应力撑杆加固弯矩变号的偏心受压钢筋混凝土柱时，可按受压荷载较大一侧用单侧撑杆加固的步骤进行计算。选用的角钢截面面积应能满足柱加固后需要承受的最不利偏心受压荷载；柱的另一侧应采用同规格的角钢组成压杆肢，使撑杆的双侧截面对称。

9.5.4　构造及施工要求

9.5.4.1　无黏结钢绞线体外预应力构造

钢绞线应成对布置在梁的两侧，其外形应为设计所要求的折线形，形心至梁侧面的距离宜取 40 mm。钢绞线跨中水平段的支承点，对纵向张拉，宜设在梁底以上的位置，对横向张拉，应设在梁的底部。

中间连续节点的支承构造，当中柱侧面至梁侧面的距离不小于 100 mm 时，可将钢绞线直接支承在柱子上；当中柱侧面至梁侧面的距离小于 100 mm 时，可将钢绞线支承在柱侧的梁上；当柱侧无梁时，可用钻芯机在中柱上钻孔，设置钢吊棍，将钢绞线支承在钢吊棍上。

钢绞线端部的锚固宜采用圆套筒三夹片式单孔锚。当边柱侧面至梁侧面的距离不小于 100 mm 时，可将柱子钻孔，钢绞线穿过柱，其锚具通过钢垫板支承于边柱外侧面，若为纵向张拉，尚应在梁端上部设钢吊棍，以减少张拉的摩擦力；当边柱侧面至梁侧面的距离小于 100 mm 时，对纵向张拉，宜将锚具通过槽钢垫板支承于边柱外侧面，并在梁端上方设钢吊棍；当柱侧有次梁时，可将锚具通过槽钢垫板支承于次梁外侧面，并在梁端上方设钢吊棍。当无法设置钢垫板时，可用钻芯机在梁端或边柱上钻孔，设置圆钢销棍，将锚具通过圆钢销棍支承于梁端或边柱上。

对于防腐和防火措施，当外观要求较高时，可用 C25 细石混凝土将钢部件和钢绞线及端部锚具整体包裹；当无外观要求时，钢绞线可用水泥砂浆包裹。

9.5.4.2　普通钢筋体外预应力构造

采用预应力下撑式拉杆加固梁，当其加固的张拉力不大于 150 kN 时，可用两根HPB300 级钢筋，否则宜用 HRB400 级钢筋。预应力下撑式拉杆中部的水平段，距被加固梁下缘的净空宜为 30~80 mm。斜段宜紧贴在被加固梁的梁肋两旁。梁下应用钢垫板及钢筋棒点焊固定拉杆位置。

预应力下撑式拉杆端部锚固，当被加固构件端部有传力预埋件可利用时，应将预应力拉杆与传力预埋件焊接，通过焊缝传力；当无传力预埋件时，宜焊制专门的钢套箍，套在梁端，与焊在负筋上的钢挡板相抵承，也可套在混凝土柱上与拉杆焊接。

横向张拉宜采用工具式拉紧螺杆,直径应按张拉力的大小计算确定,但不应小于 16 mm。

9.5.4.3　型钢预应力撑杆构造

预应力撑杆用的角钢,不应小于 50 mm×50 mm×5 mm,用缀板连接,缀板的厚度不得小于 6 mm,宽度不得小于 80 mm,长度应按角钢与被加固柱之间的空隙大小确定,间距应保证单个角钢的长细比不大于 40。压杆肢末端的传力构造(见图 9-30),应采用焊在压杆肢上的顶板与承压角钢顶紧,通过抵承传力。传力顶板厚度不小于 16 mm,承压角钢尺寸不得小于 100 mm×75 mm×12 mm,且嵌入被加固柱的柱身混凝土或柱头混凝土内不应少于 25 mm。

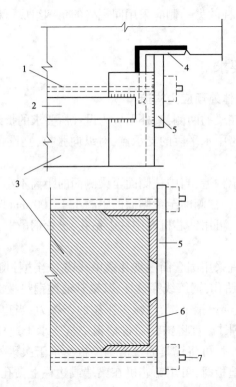

1、7—安装用螺杆;2—箍板;3—原柱;4—承压角钢,用结构胶加锚栓粘锚;

5—传力顶板;6—角钢撑杆。

图 9-30　撑杆端传力构造

当预应力撑杆采用螺栓横向拉紧的施工方法时(见图 9-31、图 9-32),应将压杆肢的中部向外弯折,弯折前应在角钢的侧立肢上切出三角形缺口,缺口背面,应补焊钢板予以加强(见图 9-33)。然后在弯折处采用工具式拉紧螺杆建立预应力并复位,所采用的工具式拉紧螺杆,其直径应按张拉力的大小计算确定,但不应小于 16 mm,螺帽高度不应小于螺杆直径的 1.5 倍。

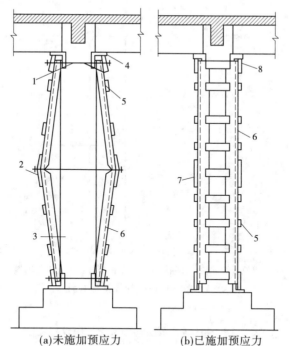

(a)未施加预应力　　　　(b)已施加预应力

1—安装螺栓;2—工具式拉紧螺杆;3—被加固柱;4—传力角钢;

5—箍板;6—角钢撑杆;7—加宽箍板;8—传力顶板。

图 9-31　钢筋混凝土柱双侧预应力加固撑杆构造

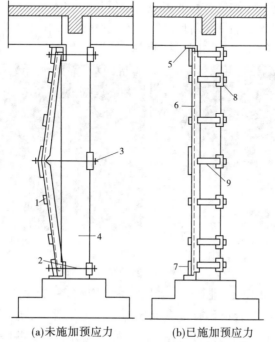

(a)未施加预应力　　　　(b)已施加预应力

1—箍板;2—安装螺栓;3—工具式拉紧螺栓;4—被加固柱;5—传力角钢;

6—角钢撑杆;7—传力顶板;8—短角钢;9—加宽箍板。

图 9-32　钢筋混凝土柱单侧预应力加固撑杆构造

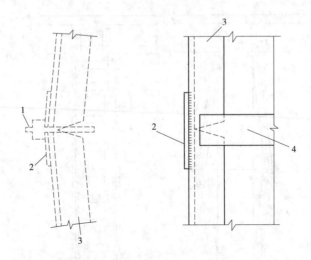

1—工具式拉紧螺杆;2—补强钢板;3—角钢撑杆;4—剖口处箍板。

图 9-33　角钢缺口处加焊钢板补强

9.6　粘贴纤维复合材加固法

　　粘贴纤维复合材加固法是指通过利用树脂类胶粘剂将复合材料粘贴于结构或构件表面,纤维复合材承受拉应力,与结构或构件变形协调、共同工作,达到对结构构件加固及改善受力性能的目的。利用纤维复合材加固混凝土结构的技术是 20 世纪 80 年代末 90 年代初在美日等发达国家兴起的一项新型加固技术,近年来,我国工程界已普遍采用粘贴纤维复合材方法对混凝土结构进行加固(见图 9-34)。

(a)板的加固　　　　　　　　　　(b)梁的加固

图 9-34　粘贴纤维复合材加固示例

　　与传统的加固技术相比,纤维复合材加固技术具有很多突出的优点。

　　(1)高强高效。纤维复合材具有很多优异的物理力学性能,抗拉强度高于普通钢材的 5~10 倍,弹性模量与钢材较为接近,在加固工程中充分利用这些特点来提高结构及构件承载力和延性,改善其受力性能,达到高效加固的目的。

　　(2)自重轻,厚度薄。纤维复合材料的密度仅为钢材密度的 1/4,每层厚度通常为

0.1~0.2 mm,基本不增加结构自重及截面尺寸,因而对结构产生的附加荷载很小。

（3）良好的耐久性和耐腐蚀性。纤维复合材及胶粘剂具有良好的化学稳定性,抗腐、抗碱、抗盐、抗紫外线侵蚀(碳纤维对紫外线还具有一定的吸收和屏蔽作用)和防水能力极强,具有足够的适应气候变化的能力,易于外加防火涂层后有效地防火,可以大大增加结构对恶劣外部环境的适应能力,延长结构的使用寿命。但是树脂类胶粘剂的耐日光腐蚀要差一些,因此工程中都要求纤维复合材加固层必须有适当的防护层。

（4）适用范围广。可广泛应用于工业与民用建筑的梁、板、柱、拱、壳、墩等构件的加固,以及桥梁、隧道、涵洞、烟囱、水塔、水池、管道等构筑物的加固,且不改变结构的形状,不影响结构的外观。

（5）施工质量易于保证。由于加固施工可操作性好,且纤维复合材较为柔软,即使构件表面平整度不太好,也可使有效粘贴面积达 100%,施工完成后发现气泡也易于处理。

（6）施工便捷。纤维复合材切割方便,具有良好的可操作性,不需要大型施工机械和中型设备,占用场地也较小,涉及的工种也不多,而且功效高,工期短,更能在结构构件不停止工作、有振动的情况下操作,大大地降低了间接经济损失和社会影响。

（7）环境影响少。施工现场无湿作业,可以不动明火,因此特别适用于现场环境要求比较高,防火要求比较高的场所。

纤维增强复合材料有多种形式和规格,如片材、棒材、型材等,可在混凝土结构、砌体结构、木结构、钢结构等多种结构中应用。目前,混凝土结构加固中多使用碳纤维布材和玻璃纤维布材。胶粘剂一般包括底胶、修补胶、浸渍/粘贴胶三种。底胶在作业时侵入混凝土表面,强化混凝土表面强度,提高混凝土与修补胶或粘贴胶界面的黏结强度。修补胶可以修补混凝土表面的空洞、裂缝等,调整构件表面的平整度,便于纤维复合材的粘贴,并与底胶和粘贴胶具有可靠的黏结强度。粘贴胶的作用是将连续纤维状的纤维黏合在一起,使之成为纤维增强复合材料,并将纤维布与混凝土黏结在一起,形成一个复合性整体,以共同承受结构的作用。

粘贴纤维复合材加固法适用于钢筋混凝土结构受弯、轴心受压、大偏心受压及受拉构件的加固。被加固的构件,其现场实测混凝土强度等级不得低于 C15,且混凝土表面的正拉黏结强度不得低于 1.5 MPa。加固后的构件,其长期使用的环境温度不得高于 60 ℃,当处于特殊环境(如高温、高湿、暴露于阳光或有害介质中)时,应采取专门的防护措施,并应按专门的工艺要求进行粘贴。

为了加固后的结构能充分利用纤维材料的强度,减少二次受力的影响,并降低纤维复合材料的应力应变滞后,要求在采用纤维复合材料对钢筋混凝土结构进行加固时,应采取措施卸除或大部分卸除作用在结构上的活荷载。

对加固之后构件,根据现行《混凝土结构加固设计规范》(GB 50367—2013),按承载能力极限状态进行验算,加固后的构件应满足其承载力作用效应不大于结构抗力。

9.6.1　受弯构件正截面加固计算

采用纤维复合材对梁、板等受弯构件进行加固时,除应符合现行国家标准《混凝土结构设计规范》(GB 50010—2010)正截面承载力计算的基本假定外,尚应符合下列规定:

（1）纤维复合材的应力与应变关系取直线式，其拉应力 σ_f 等于拉应变 ε_f 与弹性模量 E_f 的乘积。

（2）当考虑二次受力影响时，应按构件加固前的初始受力情况，确定纤维复合材的滞后应变。

（3）在达到受弯承载能力极限状态前，加固材料与混凝土之间不致出现黏结剥离破坏。

在矩形截面受弯构件的受拉边混凝土表面上粘贴纤维复合材进行加固时（见图 9-35），其正截面承载力应按下列公式确定：

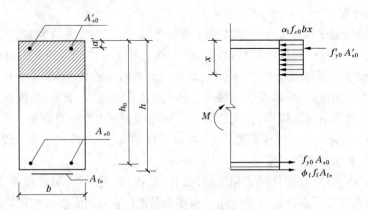

图 9-35　矩形截面构件正截面受弯承载力计算

$$M \leqslant \alpha_1 f_{c0} bx\left(h - \frac{x}{2}\right) + f'_{y0} A'_{s0}(h - a') - f_{y0} A_{s0}(h - h_0) \tag{9-83}$$

$$\alpha_1 f_{c0} bx = f_{y0} A_{s0} + \phi_f f_f A_{fe} - f'_{y0} A'_{s0} \tag{9-84}$$

$$\phi_f = \frac{(0.8\varepsilon_{cu} h/x) - \varepsilon_{cu} - \varepsilon_{f0}}{\varepsilon_f} \tag{9-85}$$

$$x \geqslant 2a' \tag{9-86}$$

$$\xi_{bf} = 0.85\xi_b \tag{9-87}$$

式中　M ——构件加固后弯矩设计值，kN·m；

x ——混凝土受压区高度，mm；

b、h ——矩形截面宽度和高度，mm；

f_{y0}、f'_{y0} ——原截面受拉钢筋和受压钢筋的抗拉、抗压强度设计值，N/mm²；

A_{s0}、A'_{s0} ——原截面受拉钢筋和受压钢筋的截面面积，mm²；

a' ——纵向受压钢筋合力点至截面近边的距离，mm；

h_0 ——构件加固前的截面有效高度，mm；

f_f ——纤维复合材的抗拉强度设计值，N/mm²，应根据纤维复合材的品种，分别按表 9-7~表 9-9 采用；

A_{fe} ——纤维复合材的有效截面面积，mm²；

ϕ_f ——考虑纤维复合材实际抗拉应变达不到设计值而引入的强度利用系数，当 $\phi_f > 1.0$ 时，取 $\phi_f = 1.0$；

ε_{cu} ——混凝土极限压应变,取 $\varepsilon_{cu} = 0.0033$;

ε_f ——纤维复合材拉应变设计值,应根据纤维复合材的品种,按表 9-10 采用;

ε_{f0} ——考虑二次受力影响时纤维复合材的滞后应变,取 $\varepsilon_{f0} = \alpha_f M_{0k} / E_s A_s h_0$,若不考虑二次受力影响,取 $\varepsilon_{f0} = 0$;

M_{0k} ——加固前受弯构件验算截面上原作用的弯矩标准值;

α_f ——综合考虑受弯构件裂缝截面内力臂变化、钢筋拉应变不均匀及钢筋排列影响等的计算系数,应按表 9-11 采用;

ξ_{bf} ——受弯构件加固后的相对界限受压区高度;

ξ_b ——构件加固前的相对界限受压区高度。

表 9-7　碳纤维复合材抗拉强度设计值　　　　　　　单位:MPa

结构类别	单向织物(布)			条形板	
	高强度Ⅰ级	高强度Ⅱ级	高强度Ⅲ级	高强度Ⅰ级	高强度Ⅱ级
重要构件	1 600	1 400	—	1 150	1 000
一般构件	2 300	2 000	1 200	1 600	1 400

表 9-8　芳纶纤维复合材抗拉强度设计值　　　　　　　单位:MPa

结构类别	单向织物(布)		条形板	
	高强度Ⅰ级	高强度Ⅱ级	高强度Ⅰ级	高强度Ⅱ级
重要构件	960	800	560	480
一般构件	1 200	1 000	700	600

表 9-9　玻璃纤维复合材抗拉强度设计值　　　　　　　单位:MPa

纤维品种	单向织物(布)	
	重要构件	一般构件
高强度玻璃纤维	500	700
无碱玻璃纤维、耐碱玻璃纤维	350	500

表 9-10　纤维复合材弹性模量及拉应变设计值

品种		弹性模量/MPa		拉应变设计值	
		单向织物	条形板	重要构件	一般构件
碳纤维复合材	高强度Ⅰ级	2.3×10^5	1.6×10^5	0.007	0.01
	高强度Ⅱ级	2.0×10^5	1.4×10^5		
	高强度Ⅲ级	1.8×10^5	—	—	—

续表 9-10

品种		弹性模量/MPa		拉应变设计值	
		单向织物	条形板	重要构件	一般构件
芳纶纤维复合材	高强度 I 级	1.1×10^5	0.7×10^5	0.008	0.01
	高强度 II 级	0.8×10^5	0.6×10^5		
高强玻璃纤维复合材	代号 S	0.7×10^5	—	0.007	0.01
无碱或耐碱玻璃纤维复合材	代号 E、AR	0.5×10^5	—		

表 9-11　计算系数 α_f 值

ρ_{te}	≤0.007	0.010	0.020	0.030	0.040	≥0.060
单排钢筋	0.70	0.90	1.15	1.20	1.25	1.30
双排钢筋	0.75	1.00	1.25	1.30	1.35	1.40

注：1. ρ_{te} 为混凝土有效受拉截面的纵向受拉钢筋配筋率，即 $\rho_{te} = A_s / A_{te}$，A_{te} 为有效受拉混凝土截面面积。

2. 当原构件钢筋应力 $\sigma_{s0} \leq 150$ MPa，且 $\rho_{te} \leq 0.05$ 时，表中 α_f 值可乘以调整系数 0.9。

根据计算出的纤维复合材的有效截面面积推算实际应粘贴的纤维复合材截面面积 A_f，按式(9-88)计算：

$$A_f = \frac{A_{fe}}{k_m} \qquad (9-88)$$

当采用预成型板时，$k_m = 1.0$；当采用多层粘贴的纤维织物时，k_m 值按式(9-89)计算：

$$k_m = 1.16 - \frac{n_f E_f t_f}{308\,000} \leq 0.90 \qquad (9-89)$$

式中　E_f ——纤维复合材弹性模量设计值，MPa，根据纤维复合材的品种，按表 9-10 采用；

n_f ——纤维复合材(单向织物)层数；

t_f ——纤维复合材(单向织物)的单层厚度，mm。

对受弯构件正弯矩区的正截面加固，其粘贴纤维复合材的截断位置应从其强度充分利用的截面算起，其粘贴延伸长度不小于式(9-90)计算出的数值(见图 9-36)：

$$l_c = \frac{f_t A_f}{f_{f,v} b_f} + 200 \qquad (9-90)$$

式中　l_c ——纤维复合材粘贴延伸长度，mm；

b_f ——对梁为受拉面粘贴的纤维复合材的总宽度，mm，对板为 1 000 mm 板宽范围内粘贴的纤维复合材总宽度；

f_f ——纤维复合材抗拉强度设计值，N/mm^2，根据纤维复合材的品种，分别按表 9-7~表 9-9 采用；

$f_{f,v}$ ——纤维与混凝土之间的黏结抗剪强度设计值，MPa，取 $f_{f,v} = 0.40 f_t$，f_t 为混凝土抗拉强度设计值，当 $f_{f,v}$ 计算值低于 0.40 MPa 时，取 $f_{f,v} = 0.40$ MPa，当 $f_{f,v}$ 计算值高于 0.70 MPa 时，取 $f_{f,v} = 0.70$ MPa。

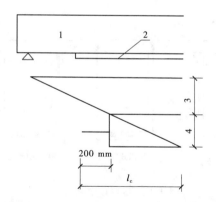

1—梁;2—纤维复合材;3—原钢筋承担的弯矩;4—加固要求的弯矩增量。

图 9-36　纤维复合材的粘贴延伸长度

当纤维复合材全部粘贴在梁底面(受拉面)有困难时,允许将部分纤维复合材对称地粘贴在梁的两侧面。此时,侧面粘贴区域应控制在距受拉区边缘 1/4 梁高范围内,且应按式(9-91)计算确定梁的两侧面实际需要粘贴的纤维复合材截面面积 $A_{f,1}$。

$$A_{f,1} = \eta_f A_{f,b} \tag{9-91}$$

式中　$A_{f,b}$——按梁底面计算确定的,但需改贴到梁的两侧面的纤维复合材截面面积;

　　　　η_f——考虑改贴梁侧面引起的纤维复合材受拉合力及其力臂改变的修正系数,按表 9-12 采用。

表 9-12　修正系数 η_f 值

h_f/h	0.05	0.10	0.15	0.20	0.25
η_f	1.09	1.19	1.30	1.43	1.59

注: h_f 为从梁受拉边缘算起的侧面粘贴高度; h 为梁截面高度。

钢筋混凝土结构构件加固后,其正截面受弯承载力的提高幅度,不应超过 40%,并应验算其受剪承载力,避免因受弯承载力提高后而导致构件受剪破坏先于受弯破坏。纤维复合材的加固量,对预成型板,不宜超过 2 层,对湿法铺层的织物,不宜超过 4 层,超过 4 层时,宜改用预成型板,并采取可靠的加强锚固措施。

9.6.2　受弯构件斜截面加固计算

当采用纤维复合材条带对受弯构件的斜截面受剪承载力进行加固时,应粘贴成垂直于构件轴线方向的环形箍或其他有效的 U 形箍,如图 9-37 所示,不得采用斜向粘贴方式。

受弯构件加固后的斜截面应满足下列条件:

当 $h_w/b \leq 4$ 时:　　　　　　　$V \leq 0.25\beta_c f_{c0} b h_0$　　　　　　(9-92)

当 $h_w/b \geq 6$ 时:　　　　　　　$V \leq 0.20\beta_c f_{c0} b h_0$　　　　　　(9-93)

当 $4 < h_w/b < 6$ 时,按线性内插法确定。

式中　V——构件斜截面加固后的剪力设计值,kN;

　　　　β_c——混凝土强度影响系数,按现行国家标准《混凝土结构设计规范》(GB

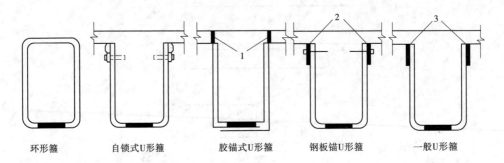

(a)条带构造方式

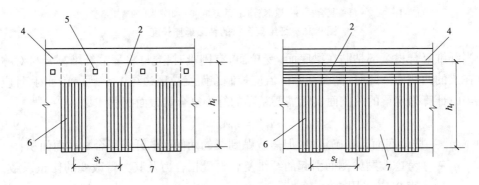

(b)U形箍及纵向压条粘贴方式

1—胶锚;2—钢板压条;3—纤维织物压条;4—板;5—锚栓加胶粘锚固;6—U形箍;7—梁。

图 9-37 纤维复合材抗剪箍及其粘贴方式

50010—2010)规定值采用;

f_{c0}——原构件混凝土轴心抗压强度设计值,N/mm²;

b ——矩形截面的宽度、T形或 I 形截面的腹板宽度,mm;

h_0——截面有效高度,mm;

h_w ——截面的腹板高度,mm,对矩形截面,取有效高度,对 T 形截面,取有效高度减去翼缘高度,对 I 形截面,取腹板净高。

当采用条带构成的环形(封闭)箍或 U 形箍对钢筋混凝土梁进行抗剪加固时,其斜截面承载力应按下列公式确定:

$$V \leqslant V_{b0} + V_{bf} \tag{9-94}$$

$$V_{bf} = \phi_{vb} f_f A_f h_f / s_f \tag{9-95}$$

式中　V_{b0}——加固前梁的斜截面承载力,kN,应按现行国家标准《混凝土结构设计规范》(GB 50010—2010)计算;

V_{bf}——粘贴条带加固后,对梁斜截面承载力的提高值,kN;

ϕ_{vb}——与条带加锚方式及受力条件有关的抗剪强度折减系数(见表 9-13);

f_f——受剪加固采用的纤维复合材抗拉强度设计值,N/mm²,应根据纤维复合材品种分别按表 9-7~表 9-9 规定的抗拉强度设计值乘以调整系数 0.56 确定;当

为框架梁或悬挑构件时,调整系数改取 0.28;

A_f ——配置在同一截面处构成环形或 U 形箍的纤维复合材条带的全部截面面积, mm^2, $A_f = 2n_f b_f t_f$, n_f 为条带粘贴的层数, b_f 和 t_f 分别为条带宽度和条带单层厚度;

h_f ——梁侧面粘贴的条带竖向高度,mm,对环形箍,取 $h_f = h$;

s_f ——纤维复合材条带的间距,mm。

表 9-13　抗剪强度折减系数 φ_{vb} 值

条带加锚方式		环形箍及自锁式 U 形箍	胶锚或钢板锚 U 形箍	加织物压条的一般 U 形箍
受力条件	均布荷载或剪跨比 $\lambda \geqslant 3$	1.00	0.88	0.75
	均布荷载或剪跨比 $\lambda \leqslant 1.5$	0.68	0.60	0.50

注:当 λ 为中间值时,按线性内插法确定 ϕ_{vb} 值。

9.6.3　轴心受压构件正截面加固计算

轴心受压构件可采用沿其全长无间隔地环向连续粘贴纤维织物的方法进行加固,简称环向围束法。采用环向围束法加固轴心受压构件仅适用于下列情况:长细比 $l/d \leqslant 12$ 的圆形截面柱;长细比 $l/d \leqslant 14$、截面高宽比 $h/b \leqslant 1.5$、截面高度 $h \leqslant 600\ mm$,且截面棱角经过圆化打磨的正方形或矩形截面柱。

采用环向围束的轴心受压构件,其正截面承载力按下列公式进行验算:

$$N \leqslant 0.9 \left[(f_{c0} + 4\sigma_1) A_{cor} + f_{y0}' A_{s0}' \right] \tag{9-96}$$

$$\sigma_1 = 0.5 \beta_c k_c \rho_f E_f \varepsilon_{fe} \tag{9-97}$$

式中　N ——加固后轴向压力设计值,kN;

f_{c0} ——原构件混凝土轴心抗压强度设计值,N/mm^2;

σ_1 ——有效约束应力,N/mm^2;

A_{cor} ——环向围束内混凝土面积,mm^2,圆形截面: $A_{cor} = \dfrac{\pi D^2}{4}$, 正方形和矩形截面:

$A_{cor} = bh - (4 - \pi) r^2$;

D ——圆形截面柱的直径,mm;

b ——正方形截面边长或矩形截面宽度,mm;

h ——矩形截面高度,mm;

r ——截面棱角的圆化半径(倒角半径);

β_c ——混凝土强度影响系数,当混凝土强度等级不大于 C50 时,$\beta_c = 1.0$,当混凝土强度等级为 C80 时,$\beta_c = 0.8$,其间按线性内插法确定;

k_c ——环向围束的有效约束系数,圆形截面柱 $k_c = 0.95$,正方形和矩形截面柱 $k_c = 1 - \dfrac{(b - 2r)^2 + (h - 2r)^2}{3A_{cor}(1 - \rho_s)}$, 见图 9-38, ρ_s 为柱中纵向钢筋的配筋率;

ρ_f ——环向围束体积比,对圆形截面柱: $\rho_f = 4n_f t_f / D$, 正方形和矩形截面柱: $\rho_f =$

$2n_{\mathrm{f}}t_{\mathrm{f}}(b+h)/A_{\mathrm{cor}}$，$n_{\mathrm{f}}$ 为纤维复合材的层数，t_{f} 为纤维复合材每层厚度，mm；

E_{f}——纤维复合材的弹性模量，N/mm²，见表 9-10；

$\varepsilon_{\mathrm{fe}}$——纤维复合材的有效拉应变设计值，重要构件取 $\varepsilon_{\mathrm{fe}}=0.0035$，一般构件取 $\varepsilon_{\mathrm{fe}}=0.0045$。

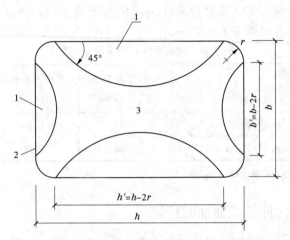

1—无效约束面积；2—环向围束；3—有效约束面积。

图 9-38　环向围束内矩形截面有效约束面积

9.6.4　大偏心受压构件正截面加固计算

当采用纤维增强复合材加固大偏心受压的钢筋混凝土柱时，应将纤维复合材粘贴于构件受拉区边缘混凝土表面，且纤维方向应与柱的纵轴线方向一致。

矩形截面大偏心受压柱的加固，其正截面承载力按下列公式进行验算：

$$N \leqslant \alpha_1 f_{\mathrm{c0}}bx + f'_{\mathrm{y0}}A'_{\mathrm{s0}} - f_{\mathrm{y0}}A_{\mathrm{s0}} - f_{\mathrm{f}}A_{\mathrm{f}} \tag{9-98}$$

$$Ne \leqslant \alpha_1 f_{\mathrm{c0}}bx\left(h_0 - \frac{x}{2}\right) + f'_{\mathrm{y0}}A'_{\mathrm{s0}}(h_0 - a') + f_{\mathrm{f}}A_{\mathrm{f}}(h - h_0) \tag{9-99}$$

$$e = e_i + \frac{h}{2} - a \tag{9-100}$$

$$e_i = e_0 + e_{\mathrm{a}} \tag{9-101}$$

式中　e——轴向压力作用点至纵向受拉钢筋 A_{s} 合力点的距离，mm；

e_i——初始偏心距，mm；

e_0——轴向压力对截面重心的偏心距，mm，取为 M/N，当需考虑二阶效应时，M 应按国家标准《混凝土结构设计规范》(GB 50010—2010)第 6.2.4 条规定的 $C_{\mathrm{m}}\eta_{\mathrm{ns}}M_2$，乘以修正系数 ϕ 确定，即取 $M = \phi C_{\mathrm{m}}\eta_{\mathrm{ns}}M_2$；

e_{a}——附加偏心距，mm，按偏心方向截面最大尺寸 h 确定：当 $h \leqslant 600$ mm 时，$e_{\mathrm{a}} = 20$ mm；当 $h > 600$ mm 时，$e_{\mathrm{a}} = h/30$；

a、a'——纵向受拉钢筋合力点、纵向受压钢筋合力点至截面近边的距离，mm；

f_{f}——纤维复合材抗拉强度设计值，N/mm²，应根据其品种，分别按表 9-7～表 9-9

采用。

9.6.5 受压构件斜截面加固计算

当采用纤维复合材的条带对钢筋混凝土框架柱进行受剪加固时,应粘贴成环形箍,且纤维方向应与柱的纵轴线垂直。

采用环形箍加固的柱,其斜截面受剪承载力应按下列公式进行验算:

$$V \leqslant V_{c0} + V_{cf} \tag{9-102}$$

$$V_{cf} = \phi_{vc}f_fA_fh/s_f \tag{9-103}$$

$$A_f = 2n_fb_ft_f \tag{9-104}$$

式中 V ——构件加固后剪力设计值,kN;

V_{c0} ——加固前原构件斜截面受剪承载力,kN,按现行国家标准《混凝土结构设计规范》(GB 50010—2010)的规定计算;

V_{cf} ——粘贴纤维复合材加固后,对柱斜截面承载力的提高值,kN;

ϕ_{vc} ——与纤维复合材受力条件有关的抗剪强度折减系数,按表9-14的规定值采用;

f_f ——受剪加固采用的纤维复合材抗拉强度设计值,N/mm²,按表9-7~表9-9规定的抗拉强度设计值乘以调整系数0.5确定;

A_f ——配置在同一截面处纤维复合材环形箍的全截面面积,mm²;

n_f ——纤维复合材环形箍的层数;

b_f、t_f ——纤维复合材环形箍的宽度、每层厚度,mm;

h ——柱的截面高度,mm;

s_f ——环形箍的中心间距,mm。

表9-14 抗剪强度折减系数 ϕ_{vc} 值

受力条件	轴压比	≤0.1	0.3	0.5	0.7	0.9
	均布荷载或 $\lambda_c \geqslant 3$	0.95	0.84	0.72	0.62	0.51
	$\lambda_c \leqslant 1$	0.90	0.72	0.54	0.34	0.16

注:1. λ_c 为柱的剪跨比;对框架柱 $\lambda_c = H_n/2h_0$;H_n 为柱的净高;h_0 为柱截面有效高度。

2. 中间值按线性内插法确定。

9.6.6 轴心受拉构件正截面加固计算

当采用外贴纤维复合材加固水塔、水池等环形或其他封闭式钢筋混凝土受拉构件时,应按原构件纵向受拉钢筋的配置方式,将纤维织物粘贴于相应位置的混凝土表面上,且纤维方向应与构件受拉方向一致,并处理好围拢部位的搭接和锚固问题。

轴心受拉构件的加固,其正截面承载力应按式(9-105)验算:

$$N \leqslant f_{y0}A_{s0} + f_fA_f \tag{9-105}$$

式中 N ——轴向拉力设计值;

f_f ——纤维复合材抗拉强度设计值,N/mm²,应根据其品种,分别按表9-7~表9-9

采用。

9.6.7　大偏心受拉构件正截面加固计算

矩形截面大偏心受拉构件的加固,其正截面承载力应按下列公式进行验算:

$$N \leqslant f_{y0}A_{s0} + f_fA_f - \alpha_1 f_{c0}bx - f'_{y0}A'_{s0} \tag{9-106}$$

$$Ne \leqslant \alpha_1 f_{c0}bx(h_0 - \frac{x}{2}) + f'_{y0}A'_{s0}(h_0 - a'_s) + f_fA_f(h - h_0) \tag{9-107}$$

式中　N——加固后轴向拉力设计值,kN;

　　　e——轴向拉力作用点至纵向受拉钢筋合力点的距离,mm;

　　　f_f——纤维复合材抗拉强度设计值,N/mm²,应根据其品种,分别按表 9-7~表 9-9 采用。

9.6.8　提高柱的延性的加固计算

钢筋混凝土柱因延性不足而进行抗震加固时,可采用环向粘贴纤维复合材构成的环向围束作为附加箍筋。

当采用环向围束作为附加箍筋时,应按下列公式计算柱箍筋加密区加固后的箍筋体积配筋率 ρ_v,且应满足现行国家标准《混凝土结构设计规范》(GB 50010—2010)规定的要求:

$$\rho_v = \rho_{v,e} + \rho_{v,f} \tag{9-108}$$

$$\rho_{v,f} = k_c \rho_f \frac{b_f f_f}{s_f f_{yv0}} \tag{9-109}$$

式中　$\rho_{v,e}$——被加固柱原有箍筋的体积配筋率,当需重新复核时,应按箍筋范围内的核心截面进行计算;

　　　$\rho_{v,f}$——环向围束作为附加箍筋算得的箍筋体积配筋率的增量;

　　　ρ_f——环向围束体积比,圆形截面柱 $\rho_f = 4n_f t_f/D$,正方形和矩形截面柱 $\rho_f = 2n_f t_f(b+h)/A_{cor}$,$n_f$ 为纤维复合材的层数,t_f 为纤维复合材每层厚度,mm;

　　　A_{cor}——环向围束内混凝土面积,mm²,圆形截面 $A_{cor} = \frac{\pi D^2}{4}$,正方形和矩形截面 $A_{cor} = bh - (4-\pi)r^2$;

　　　D——圆形截面柱的直径,mm;

　　　b——正方形截面边长或矩形截面宽度,mm;

　　　h——矩形截面高度,mm;

　　　r——截面棱角的圆化半径(倒角半径);

　　　k_c——环向围束的有效约束系数,圆形截面 $k_c=0.90$,正方形截面 $k_c=0.66$,矩形截面 $k_c=0.42$;

　　　b_f——环向围束纤维条带的宽度,mm;

　　　s_f——环向围束纤维条带的中心间距,mm;

　　　f_f——环向围束纤维复合材的抗拉强度设计值,N/mm²,应根据其品种,分别按

表 9-7~表 9-9 采用；

f_{yv0}——原箍筋抗拉强度设计值，N/mm^2。

9.6.9 构造及施工要求

9.6.9.1 受弯构件正弯矩区加固要求

对钢筋混凝土受弯构件正弯矩区进行正截面加固时，其受拉面沿轴向粘贴的纤维复合材应延伸至支座边缘，且应在纤维复合材的端部（包括截断处）及集中荷载作用点的两侧，设置纤维复合材的 U 形箍（对梁）或横向压条（对板）。当纤维复合材延伸至支座边缘仍不满足延伸长度的规定时，应采取下列锚固措施：

对梁，应在延伸长度范围内均匀设置不少于三道 U 形箍锚固［见图 9-39(a)］，其中一道应设置在延伸长度端部。U 形箍采用纤维复合材制作，U 形箍的粘贴高度应为梁的截面高度，当梁有翼缘或有现浇楼板，应伸至其底面。U 形箍的宽度，对端箍不应小于加固纤维复合材宽度的 2/3，且不应小于 150 mm，对中间箍不应小于加固纤维复合材条带宽度的 1/2，且不应小于 100 mm。U 形箍的厚度不应小于受弯加固纤维复合材厚度的 1/2。

对板，应在延伸长度范围内通长设置垂直于受力纤维方向的压条［见图 9-39(b)］。压条采用纤维复合材制作，压条除应在延伸长度端部布置一道外，尚宜在延伸长度范围内再均匀布置 1~2 道。压条的宽度不应小于受弯加固纤维复合材条带宽度的 3/5，压条的厚度不应小于受弯加固纤维复合材厚度的 1/2。

当纤维复合材延伸至支座边缘时，可延伸长度小于计算长度的一半，或加固用的纤维复合材为预成型板材时，应将端箍（或端部压条）改为钢材制作、传力可靠的机械锚固措施。

9.6.9.2 受弯构件负弯矩区加固要求

当采用纤维复合材对受弯构件负弯矩区进行正截面承载力加固时，应采取下列构造措施：

支座处无障碍时，纤维复合材应在负弯矩包络图范围内连续粘贴；其延伸长度的截断点应位于正弯矩区，且距正负弯矩转换点不应小于 1 m；支座处虽有障碍，但梁上有现浇板，且允许绕过柱位时，宜在梁侧 4 倍板厚范围内，将纤维复合材粘贴于板面上（见图 9-40）。

在框架顶层梁柱的端节点处，纤维复合材只能贴至柱边缘而无法延伸时，应采用结构胶加贴 L 形碳纤维板或 L 形钢板进行粘结与锚固（见图 9-41），L 形钢板总宽度不宜小于 0.9 倍梁宽，且宜由多条 L 形钢板组成，L 形钢板的总截面面积应按式（9-110）进行计算：

$$A_{a,1} = 1.2\phi_f f_f A_f / f_y \tag{9-110}$$

式中 $A_{a,1}$——支座处需粘贴的 L 形钢板截面面积；

ϕ_f——纤维复合材的强度利用系数，按式（9-85）采用；

f_f——纤维复合材的抗拉强度设计值，按表 9-7~表 9-9 采用；

A_f——支座处实际粘贴的纤维复合材截面面积；

f_y——L 形钢板抗拉强度设计值。

当梁上无现浇板，或负弯矩区的支座处需采取加强的锚固措施时，可采取胶粘 L 形

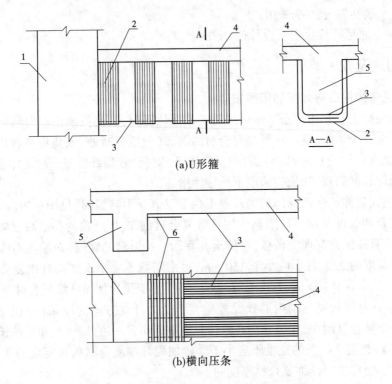

1—柱;2—U 形箍;3—纤维复合材;4—板;5—梁;6—横向压条。

图 9-39　梁、板粘贴纤维复合材端部锚固措施

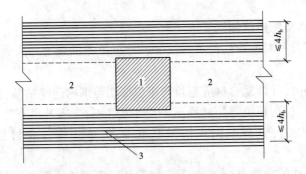

1—柱;2—梁;3—板顶面粘贴的纤维复合材;h_b—板厚。

图 9-40　绕过柱位粘贴纤维复合材

钢板(见图 9-42)的构造方式。但柱中箍板的锚栓等级、直径及数量应经计算确定。当梁上有现浇板,也可采取这种构造方式进行锚固,其 U 形钢箍板穿过楼板处,应采用半叠钻孔法,在板上钻出扁形孔以插入箍板,再用结构胶予以封固。

当加固的受弯构件为板、壳、墙和筒体时,纤维复合材应选择多条密布的方式进行粘贴,每一条带的宽度不应大于 200 mm,不得使用未经裁剪成条的整幅织物满贴。当受弯构件粘贴的多层纤维织物允许截断时,相邻两层纤维织物宜按内短外长的原则分层截断,外层纤维织物的截断点宜越过内层截断点 200 mm 以上,并应在截断点加设 U 形箍。

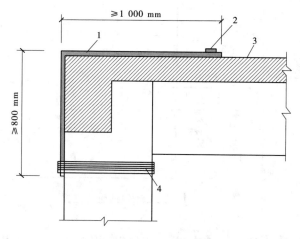

(a)柱顶加贴L形碳纤维板锚固构造

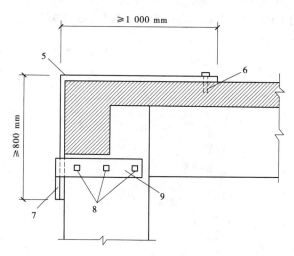

(b)柱顶加贴L形钢板锚固构造

1—粘贴L形碳纤维板;2—横向压条;3—纤维复合材;4—纤维复合材围束;5—粘贴L形钢板;
6—M12锚栓;7—加焊顶板(预焊);8—d≥M16 的 6.8 级螺栓;9—胶粘于柱上的 U 形钢箍板。

图 9-41　柱顶加贴 L 形碳纤维板或钢板锚固构造

9.6.9.3　梁柱斜截面加固要求

当采用纤维复合材对钢筋混凝土梁或柱的斜截面承载力进行加固时,宜选用环形箍或端部自锁式 U 形箍,U 形箍的纤维受力方向应与构件轴向垂直,当环形箍、端部自锁式 U 形箍或一般 U 形箍采用纤维复合材条带时,其净间距不应大于现行国家标准《混凝土结构设计规范》(GB 50010—2010) 规定的最大箍筋间距的 0.70 倍,且不应大于梁高的 0.25 倍;U 形箍的粘贴高度应为梁的截面高度,当梁有翼缘或有现浇板时,应伸至其底面;当 U 形箍的上端无自锁装置时,应粘贴纵向压条予以锚固;当梁的高度 h 大于等于 600 mm 时,应在梁的腰部增设一道纵向腰压带(见图 9-43),必要时,也可在腰压带端部

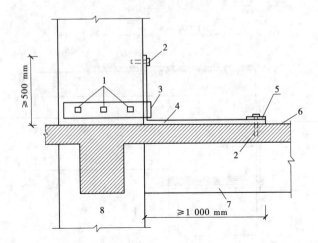

1—$d \geqslant$ M22 的 6.8 级锚栓;2—M12 锚栓;3—U 形钢箍板,胶粘于柱上;4—胶粘 L 形钢板;
5—横向钢压条,锚固于楼层上;6—加固粘贴的纤维复合材;7—梁;8—柱。

图 9-42　柱中部加贴 L 形钢板及 U 形钢箍板的锚固构造示例

增设自锁装置。

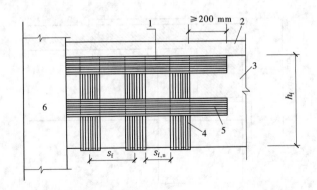

1—纵向压条;2—板;3—梁;4—U 形箍;5—纵向腰压条;
6—柱;s_f—U 形箍的中心间距;$s_{f,n}$—U 形箍的净间距;h_f—梁侧面粘贴的条带竖向高度。

图 9-43　纵向腰压带

9.6.9.4　大偏心受压柱加固要求

当沿柱轴向粘贴纤维复合材对大偏心受压柱进行正截面承载力加固时,纤维复合材应避开楼层梁,沿柱角穿越楼层,且纤维复合材宜采用板材,并应有足够的延伸长度,在柱的上下端部应增设可靠的机械锚固措施,同时,应设法避免在楼层处截断纤维复合材。

9.6.9.5　采用环向围束加固要求

当采用纤维复合材的环向围束对钢筋混凝土柱进行正截面加固或提高延性的抗震加固时,环向围束的纤维织物层数,对圆形截面不应少于 2 层,对正方形和矩形截面柱不应少于 3 层,当有可靠的经验时,对采用芳纶纤维织物加固的矩形截面柱,其最少层数也可取为 2 层;环向围束上下层之间的搭接宽度不应小于 50 mm,纤维织物环向截断点的延伸

长度不应小于 200 mm,且各条带搭接位置应相互
错开。

　　当采用 U 形箍、L 形纤维板或环向围束进行加
固而需在构件阳角处绕过时,其截面棱角应在粘贴
前通过打磨加以圆化处理(见图 9-44)。梁的圆化
半径 r,对碳纤维和玻璃纤维不应小于 20 mm,对芳
纶纤维不应小于 15 mm;柱的圆化半径,对碳纤维
和玻璃纤维不应小于 25 mm,对芳纶纤维不应小于
20 mm。

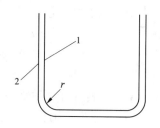

1—构件截面外表面;
2—纤维复合材;r—角部圆化半径

图 9-44　构件截面棱角的圆化打磨

9.7　置换混凝土加固法

　　置换混凝土加固法适用于承重构件受压区混凝土强度偏低或有严重缺陷的局部加固。
采用本方法加固梁式构件时,应对原构件加以有效的支顶。当采用本方法加固柱、墙等构
件时,应对原结构、构件在施工全过程中的承载状态进行验算、观测和控制,置换界面处的
混凝土不应出现拉应力,当控制有困难时,应采取支顶等措施进行卸荷。

　　采用本方法加固混凝土结构构件时,其非置换部分的原构件混凝土强度等级,按现场
检测结果不应低于该混凝土结构建造时规定的强度等级。当混凝土结构构件置换部分的
界面处理及其施工质量符合本规范的要求时,其结合面可按整体受力计算。

9.7.1　轴心受压构件加固计算

　　当采用置换法加固钢筋混凝土轴心受压构件时,其正截面承载力应按式(9-11)进行
验算:

$$N \leqslant 0.9\varphi(f_{c0}A_{c0} + \alpha_c f_c A_c + f'_{y0}A'_{s0}) \tag{9-111}$$

式中　N ——构件加固后的轴向压力设计值,kN;

　　　φ ——受压构件稳定系数,按现行国家标准《混凝土结构设计规范》(GB 50010—
　　　　　2010)的规定值采用,见表 9-2;

　　　α_c ——置换部分新增混凝土的强度利用系数,当置换过程无支顶时,取 $\alpha_c = 0.8$,
　　　　　当置换过程采取有效的支顶措施时,取 $\alpha_c = 1.0$;

　　　f_{c0}、f_c ——原构件混凝土和置换部分新混凝土的抗压强度设计值,N/mm²;

　　　A_{c0}、A_c ——原构件截面扣去置换部分后的剩余截面面积和置换部分的截面面积,
　　　　　mm²。

9.7.2　偏心受压构件加固计算

　　当采用置换法加固钢筋混凝土偏心受压构件时,其正截面承载力应按下列两种情况
分别计算:

　　当受压区混凝土置换深度 $h_n \geqslant x_n$ 时,按新混凝土强度等级和现行国家标准《混凝土
结构设计规范》(GB 50010—2010)的规定进行正截面承载力计算。

当受压区混凝土置换深度 $h_n < x_n$，其正截面承载力应按式(9-112)、式(9-113)进行验算：

$$N \leqslant \alpha_1 f_c b h_n + \alpha_1 f_{c0} b(x_n - h_n) + f'_{y0} A'_{s0} - \sigma_{s0} A_{s0} \tag{9-112}$$

$$Ne \leqslant \alpha_1 f_c b h_n h_{0n} + \alpha_1 f_{c0} b(x_n - h_n) h_{00} + f'_{y0} A'_{s0}(h_0 - a'_s) \tag{9-113}$$

式中　N——构件加固后轴向压力设计值，kN；

　　　e——轴向压力作用点至受拉钢筋合力点的距离，mm；

　　　f_c——构件置换用混凝土抗压强度设计值，N/mm^2；

　　　f_{c0}——原构件混凝土的抗压强度设计值，N/mm^2；

　　　x_n——加固后混凝土受压区高度，mm；

　　　h_n——受压区混凝土的置换深度，mm；

　　　h_0——纵向受拉钢筋合力点至受压区边缘的距离，mm；

　　　h_{0n}——纵向受拉钢筋合力点至置换混凝土形心的距离，mm；

　　　h_{00}——受拉区纵向钢筋合力点至原混凝土($x_n - h_n$)部分形心的距离，mm；

　　　A_{s0}、A'_{s0}——原构件受拉区、受压区纵向钢筋的截面面积，mm^2；

　　　b——矩形截面的宽度，mm；

　　　a'_s——纵向受压钢筋合力点至截面近边的距离，mm；

　　　f'_{y0}——原构件纵向受压钢筋的抗压强度设计值，N/mm^2；

　　　σ_{s0}——原构件纵向受拉钢筋的应力，N/mm^2。

9.7.3　受弯构件加固计算

当采用置换法加固钢筋混凝土受弯构件时，其正截面承载力应按下列两种情况分别计算：

当压区混凝土置换深度 $h_n \geqslant x_n$ 时，按新混凝土强度等级和现行国家标准《混凝土结构设计规范》(GB 50010—2010)的规定进行正截面承载力计算。

当压区混凝土置换深度 $h_n < x_n$ 时，其正截面承载力应按式(9-114)、式(9-115)进行验算：

$$M \leqslant \alpha_1 f_c b h_n h_{0n} + \alpha_1 f_{c0} b(x_n - h_n) h_{00} + f'_{y0} A'_{s0}(h_0 - a'_s) \tag{9-114}$$

$$\alpha_1 f_c b h_n + \alpha_1 f_{c0} b(x_n - h_n) = f_{y0} A_{s0} - f'_{y0} A'_{s0} \tag{9-115}$$

式中　M——构件加固后的弯矩设计值，kN·m；

　　　f_{y0}、f'_{y0}——原构件纵向钢筋的抗拉、抗压强度设计值，N/mm^2。

9.7.4　构造及施工要求

采用置换混凝土加固的区域应位于结构的受压部位，特别对于梁构件，其置换部分应位于构件截面受压区内，沿整个宽度剔除，或沿部分宽度对称剔除，但不得仅剔除截面的一隅，如图9-45所示。置换范围内的旧混凝土剔除后，应对剔除后的界面进行清理、涂刷界面胶等表面处理，以保证新旧混凝土的协同工作。

混凝土的置换深度，板不应小于40 mm；梁、柱，采用人工浇筑时，不应小于60 mm，采用喷射法施工时，不应小于50 mm。置换长度应按混凝土强度和缺陷的检测及验算结果确定,但对非全长置换的情况,其两端应分别延伸不小于 100 mm 的长度。置换用混凝土的强度等级应比原构件混凝土提高一级,且不应低于 C25。

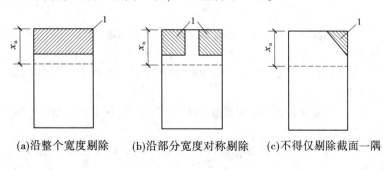

(a)沿整个宽度剔除　　　(b)沿部分宽度对称剔除　　　(c)不得仅剔除截面一隅

1—剔除区;x_n—受压区高度。

图 9-45　梁置换混凝土的剔除部位

参 考 文 献

［1］中华人民共和国住房和城乡建设部.民用建筑设计统一标准:GB 50352—2019［S］.北京:中国建筑工业出版社,2019.

［2］中华人民共和国住房和城乡建设部.工程结构可靠性设计统一标准:GB 50153—2008［S］.北京:中国计划出版社,2009.

［3］中华人民共和国住房和城乡建设部.建筑结构可靠性设计统一标准:GB 50068—2018［S］.北京:中国建筑工业出版社,2018.

［4］中国铁路总公司.铁路工程结构可靠性设计统一标准(试行):Q/CR 9007—2014［S］.北京:中国铁道出版社,2014.

［5］中华人民共和国住房和城乡建设部.港口工程结构可靠性设计统一标准:GB 50158—2010［S］.北京:中国计划出版社,2010.

［6］中华人民共和国国家质量监督检验检疫总局,中国国家标准化管理委员会.建筑施工机械与设备混凝土搅拌站(楼):GB/T 10171—2016［S］.北京:中国标准出版社,2016.

［7］中华人民共和国住房和城乡建设部.混凝土结构工程施工规范:GB 50666—2011［S］.北京:中国建筑工业出版社,2012.

［8］中华人民共和国住房和城乡建设部.混凝土质量控制标准:GB 50164—2011［S］.北京:中国建筑工业出版社,2012.

［9］中华人民共和国交通运输部.公路水泥混凝土路面设计规范:JTG D40—2011［S］.北京:人民交通出版社,2011.

［10］中华人民共和国交通运输部.公路水泥混凝土路面施工技术细则:JTG/T F30—2014［S］.北京:人民交通出版社,2014.

［11］中华人民共和国交通运输部.公路沥青路面施工技术规范:JTG F40—2004［S］.北京:人民交通出版社,2004.

［12］中华人民共和国住房和城乡建设部.海砂混凝土应用技术规范:JGJ 206—2010［S］.北京:光明日报出版社,2010.

［13］中国建筑科学研究院.预拌混凝土:GB/T 14902—2012［S］.北京:中国标准出版社,2013.

［14］中华人民共和国工业和信息化部.钢筋阻锈剂应用技术规程:YB/T 9231—2009［S］.北京:冶金工业出版社,2010.

［15］中华人民共和国住房和城乡建设部.建筑结构检测技术标准:GB/T 50344—2019［S］.北京:中国建筑工业出版社,2020.

［16］中国工程建设标准化协会.钻芯法检测混凝土强度技术规程:CECS 03:2007［S］.北京:中国计划出版社,2008.

［17］中华人民共和国住房和城乡建设部.混凝土物理力学性能试验方法标准:GB/T 50081—2019［S］.北京:中国建筑工业出版社,2019.

［18］中华人民共和国住房和城乡建设部.混凝土强度检验评定标准:GB/T 50107—2010［S］.北京:中国建筑工业出版社,2010.

［19］中国工程建设标准化协会.拔出法检测混凝土强度技术规程:CECS 69—2011［S］.北京:中国计划出版社,2011.

［20］中华人民共和国住房和城乡建设部.回弹法检测混凝土抗压强度技术规程:JGJ/T 23—2011［S］.

北京:中国建筑工业出版社,2011.

[21] 中国工程建设标准化协会.超声回弹综合法检测混凝土抗压强度技术规程:T/CECS 02—2020[S]. 北京:中国计划出版社,2020.

[22] 中华人民共和国住房和城乡建设部.普通混凝土长期性能和耐久性能试验方法标准:GB/T 50082—2009[S].北京:中国建筑工业出版社,2010.

[23] 中华人民共和国住房和城乡建设部.混凝土中钢筋检测技术标准:JGJ/T 152—2019[S].北京:中 国建筑工业出版社,2019.

[24] 中华人民共和国住房和城乡建设部.普通混凝土用砂、石质量及检验方法标准(附条文说明):JGJ 52—2006[S].北京:中国建筑工业出版社,2007.

[25] 中华人民共和国国家质量监督检验检疫总局,中国国家标准化管理委员会.通用硅酸盐水泥:GB 175—2007[S].北京:中国标准出版社,2008.

[26] 中华人民共和国国家质量监督检验检疫总局.水泥胶砂强度检验方法(ISO 法):GB/T 17671— 1999[S].北京:中国标准出版社,1999.

[27] 中华人民共和国住房和城乡建设部.民用建筑可靠性鉴定标准:GB 50292—2015[S].北京:中国建 筑工业出版社,2016.

[28] 中华人民共和国住房和城乡建设部.工业建筑可靠性鉴定标准:GB 50144—2019[S].北京:中国建 筑工业出版社,2019.

[29] 中华人民共和国住房和城乡建设部.建筑地基基础设计规范:GB 50007—2011[S].北京:中国计划 出版社,2012.

[30] 中华人民共和国住房和城乡建设部.既有混凝土结构耐久性评定标准:GB/T 51355—2019[S].北 京:中国建筑工业出版社,2019.

[31] 中华人民共和国住房和城乡建设部.混凝土结构耐久性设计标准:GB/T 50476—2019[S].北京:中 国建筑工业出版社,2019.

[32] 中华人民共和国住房和城乡建设部.混凝土结构加固设计规范:GB 50367—2013[S].北京:中国建 筑工业出版社,2014.

[33] 中华人民共和国住房和城乡建设部.混凝土结构设计规范(2015 年版):GB 50010—2010[S].北 京:中国建筑工业出版社,2015.

[34] 中华人民共和国住房和城乡建设部.钢结构设计标准:GB 50017—2017[S].北京:中国建筑工业出 版社,2018.

[35] 日本混凝土工学协会.混凝土诊断技术[M].日本报光社,2010.

[36] 邢锋.混凝土结构耐久性设计与应用[M].北京:中国建筑工业出版社,2011.

[37] 周乐.土木工程检测与加固技术[M].北京:化学工业出版社,2017.

[38] 张立人,卫海.建筑结构检测、鉴定与加固[M].武汉:武汉理工大学出版社,2012.

[39] 徐有邻,顾祥林,刘刚,等.混凝土结构工程裂缝的判断与处理[M].北京:中国建筑工业出版社, 2016.

[40] 胡忠君,郑毅.建筑结构试验与检测加固[M].武汉:武汉理工大学出版社,2013.

[41] 吴佳晔,张志国,高峰.土木工程检测与测试[M].北京:高等教育出版社,2015.